电子与通信工程学科精品教程

电工技术

DIANGONG JISHU

主　编　伍爱莲　李皓瑜

副主编　李　欣　程德文　唐依明

華中科技大學出版社
http://press.hust.edu.cn
中国 · 武汉

内 容 简 介

全书共9章，主要包括电路的基本概念、直流电阻性电路分析、正弦交流电路、三相电路、电路的时域分析、磁路和变压器、三相导步电动机及其控制、常用电工仪表及其测量、工厂供电和安全用电等内容。

本书可作为应用型本科院校、高职高专机电一体化、通信、电子等相关专业课程的教材，也可作为工程技术人员的参考用书。

图书在版编目(CIP)数据

电工技术/伍爱莲，李皓瑜主编．—武汉：华中科技大学出版社，2009年9月（2024.9重印）
ISBN 978-7-5609-5552-0

Ⅰ．电… Ⅱ．①伍… ②李… Ⅲ．电工技术-高等学校-教材 Ⅳ．TM

中国版本图书馆CIP数据核字(2009)第124688号

电工技术 伍爱莲 李皓瑜 主编

策划编辑：亢博剑 张 毅
责任编辑：亢博剑 张 毅
责任校对：李 琴
封面设计：潘 群
责任监印：周治超
出版发行：华中科技大学出版社(中国·武汉) 电话：(027)81321913
武汉市东湖新技术开发区华工科技园 邮编：430223
录 排：华中科技大学惠友文印中心
印 刷：武汉开心印印刷有限公司
开 本：787mm×960mm 1/16
印 张：13.25
字 数：285千字
版 次：2024年9月第1版第8次印刷
定 价：42.80元

前　言

电工技术和电子技术的发展十分迅速，电工和电子产品几乎覆盖了从工农业生产到日常生活的所有领域。为此，本书取材以工程实践中所需的电工技术基础知识、基本理论、基本技能为主，遵循“够用、实用、管用为度”的原则，力求做到理论上讲清，不追求过深的理论分析和数学推导，注重内容结构的合理性，重点培养学生分析问题和解决问题的能力。使学生在电路电子技术、电气控制及安全用电等方面获得必备的知识和必要的技能，并为后续专业知识的学习和技能培训打下良好的基础。

为了便于学生理解和掌握所讲授的基本内容，本书每章正文前有知识要点和基本要求，每章正文结束有本章小结和习题，每节均配有思考与练习。习题供课后练习用，让学生巩固所学的基本概念，同时可以培养学生的自学能力。思考与练习结合各节的基本概念和基本内容，供学生在课堂上练习。

本书的总讲课时数为 80 学时。“常用电工仪表及其测量”一章，可结合实验进行教学；“工厂供电和安全用电”一章，可作为基本知识让学生自学。

参加本书编写工作的有：伍爱莲（第 1 章、第 7 章、第 9 章），李皓瑜（第 2 章、第 3 章），程德文（第 5 章、第 8 章），李欣（第 4 章），唐依明（第 6 章）。

感谢为本书出版付出了辛勤劳动的华中科技大学出版社的编辑及参编院校的领导及其他老师！

由于能力所限，本书存在不妥之处甚至错误，恳请读者提出宝贵意见，便于修改提高。

编　者

2019 年 9 月

目　录

第1章　电路的基本概念

知识要点：电路模型　参考方向　电路元件　基尔霍夫定律　等效电路

基本要求：理解电路模型、电流和电压的参考方向、电功率及额定值的意义；掌握电路元件性能及电路的基本定律；了解等效电路的概念。

1.1　电路和电路模型

1.1.1　电路的组成及作用

电路，简言之就是电流所经之路。电路一般是由电路器件和电工设备以一定的方式构成的。如图 1.1.1(a)所示是一个简单的实际电路，它由三部分组成：干电池，白炽灯泡，连接导线及开关等。这三部分分别称为电源、负载和中间环节，它们是电路的基本组成部分。一般电路可以用如图 1.1.1(b)所示的框图表示。各组成部分及其作用简述如下。

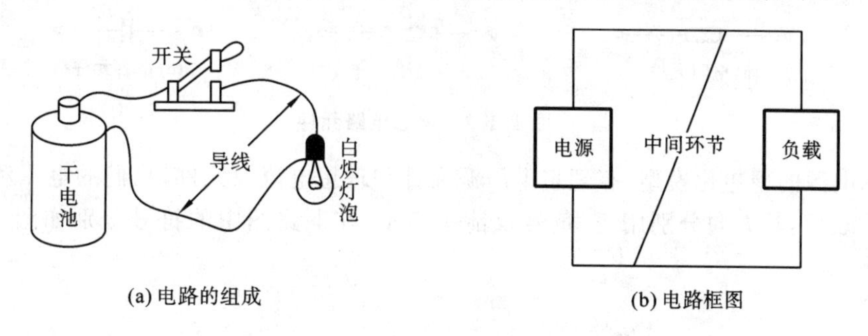

(a) 电路的组成　　(b) 电路框图

图 1.1.1　一个简单电路及其框图

电源是供电设备，它是将其他形式的能量转换成电能，或者把某种形式的电能转换成另一种形式的电能信号的装置。常见的电源设备有发电机、干电池和信号发生器等。

负载是用电设备，它是将电能转换为其他形式能量，或者吸收、传递电信号的装置。实际用电设备有电阻器、电感器、电容器、二极管、三极管、电子管等各种器件。

中间环节除了连接导线和开关以外，还有变压器、电工仪表、熔断器(熔丝)等多种设备。

它们在电路中的作用为连接电源和负载，控制电能的传送和分配等。

电路的作用通常从下面两个方面来考虑。

一方面，在电力工程中，电路起输送和转换电能的作用。通常，发电机发电、输电线路输电、变电站变配电、电力拖动、电气照明、电热等都属于电力工程的范畴。

另一方面，电路还起着信号的变换和处理作用，就是对外加信号进行加工处理，使之成为需要的输出信号。由于对信号进行加工处理，必须经过电流和电压的变化才能实现，因此就其本质而言，信号变换的处理仍属于能量的转换。这方面的例子很多，例如，三极管放大，电能转换，信息处理和存储等电路。

1.1.2 电路模型

为了用数学方法来描述和分析电路，需要将实际电路和电路器件模型化，也就是建立电路模型。电路模型是在一定的条件下，由实际电路及其器件抽象出来的数学模型，它是由反映单一电磁性质的理想电路元件构成的。

实际电路元件的种类虽然繁多，但它们有着共同特点：所有电路，伴随电流的流动，存在着能量转换的电磁现象。一般而论，导体总具有电阻的，当电流通过时，会发热消耗电能；有电流通过就会有磁场，磁场会储存磁场能量；有电压建立就会有电场，电场会储存电场能量。这三种电磁现象可以用下面三个电路参数来反映：电阻反映电能的消耗，电感反映磁场能量的储存，电容反映电场能量的储存。并且，电能消耗集中在电阻元件中进行，磁场储能集中在电感元件中进行，电场储能集中在电容元件中进行。

电阻元件、电感元件和电容元件是理想的电路元件，它们在电路模型中分别用如图1.1.2(a)、(b)、(c)所示的符号表示。

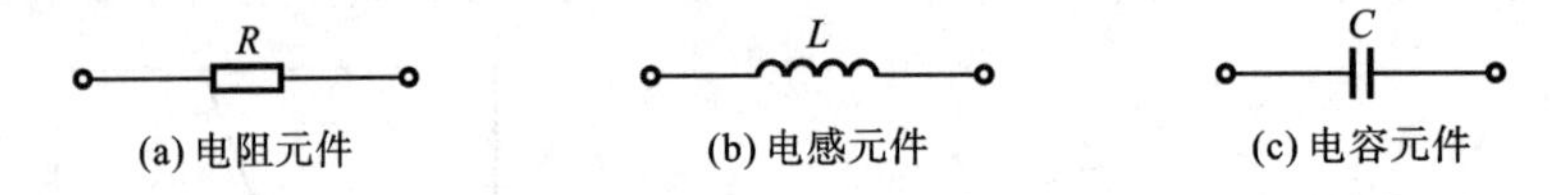

(a) 电阻元件　(b) 电感元件　(c) 电容元件

图 1.1.2　理想电路元件

实际电源的理想化模型，有理想电压源元件和理想电流源元件，它们的电压和电流分别用 u_s 和 i_s 表示，其方向分别用正、负号及箭头表示，在电路图中的符号分别如图 1.1.3(a)、(b)所示。

(a) 理想电压源　(b) 理想电流源

图 1.1.3　理想电源元件

实际中，电压源元件有时用电动势 E(直流)和 e(交流)表示。

电路模型均由一定的理想元件组成。有些实际器件的模型可以只用一种元件组成。例如，电阻器、电灯和电炉可以只用电阻元件表示；空载变压器可以认为是一个电感元件；电容器可以认为是一个电容元件。同一电路器件，在不同的条件下，有不同的模型。

以后所讨论的电路，是指由理想电路元件和电源元件构成的模型，也称为原理电路图。例如，与图 1.1.1(a)所示电路相对应的电路模型如图 1.1.4 所示，图中，E 和 R_0 串联电路是干电池的模型；R_L 是灯泡的模型；S 是开关的模型；连接导线的电阻远小于负载电阻，将其忽略可视为理想导体(电阻为零)。

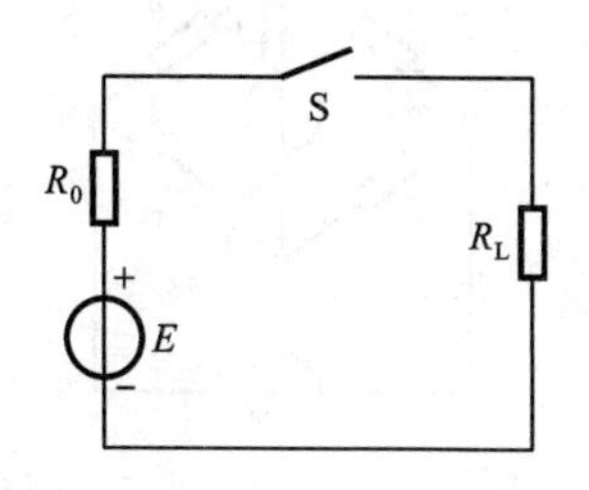

图 1.1.4　图 1.1.1(a)电路的模型

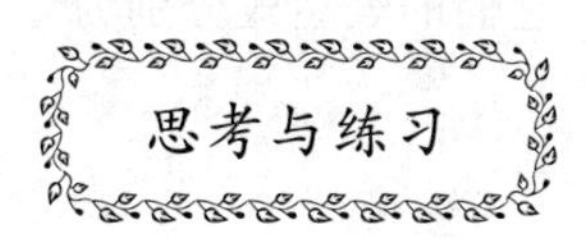

1.1.1　电路由哪几个部分组成？试简述各部分的作用。

1.1.2　何谓电路模型？试绘出三种理想电路元件模型和两种理想电源元件模型。

1.2　电流和电压及其参考方向

电流和电压是电路的基本物理量。

电荷的定向运动形成电流。电流的大小用电流强度表示，单位时间内通过导体某一截面的电荷量，定义为电流。习惯上，将电流强度简称为电流，用字母 I 表示，即

$$I=\frac{Q}{t}$$

式中：Q 表示通过导体横截面的电荷量。为了分析的方便，常用大写字母 I 表示直流电流(大小和方向均不随时间改变的电流)，用小写字母 i 表示随时间变化的交变电流，即

$$i=\frac{\mathrm{d}q}{\mathrm{d}t} \tag{1.2.1}$$

习惯上，将电流的实际方向规定为正电荷移动的方向。要判别电流的实际方向，只有在简单的直流电路中才有可能。当电路比较复杂(见图 1.2.1)，或者电源的极性随时间改变时，要确定电流的实际方向就不容易了。因此，研究电路时，总是预先选定某一个方向作为电流的方向。这个选定的方向，称为电流的参考方向。参考方向是任意选定的，不必考虑其实际方向。在一定参考方向下，电流有正、负之分。当电流的参考方向与它的实际方向相同时，则电流值记为正；反之，其值记为负，如图 1.2.2 所示。电流的参考方向也称为电流的正方向。

在国际单位制中，电荷(量)的单位为库[仑]，简称库，用符号 C 表示；时间的单位为秒，用符号 s 表示；电流的单位为安[培]，简称安，用符号 A 表示。

同理，电压也有参考方向或参考极性。电路中两点之间的电压在数值上等于电场力把

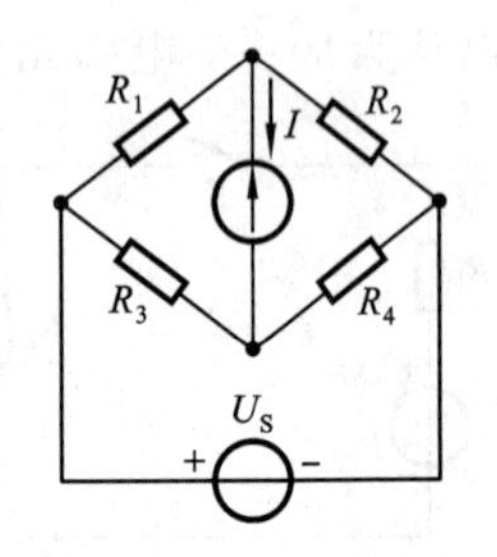

图 1.2.1　直流电桥电路

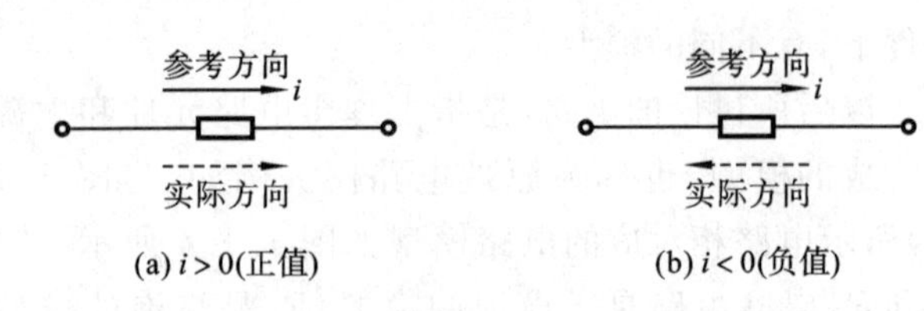

图 1.2.2　电流的参考方向和实际方向

单位正电荷从电路一点移到另一点所作的功。电压用字母 U 和 u 表示。其中,大写字母 U 表示直流电压,小写字母 u 表示交流电压,W 表示电场力所作的功。它们的表达式分别为

$$U=\frac{W}{Q}\quad（直流）$$

和

$$u=\frac{\mathrm{d}W}{\mathrm{d}q}\quad（交流）$$

电压的实际方向规定为高电位点指向低电位点。电压的参考方向也是任意选定的。当电压的参考方向与它的实际方向一致时,其电压值记为正;反之,其值记为负。和电流一样,电压也可以用一个箭头表示其参考方向,如图 1.2.3(a)所示。同时,电压也可采用“+”、“−”极性表示,如图 1.2.3(b)所示。

图 1.2.3　电压的参考方向与参考极性

当电压源元件用电动势 E 或 e 表示时,它的实际方向与电压的实际方向相反,即规定在电源内部由低电位点指向高电位点。

此外,电流和电压的参考方向还可以用双下标表示。例如,若某段电路中,$i_{ab}=5\ \mathrm{A}$,$u_{ab}=10\ \mathrm{V}$,则

$$i_{ba}=-i_{ab}=-5\ \mathrm{A}$$
$$u_{ba}=-u_{ab}=-10\ \mathrm{V}$$

在电路分析中,参考方向是很重要的,分析和计算电路时,应该事先确定电路各处电流和电压的参考方向。一般取电压的参考方向与电流的参考方向相同,如图 1.2.4 所示。这种参考方向称为关联参考方向。采用关联参考方向的优点是,两个参考方向只需标出其中的一个就可以了。

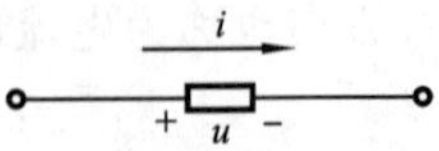

图 1.2.4　关联参考方向

电动势的极性常为已知,如果它的极性也待确定时,同样可用上述方法,任意假定它的参考方向或参考极性。

在进行电路特别是电子线路分析和计算时,经常要研究电路中各点电位的高低。电位

是度量电路中各点所具有的电位能大小的物理量，是一个相对的概念，它必须是相对于某个特定的参考点而言的。电位在数值上等于电场力将单位正电荷从该点移到参考点所作的功，用符号 V 表示，参考点的电位值一般设为零，因此也称为零电位点。

电路中任意一点的电位，就是该点与参考点之间的电压，而电路中任意两点之间的电压，则等于这两点的电位之差，即

$$U_{\mathrm{AB}} = V_{\mathrm{A}} - V_{\mathrm{B}} \tag{1.2.2}$$

式中：V_{A}为 A 点电位；V_{B}为 B 点电位。

在国际单位制中，电压、电动势和电位的单位都是伏[特]，简称伏，用符号 V 表示。

根据电压和电流的定义，可以得到下述关系

$$\frac{\mathrm{d}W}{\mathrm{d}t} = \frac{u\mathrm{d}q}{\mathrm{d}t} = ui \tag{1.2.3}$$

式(1.2.3)表示电能对时间的变化率，称为功率，用符号 P 或 p 表示。当电流和电压取关联参考方向时，电路中吸收的功率表达式为

$$\left.\begin{aligned} p &= ui \quad (\text{交流}) \\ P &= UI \quad (\text{直流}) \end{aligned}\right\} \tag{1.2.4}$$

若 u、i 的实际方向相同，则 $p>0$，表明电路吸收功率；反之，$p<0$，则表明电路实为发出功率。这就是说，当电压和电流取关联参考方向时，功率的正号表示电路吸收功率，负号表示电路发出功率。一个电路的功率应该是平衡的，即吸收的功率应该等于发出的功率。

在国际单位制中，当电压和电流的单位分别为伏和安时，功率的单位为瓦[特]，简称瓦，用符号 W 表示。

各种电气设备在出厂时，制造厂家对其电压、功率和电流都规定了一个最合理的实用数据，也就是额定值，分别称为额定电压、额定功率和额定电流，用符号 U_{N}、P_{N}和 I_{N}表示。其中，额定电压是在规定时间内，设备的绝缘可靠工作时允许承受的电压限额；额定电流是在一定的环境温度下，设备的绝缘性能不会损坏时长期容许通过的电流限额；额定功率是在额定电压和额定电流下，设备正常工作时的功率。

电气设备的额定值由厂家标明在铭牌或外壳上。用户应按额定值使用。例如，200 V、40 W 的白炽灯泡，就应该在 200 V 电源电压下使用。

在时间 t 内，如果消耗的功率为 p，则电路消耗(或储存)的总能量为

$$W = \int_0^t p\mathrm{d}t = \int_0^t ui\,\mathrm{d}t$$

在国际单位制中，当功率 p 的单位为 W、时间 t 的单位为 s 时，能量 W 的单位为焦[耳]，简称焦，用符号 J 表示。

总之，电流和电压从数学上看是代数量，其值有正、负之分；它们的正、负取决于所选的参考方向；而参考方向是可以任意选定的；参考方向一经选定，在计算过程中不得随意更改；电路中所标电压、电流方向，不加声明均指参考方向。式(1.2.4)只在电流和电压取关联参考方向时才成立。

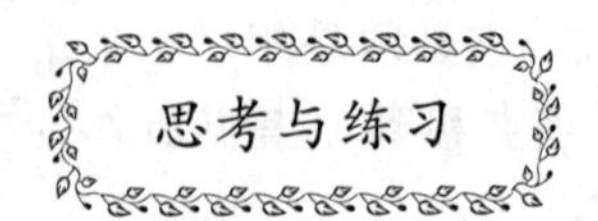

1.2.1　为什么要引入电压、电流的参考方向？参考方向与实际方向有何区别和联系？

1.2.2　何谓关联参考方向？

1.2.3　计算如图 1.2.5(a)所示电流 I 和图 1.2.5(b)所示电压 U_{AB}、U_{BC}、U_{CA}。

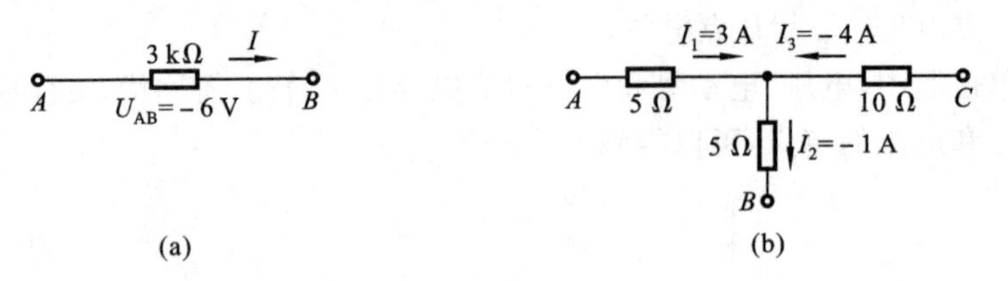

图 1.2.5　题 1.2.3 的图

1.2.4　计算如图 1.2.6 所示电路中，在开关 S 打开和闭合时 A 点的电位。

1.2.5　试判断如图 1.2.7(a)、(b)所示的元件是发出功率还是吸收功率。

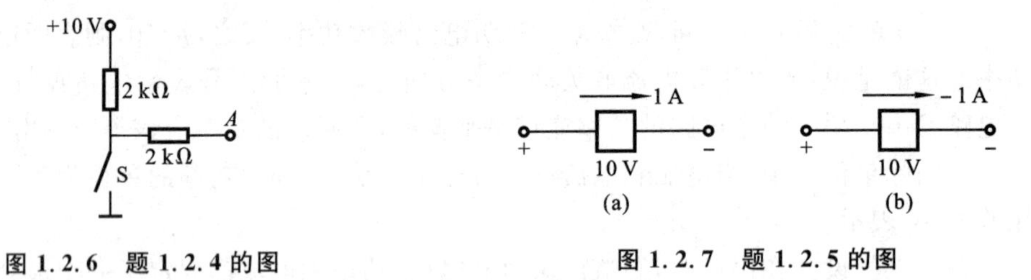

图 1.2.6　题 1.2.4 的图

图 1.2.7　题 1.2.5 的图

1.2.6　何谓额定值？一只 220 V、60 W 的白炽灯泡的 U_N、P_N、I_N 各为多少？

1.3　电压源和电流源

一个实际的电源，既可以表示为电压源模型，又可以表示为电流源模型。本节讨论两种电源模型及其特性。

1.3.1　电压源模型

电压源的模型如图 1.3.1(a)所示，即由电动势 E 与内阻 R_0 相串联。由于 R_0 的存在，当电压源与负载接通时，会使电压源的端电压 U 随负载电流的变化而改变。如果一个电压源的内阻等于 0，这样的电压源称为理想电压源。理想电压源的模型如图 1.3.1(b)所示。显然，实际电压源模型由理想电压源模型 E（或称电动势）和内电阻 R_0（简称内阻）串联组成。

如果将实际电压源与负载电阻接通，其电路如图 1.3.2(a)所示。

调节 R_L 的值，便可测绘出端电压 U 与负载电流 I 的关系曲线，该曲线称为实际电压源

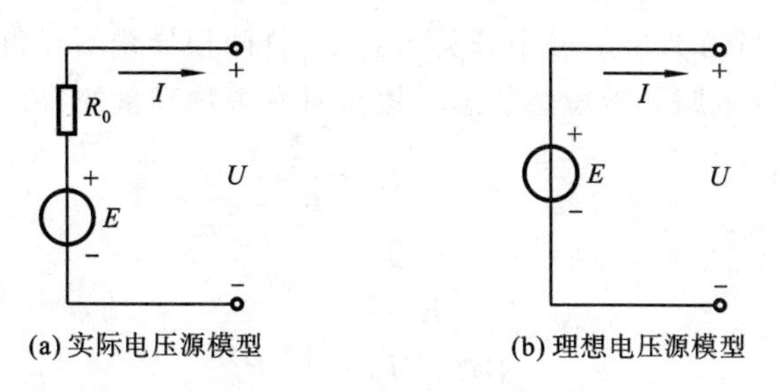

图 1.3.1　电压源模型

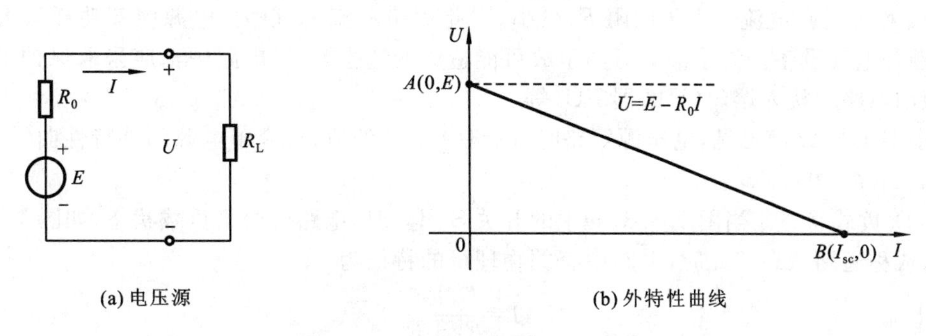

图 1.3.2　电压源及其外特性曲线

的外特性曲线，如图 1.3.2(b)的实线所示。图中的虚线为理想电压源的外特性，即 $U=E$。

【例 1.3.1】 实际电路在运行时，有可能出现三种状态，即开路、短路和负载状态。现以如图 1.3.3 所示电路为例，讨论三种状态下电路中有关物理量的特征。

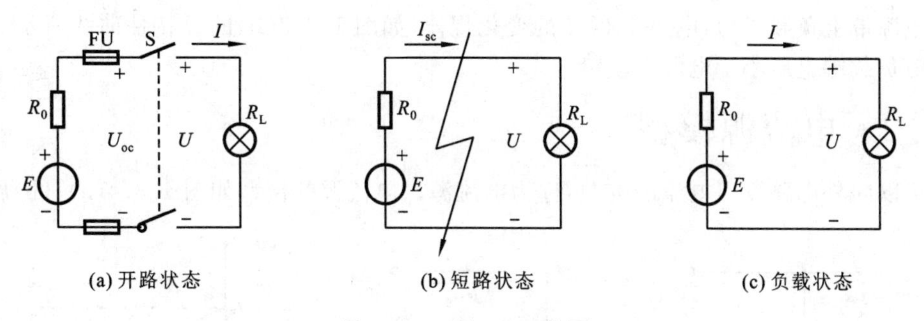

图 1.3.3　例 1.3.1 的图

【解】 (1) 开路状态。图 1.3.3(a)中，开关 S 断开时，称电路处于开路状态。由于此时电源未带负载，故又称空载状态。显而易见，开路时有关物理量的特征为

电路中的电流　　　　　　$I=0$

电源端电压(开路电压)　　$U_{OC}=E$

负载功率　　　　　　　　$P=UI=0$

由图 1.3.2(b)可见，电压源处于开路状态时，电路中的电压和电流的值，为对应电源外特性曲线和纵轴交点 $A(0,E)$。

(2) 短路状态。当图 1.3.3(a)中开关 S 合上，且两根导线不经负载而直接接通时，如图 1.3.3(b)所示，电压源电路处于短路状态。短路时有关物理量的特征为

电流 $I=I_{SC}=\dfrac{E}{R_0}$

端电压 $U=0$

电源的电动势 $E=I_{SC}R_0$

电源的功率 $P_E=EI_{SC}=I_{SC}^2R_0$

负载的功率 $P=0$

I_{SC}称为短路电流。由于内阻 R_0很小，因此短路电流 I_{SC}很大，电源内部功耗很大，会损坏电源等电气设备。为了消除短路事故可能造成的危害，一般电路中都应采取保护措施，例如，照明电路中接入熔丝(熔断器 FU)等。

由图 1.3.2(b)可见，电压源短路时，电路中 U、I 的值，对应于电源的外特性曲线与横轴的交点 $B(I_{SC},0)$。

(3) 负载状态。当图 1.3.3(a)中的开关 S 闭合时，电路就处于负载状态，如图 1.3.3(c)所示，或称通路状态。此时，电路中有关物理量的特征为

电流 $I=\dfrac{E}{R_0+R_L}$

负载端电压 $U=E-IR_0$ 或 $U=IR_L$

电源输出功率(或负载吸收功率) $P=UI$

电源内阻上功率 $\Delta P=I^2R_0$

电源产生的功率 $P_E=EI=P+\Delta P$

电源带上负载以后，电路中 U、I 的变化规律，如图 1.3.2(b)的外特性曲线所示。显然，负载时负载端电压小于电源电动势。

1.3.2 电流源模型

可以向外电路输出电流的电源，称为电流源。电流源的模型如图 1.3.4(a)、(b)所示。

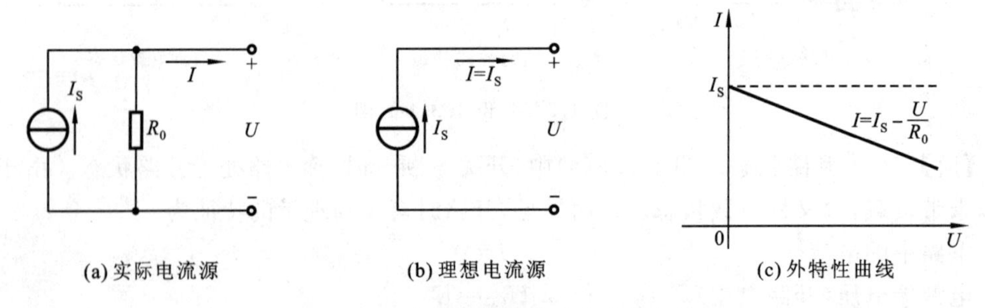

(a) 实际电流源　　(b) 理想电流源　　(c) 外特性曲线

图 1.3.4　电流源模型及其外特性曲线

其中，图(a)所示为实际电源的电流模型，它由电流 I_S与内阻 R_0并联组成；图(b)为理想电流源模型，它的内阻 $R_0\to\infty$。显然，实际电源的电流源模型等于理想电流源(或称电激

流）与内阻 R_0 并联。

图 1.3.4(c)所示为电流源的外特性曲线。其中，实线为实际电流源的外特性，虚线为理想电流源的外特性。本节只讨论了直流电源，即电动势 E 不随时间变化的直流电压源及电激流 I_S 不随时间变化的直流电流源。

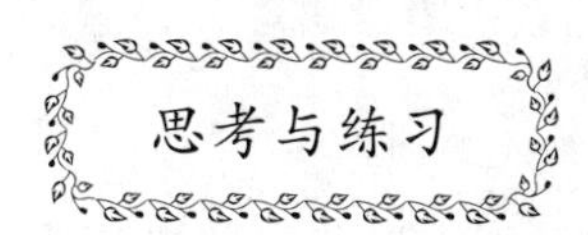

1.3.1　什么是理想电压源？若有一个 12 V 的理想电压源，假定它工作在开路、接 3 Ω 负载电阻两种状态，试确定其输出电流及输出功率。

1.3.2　什么是理想电流源？若有一个 20 A 的理想电流源，设它工作在短路、接 5 Ω 负载电阻两种状态，试确定其端电压和输出功率。

1.3.3　在如图 1.3.5 所示各电路中的电压 U 和电流 I 各是多少？根据计算结果能得出什么规律性的结论？

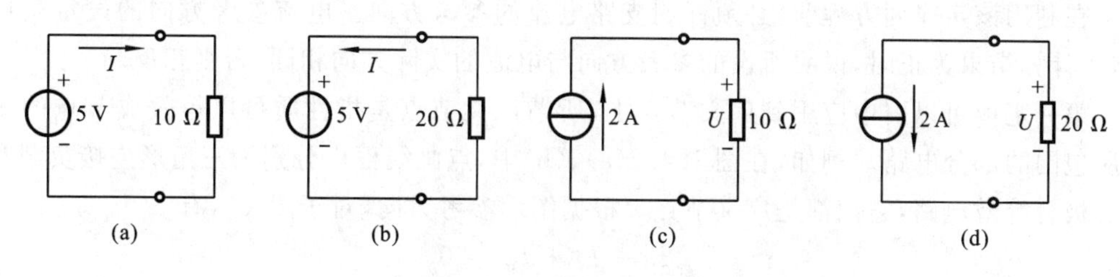

图 1.3.5　题 1.3.3 的图

1.4　基尔霍夫定律

电路按结构可分为分支电路和无分支电路。若分支电路可以通过串、并联方法简化为无分支电路，再应用欧姆定律便可得出计算结果。这类电路称为简单电路。凡不能用串、并联方法简化的分支电路称为复杂电路。复杂电路不能直接由欧姆定律求解。基尔霍夫于 1845 年创立了两条定律，称为分析电路的基本定律。

下面以如图 1.4.1 所示电路为例，先介绍电路的几个名词。

支路：流经同一电流的电路分支称为支路。在图 1.4.1 中，共有三条支路，即支路数 $b=3$。

节点：三条或三条以上支路的连接点称为节点。图 1.4.1所示电路只有两个节点 b 和 e，即节点数 $n=2$。其余各点 a、c、d、f 均不是节点。

回路：电路中任一闭合路径称为回路。图 1.4.1 中有三个回路，它们是 $abef$、$bcde$ 和 $acdf$，即回路数 $l=3$。

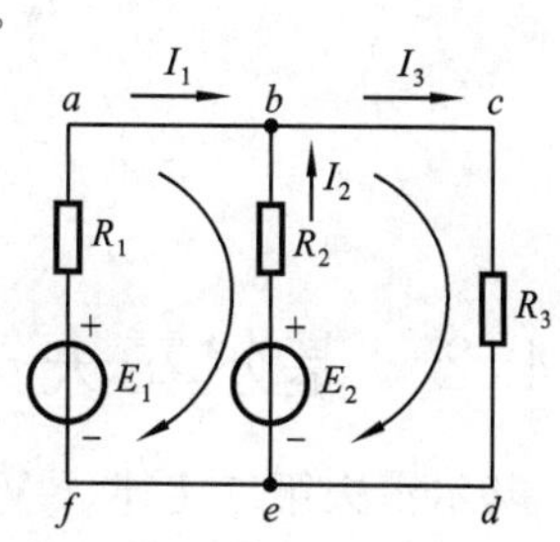

图 1.4.1　基尔霍夫定律例图

网孔：未被其他支路分割的回路称为网孔。图 1.4.1 中有两个网孔，分别是 $abef$ 和 $bcde$。

1.4.1　基尔霍夫第一定律

基尔霍夫第一定律（KCL）又称为节点电流定律。该定律的内容是：对电路中任意一个节点，流入（或流出）该节点的电流的代数和恒等于零，即

$$\sum I = 0$$

节点的电流有流入和流出之分，分析时，设流入节点的电流为正，则流出节点的电流为负；反之亦然。图 1.4.1 中的节点 b 的电流代数和为

$$I_1 + I_2 - I_3 = 0$$

或改写成

$$I_1 + I_2 = I_3 \tag{1.4.1}$$

式(1.4.1)表明，流入节点的电流总和恒等于流出节点的电流总和。

在利用该定律列方程前，必须标明支路电流的参考方向。电流参考方向的设定是任意的，当计算结果为正时，说明所设的参考方向与电流的实际方向相同；否则相反。

第一定律可以引申应用到广义节点上，所谓广义节点是指性质可以等效成节点的闭合面所包围的部分电路。例如，在图 1.4.2(a)、(b)中，点画线框内分别为三角形连接负载和晶体三极管等效电路，它们都是广义节点。根据图示参考方向，对于图(a)，有

$$I_{\mathrm{U}} + I_{\mathrm{V}} + I_{\mathrm{W}} = 0$$

对于图(b)，有

$$I_{\mathrm{b}} + I_{\mathrm{c}} = I_{\mathrm{e}}$$

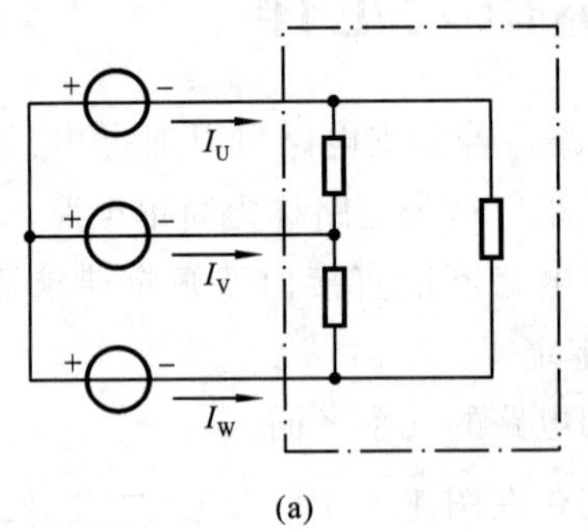

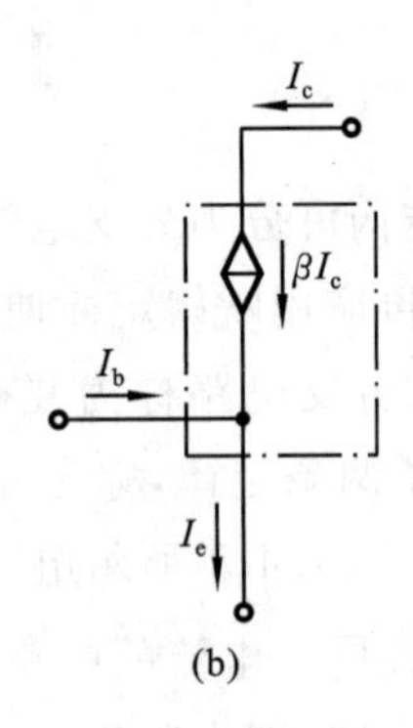

图 1.4.2　广义节点

1.4.2　基尔霍夫第二定律

基尔霍夫第二定律（KVL）又称回路电压定律。该定律的内容是：对电路任一闭合回路，电动势的代数和恒等于电压降的代数和，即

$$\sum E = \sum U \tag{1.4.2}$$

如果电动势也用其电压表示，则式(1.4.2)可改写为

$$\sum U = 0 \tag{1.4.3}$$

式(1.4.3)表明，任一闭合回路内，沿回路一周各部分电压降的代数和恒等于零。

由于是电压降(或电动势)的代数和，在列回路电压方程时，必须规定回路的参考方向，或称绕行方向。以该绕行方向作为判断电压(或电动势)正、负号的标准，当电压(或电动势)的参考方向与绕行方向一致时，取正号；否则，取负号。例如，在图 1.4.1 中，根据绕行方向可列出两个回路电压方程式，即

$$E_1 - E_2 = I_1R_1 - I_2R_2$$
$$E_2 = I_2R_2 + I_3R_3$$

同样地，基尔霍夫第二定律不只适用于具体回路，也可引申用来分析假想回路。例如，在图 1.4.3 中，$ABCA$ 可视为假想回路，因为 A、B 之间无实际支路，按图示绕行方向可写出电压方程式为

$$E_2 = U_{AB} + IR_2$$

同理 $$-E_1 = -U_{AB} + IR_1$$

基尔霍夫定律是电路的基本定律，是分析和计算各种电路的基础。

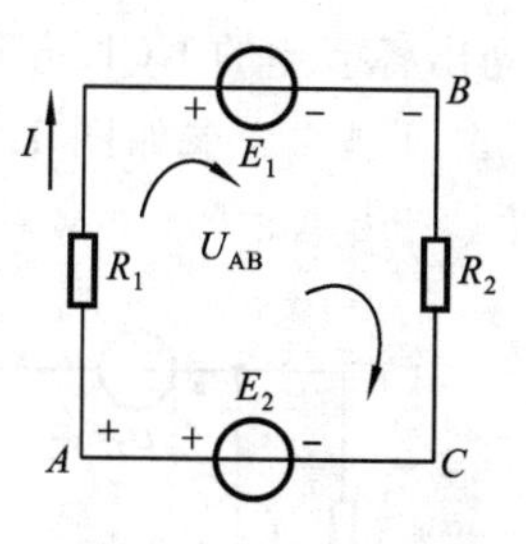

图 1.4.3　假想回路

【例 1.4.1】 求如图 1.4.4 所示的各电路中的电流。图中，E=10 V，R=2 Ω，U=4 V，且它们的参考方向及回路绕行方向如图所示。

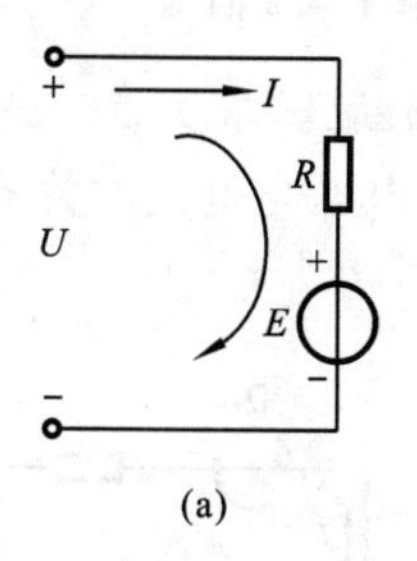

(a)

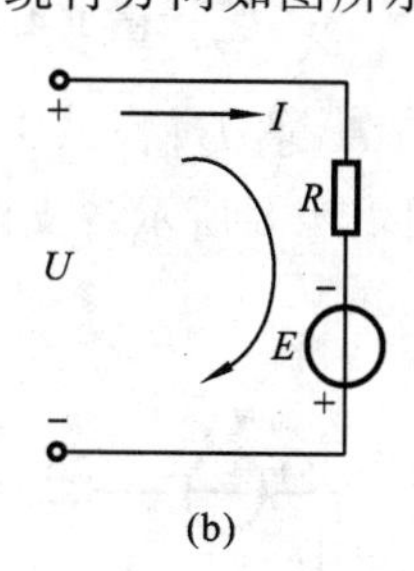

(b)

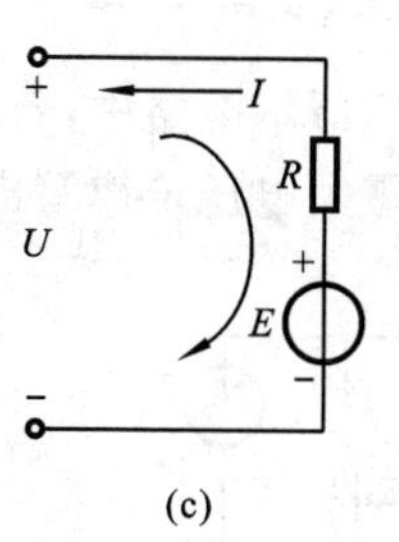

(c)

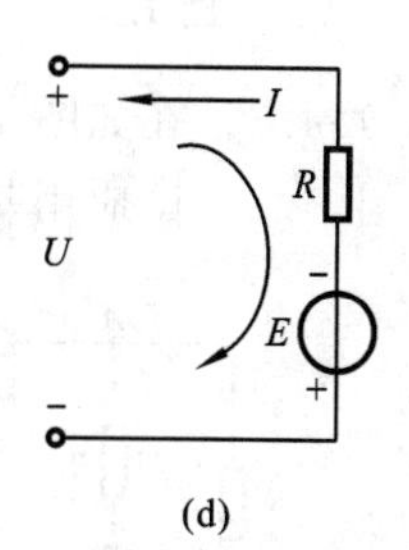

(d)

图 1.4.4　例 1.4.1 的图

【解】 应用基尔霍夫回路电压定律求解如下：

图(a) $$-E = IR - U$$

$$I = \frac{U - E}{R} = \frac{4 - 10}{2}\text{A} = -3\ \text{A}$$

图(b) $$E = IR - U$$

$$I = \frac{U + E}{R} = \frac{4 + 10}{2}\text{A} = 7\ \text{A}$$

图(c) $$-E = -IR - U$$

$$I=\frac{-U+E}{R}=\frac{-4+10}{2}\text{A}=3\text{ A}$$

图(d)

$$E=-IR-U$$

$$I=\frac{-U-E}{R}=\frac{-4-10}{2}\text{A}=-7\text{ A}$$

本例所导出的计算电流 I 的四个表达式是物理学中的全电路的欧姆定律，或称含源电路的欧姆定律。

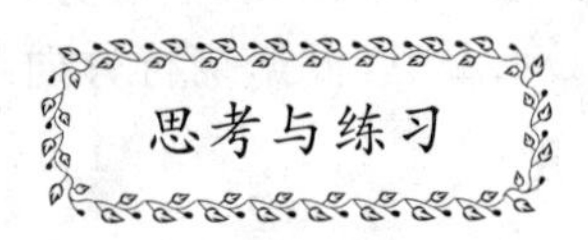

1.4.1　在如图 1.4.5 所示电路中，有几个节点？几条支路？几个网孔？几个回路？请列出各节点的 KCL 方程和网孔的 KVL 方程。

1.4.2　求如图 1.4.6 所示电路中电流 I_3 的值，已知 $I_1=2$ A，$I_2=-3$ A，$I_4=1$ A，$I_5=-2$ A。

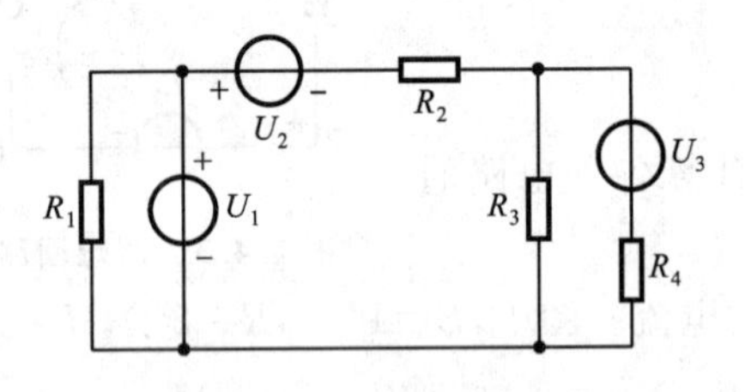

图 1.4.5　题 1.4.1 的图

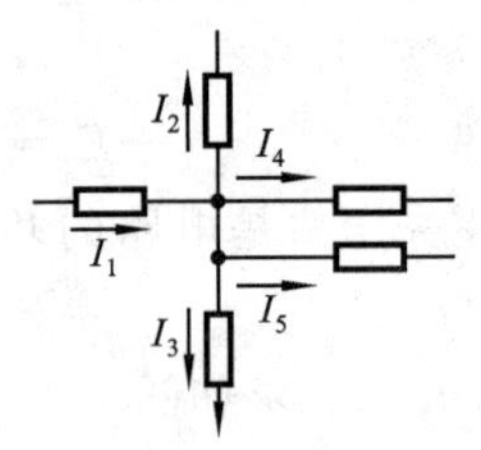

图 1.4.6　题 1.4.2 的图

1.4.3　在如图 1.4.7 所示电路中，若 $I_1=5$ A，求 I_2；若 AB 支路断开，求 I_2。

1.4.4　试应用基尔霍夫电压定律写出如图 1.4.8 所示各支路中电压与电流的关系式。

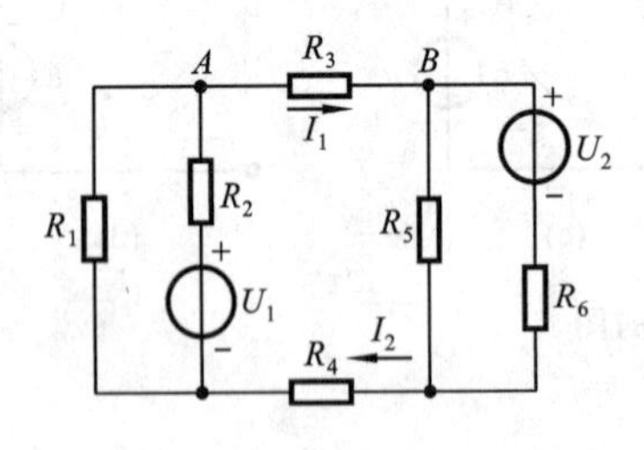

图 1.4.7　题 1.4.3 的图

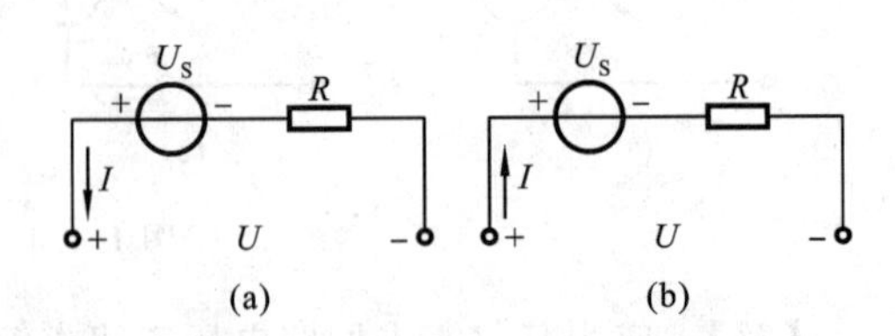

图 1.4.8　题 1.4.4 的图

本章小结

1. 电路和电路模型的基本概念

电路一般是由电路器件和电工设备以一定的方式构成的，包括电源、负载和中间环节三部分。电路模型是在一定的条件下，由实际电路及其器件抽象出来的数学模型，它是由反映单一电磁性质的理想电路元件构成的。电路模型均由一定的理想元件组成，由理想电路元件和电源元件构成的模型，也称为原理电路图。

2. 电流和电压的参考方向

电流和电压是电路的基本物理量，从数学上看是代数量，其值有正、负之分；它们的正、负取决于所选的参考方向；分析和计算电路时，应该事先确定电路各处电流和电压的参考方向，一般取关联参考方向。

3. 电路元件和电源

元　　件	电压与电流的关系（关联参考方向）
电阻元件	$u=Ri$
电感元件	$u=L\dfrac{\mathrm{d}i}{\mathrm{d}t}$
电容元件	$i=C\dfrac{\mathrm{d}u}{\mathrm{d}t}$
理想电压源	端电压不变，电流可以改变
理想电流源	发出的电流不变，电压可以改变

4. 基尔霍夫定律

基尔霍夫电流定律可以表述为：流入节点的电流总和恒等于流出节点的电流总和。基尔霍夫电压定律可以表述为：任一闭合回路内，沿回路一周各部分电压降的代数和恒等于零。

习　　题

1.1　何谓电流和电压的参考方向？如图 1.1(a)所示方框泛指电路元件。若由 a 到 b 的电流为 5 A，试分别写出图 1.1(b)和(c)两种表示方式下的电流表达式，并标出端电压的关联参考方向。

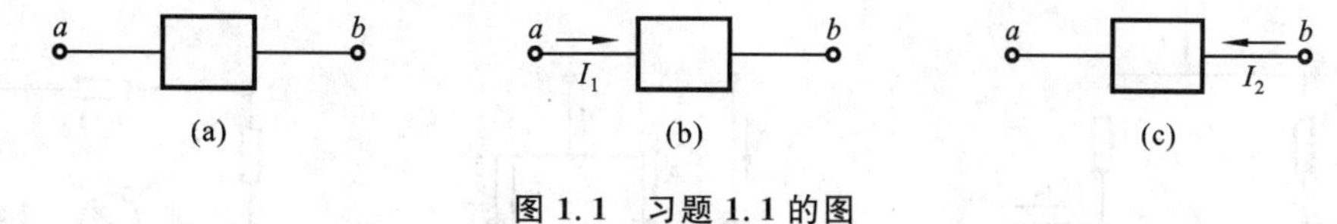

图 1.1　习题 1.1 的图

1.2　某电阻的阻值和功率分别为 2 kΩ 和 1 W，问能否在 220 V 的电压下使用？

1.3　如图 1.2 所示理想电压源和理想电流源的两种接线，试分别求出两种情况下各电源的功率，并说明是吸收功率还是发出功率。

1.4　试求图 1.3 中各段电路的功率，并分别说明是吸收功率还是发出功率。

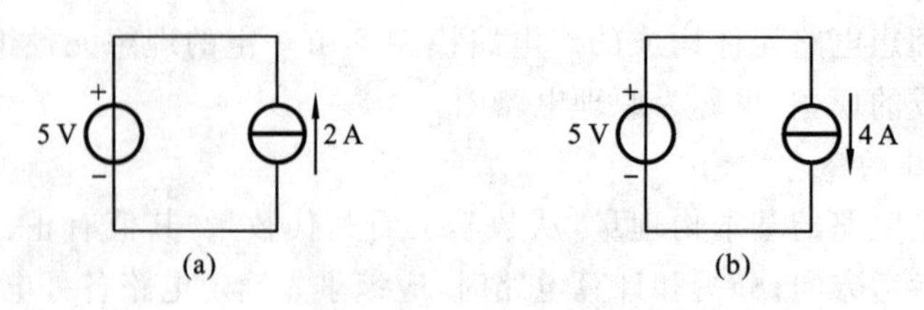

图 1.2　习题 1.3 的图

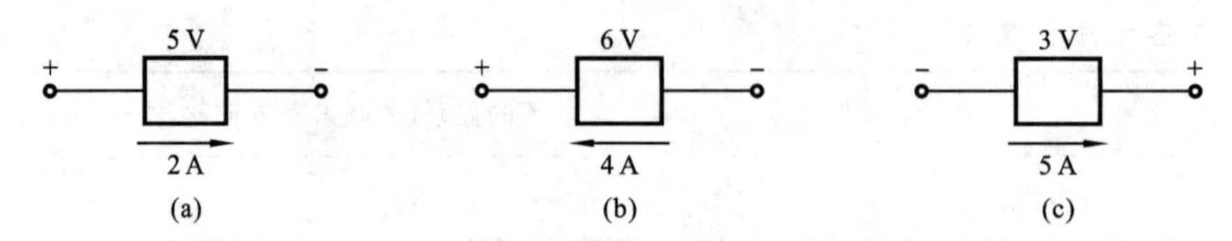

图 1.3　习题 1.4 的图

1.5　图 1.4 中，E 和 R_0 分别代表蓄电池的电动势和内阻。根据图中所标参数，说明蓄电池是工作在电源状态，还是工作在负载状态？求出电流 I，并检验功率平衡关系。

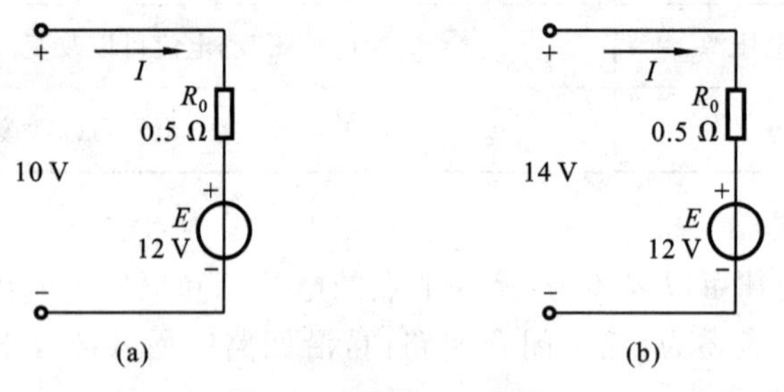

图 1.4　习题 1.5 的图

1.6　某电源的开路电压 $U_{OC}=6$ V，短路电流 $I_{SC}=1.5$ A，试确定电压源模型及电流源模型。

1.7　某电源的开路电压 $U_{OC}=6$ V，当负载电阻 $R_L=5$ Ω 时，电源的端电压为 5 V，试确定该电源的电压源模型。

1.8　求如图 1.5 所示电路中的电流 i_1。已知 $i_2=2$ A，$i_3=-5$ A，$i_4=6$ A。

1.9　图 1.6 中，求：(1)图(a)中的未知电流 i_1、i_2 和 i_3；(2)图(b)中的未知电压 u。

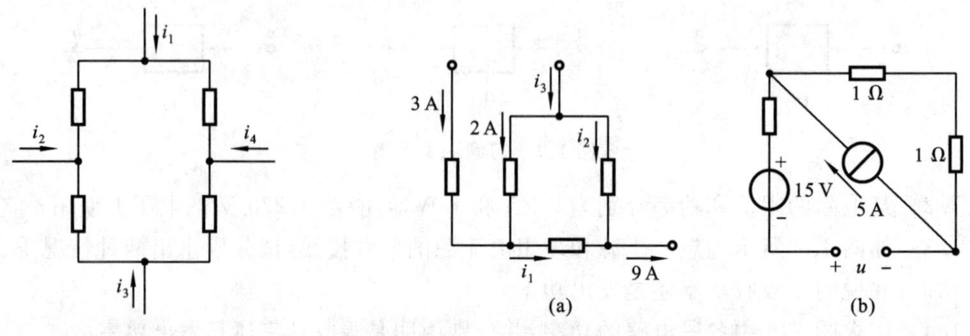

图 1.5　习题 1.8 的图

图 1.6　习题 1.9 的图

1.10　如图 1.7 所示电路中，已知 $E_1=20$ V，$E_2=E_3=10$ V，各电阻值已标于图中。求：(1)U_{ab}及 U_{cd}；(2)欲使 $U_{cd}=0$，求 E_3。

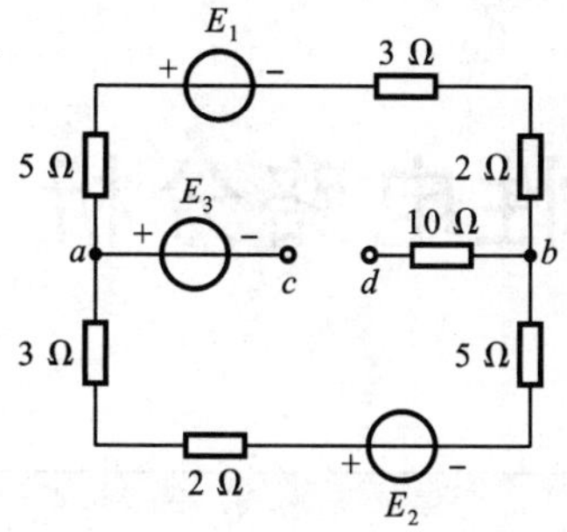

图 1.7　习题 1.10 的图

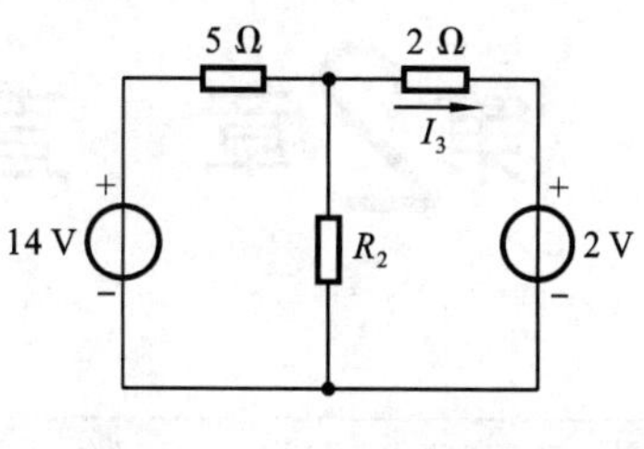

图 1.8　习题 1.11 的图

1.11　如图 1.8 所示电路中，若 $I_3=1$ A，求 R_2。

1.12　如图 1.9 所示电路中，已知 $I_3=1$ A，求理想电流源的电激流 I_S及其端电压。

1.13　如图 1.10 所示电路中，已知 $I_1=3$ A，$I_2=2$ A，求 I_3、R_4及 E。

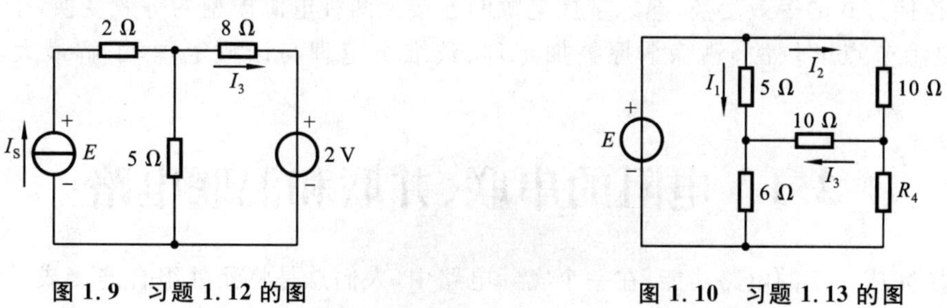

图 1.9　习题 1.12 的图　　　　图 1.10　习题 1.13 的图

1.14　图 1.11 所示电路中，已知 $I_1=2$ A，$U_{ab}=2$ V，求 I_2、R_4及 I_S。

1.15　求图 1.12 所示电路中各支路电流和电压，并用功率平衡关系校验结果是否正确。

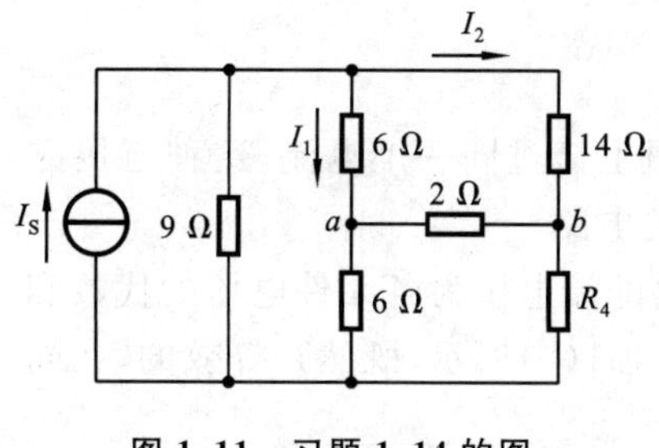

图 1.11　习题 1.14 的图

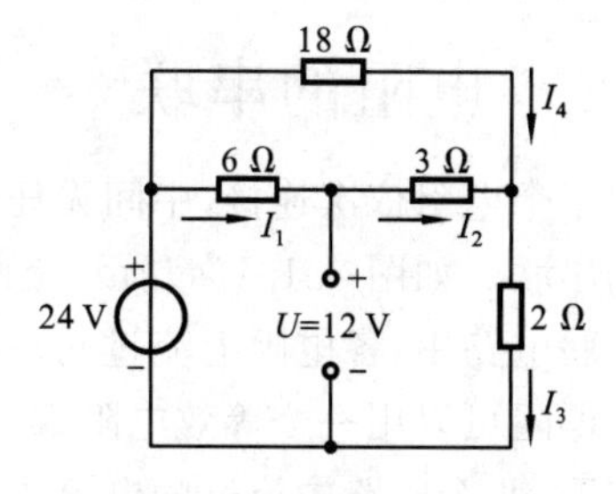

图 1.12　习题 1.15 的图

第2章 直流电阻性电路分析

知识要点：电阻的串联、并联及混联　电阻的星形与三角形连接及等效变换　电源的连接及两种电源模型的等效变换　支路电流法　节点电位法　叠加定理　戴维宁定理与诺顿定理　最大功率传输定理

基本要求：掌握电阻的串联、并联及混联计算方法，能判别电阻的星形与三角形连接，了解两种连接方式的等效变换，熟练掌握电源的连接及两种电源模型的等效变换，了解支路电流法，熟悉节点电位法，熟练掌握叠加定理、戴维宁定理与诺顿定理，了解最大功率传输定理。

2.1 电阻的串联、并联和混联电路

为了完成一定的电路功能，在一个实际电路中，人们总是将元件组合连接成一定的结构形式，当组成电路的元件不是很多，但又不能用串联和并联方法计算等效电阻时，通过适当的等效变换，往往可以将其化简为只有少数几个甚至一个元件组成的简单电路，从而大大简化分析过程。电阻常见的连接方式有串联、并联和混联，本节将分别介绍这三种形式电阻电路的等效变换。

2.1.1 电阻的串联

若干个电阻依次连接，中间无任何分支，各电阻上流过同一个电流，这种连接方式称为电阻的串联。如图2.1.1(a)所示是两个电阻串联的电路。

串联电路中，各电阻上流过同一电流，串联电路的端电压为各元件电压的代数和。串联后的总电阻可以用一个等效电阻R来表示，如图2.1.1(b)所示，既然是等效的，在同一电压U作用下，两个电路中流过的电流I必定相同。

根据KVL，图2.1.1(a)中总电压U等于各电阻电压之和，即

$$U = U_1 + U_2$$

根据欧姆定律，可得

$$U_1 = IR_1,\quad U_2 = IR_2,\quad U = IR$$

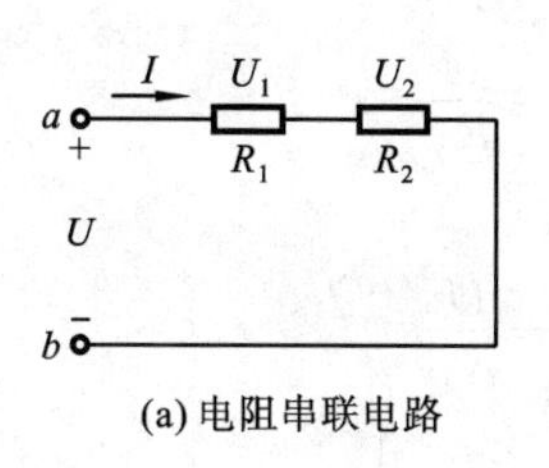

(a) 电阻串联电路

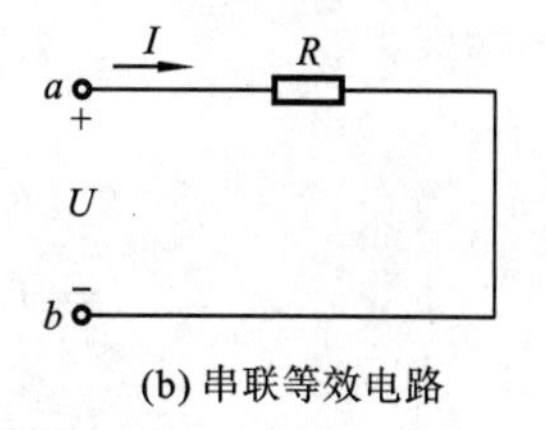

(b) 串联等效电路

图 2.1.1　电阻的串联及等效电路

于是

$$U = IR_1 + IR_2 = I(R_1 + R_2) = IR$$

$$R = R_1 + R_2$$

由此可知,电阻串联网络的等效电阻等于各电阻之和。

两个电阻上的电压分别为

$$\left.\begin{aligned} U_1 &= R_1 I = \frac{R_1}{R_1 + R_2}U \\ U_2 &= R_2 I = \frac{R_2}{R_1 + R_2}U \end{aligned}\right\}$$

可见,串联电阻上电压的分配与电阻成正比,电阻值大的分得的电压也较大,若某个电阻比其他电阻阻值小很多,则该电阻的分压作用可忽略不计。

电阻串联的应用很多,例如,为了限制负载中流过太大电流,可以与负载串联接入一个限流电阻,如果负载的额定电压低于电源电压,也可以同样串联一个电阻分去一部分电压。

2.1.2　电阻的并联

各电阻连接在两个公共的节点之间,每个电阻承受同一电压,这样的连接方式称为电阻的并联。如图 2.1.2(a)所示是两个电阻并联的电路。

并联电路中,各电阻承受同一电压,并联后的总电阻也可以用一个等效电阻 R 来表示,如图 2.1.2(b)所示,既然是等效的,在同一电压 U 作用下,产生的电流 I 必定相同。

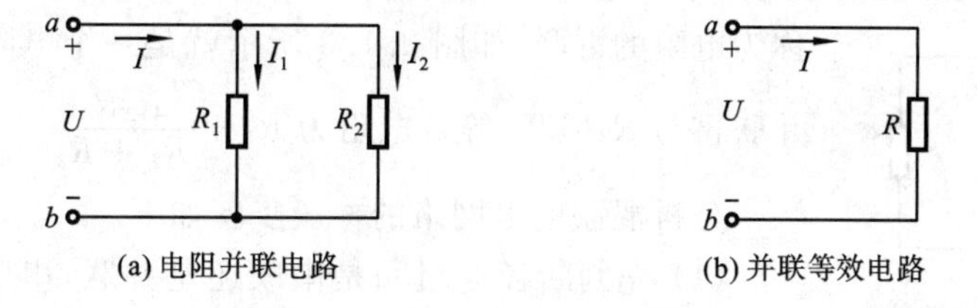

(a) 电阻并联电路　　(b) 并联等效电路

图 2.1.2　电阻的并联及等效电路

由 KCL,可得

$$I = I_1 + I_2$$

即,电阻并联网络的端电流等于各电阻电流之和。

由欧姆定律,可得

$$I_1 = \frac{U}{R_1}, \quad I_2 = \frac{U}{R_2}$$

于是，有

$$\begin{aligned} I &= I_1 + I_2 = \frac{U}{R_1} + \frac{U}{R_2} \\ &= U\left(\frac{1}{R_1} + \frac{1}{R_2}\right) = U \cdot \frac{1}{R} \end{aligned}$$

$$\frac{1}{R} = \frac{1}{R_1} + \frac{1}{R_2}$$

如果应用电导的概念，将 $1/R$ 用电导 G 来表示，则

$$G = G_1 + G_2$$

在分析计算多支路并联时，运用电导的概念是比较简便的。

由此可知，电阻并联网络等效电阻的倒数等于各电阻倒数之和，电阻并联网络的等效电导等于各电阻的电导之和。

两个并联电阻上流过的电流分别为

$$\left.\begin{aligned} I_1 = \frac{U}{R_1} = \frac{RI}{R_1} = \frac{R_2}{R_1 + R_2} I \\ I_2 = \frac{U}{R_2} = \frac{RI}{R_2} = \frac{R_1}{R_1 + R_2} I \end{aligned}\right\}$$

可见，并联电阻上电流的分配与电阻成反比，较小的电阻分得的电流较大。若某个电阻比其他电阻阻值大很多，则该电阻的分流作用可忽略不计。

并联的负载电阻越多，则总电阻越小，电路中的总电流和总功率也就越大，但是每个电阻的电流和功率是不变的(严格地讲，基本上不变)。

2.1.3 电阻的混联

很多时候，电阻网络不是简单的串、并联关系，而是既有串联，又有并联，将这样的电路称为电阻的混联，如图 2.1.3 所示就是一个电阻混联电路，R_2、R_3 并联再与 R_1 串联，等效电阻为 $R_1 + \frac{R_2 R_3}{R_2 + R_3}$。

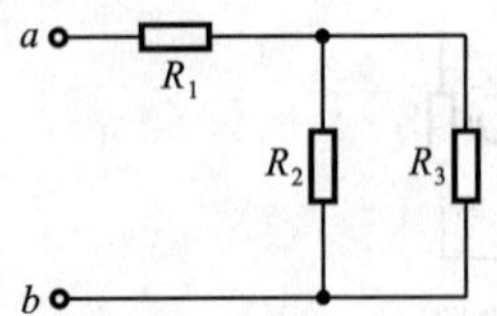

图 2.1.3 电阻的混联

分析混联电阻网络的一般步骤如下。

(1) 先判断各电阻间是串联还是并联，串联电阻上流过同一电流，并联电阻承受同一端电压。

(2) 将无阻导线缩成一个节点，等电位点之间的电阻支路必然没有电流流过，因此该支路可看成短路。

(3) 在不改变各电阻连接关系的前提下，可对电路进行适当变形，重画时可以先标出各节点代号，再将各元件连在相应的节点间，逐步简化电路以便观察，计算各串联电阻、并联电阻的等效电阻，再计算总的等效电阻。

【例 2.1.1】 求如图 2.1.4(a)所示电路中 a、b 两点间的等效电阻 R_{ab}。

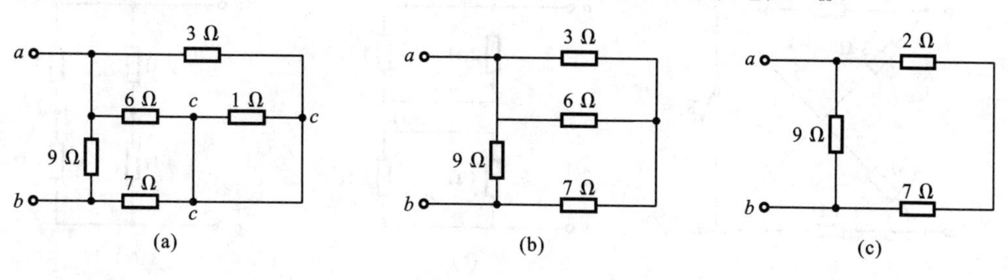

图 2.1.4　例 2.1.1 的图

【解】 由于 1 Ω 电阻是接在同一个节点 c 之间，因此可将其短路，图(a)可化为图(b)，显然 3 Ω 电阻和 6 Ω 电阻并联，其等效电阻为 $\frac{3\times6}{3+6}$ Ω＝2 Ω，再将图(b)化为图(c)。由此得出 $R_{ab}=\frac{(2+7)\times9}{(2+7)+9}$ Ω＝4.5 Ω。

【例 2.1.2】 计算如图 2.1.5(a)中等效电阻 R_{ab}。

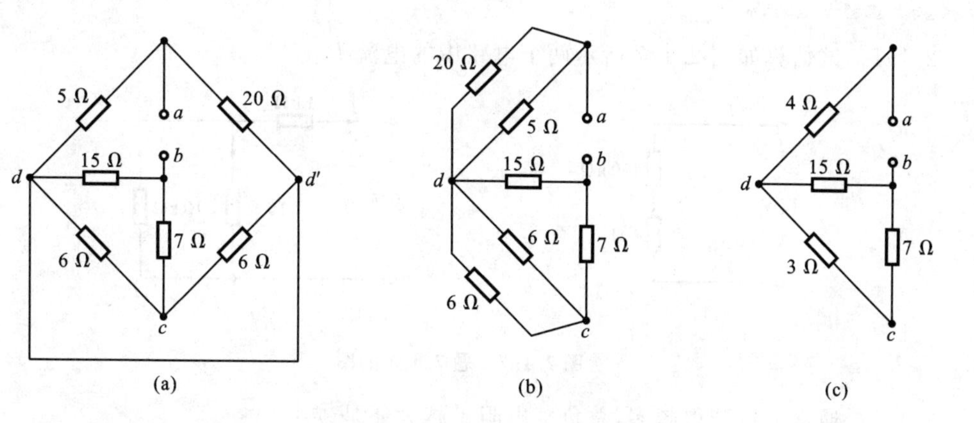

图 2.1.5　例 2.1.2 的图

【解】 先将无电阻导线 d、d' 缩成一个节点，用 d 表示，则得图 2.1.5(b)。图(b)中20 Ω 和 5 Ω 并联接在节点 d、a 之间，$R_{da}=\frac{20\times5}{20+5}$ Ω＝4 Ω，6 Ω 和 6 Ω 并联接在节点 d、c 之间，$R_{dc}=\frac{6\times6}{6+6}$ Ω＝3 Ω，因此图(b)可变为图(c)。图(c)中 a、b 两点间的等效电阻 $R_{ab}=R_{ad}+R_{db}=\left[4+\frac{15\times(3+7)}{15+(3+7)}\right]$ Ω＝10 Ω。

【例 2.1.3】 分别计算如图 2.1.6(a)中开关打开与闭合时的等效电阻 R_{ab}。

【解】 当开关 S 闭合时，图(a)可化为图(b)，c、d 视为同一个节点，故等效电阻 $R_{ab}=(2/\!/3+4/\!/1)$ Ω＝$\left(\frac{2\times3}{2+3}+\frac{4\times1}{4+1}\right)$ Ω＝2 Ω。

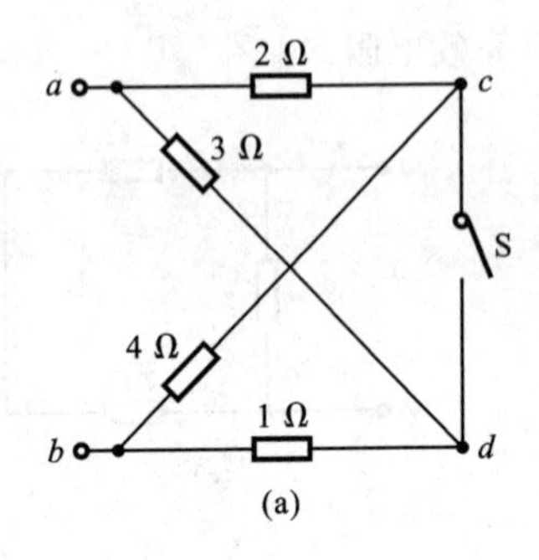

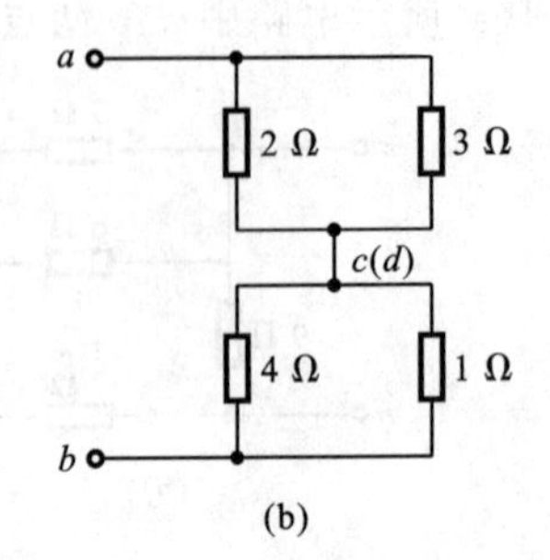

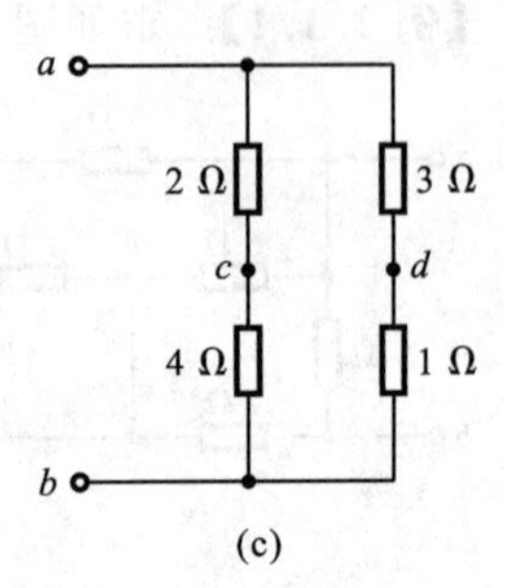

图 2.1.6　例 2.1.3 的图

当开关 S 断开时，图(a)可化为图(c)，故等效电阻 $R_{ab}=[(2+4)/\!/(3+1)]\ \Omega=\frac{6\times4}{6+4}\ \Omega=2.4\ \Omega$。

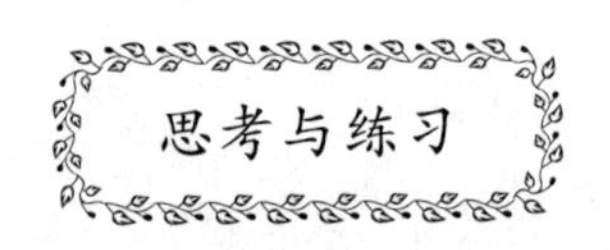

2.1.1　试估算如图 2.1.7 所示两个电路中的电流 I。

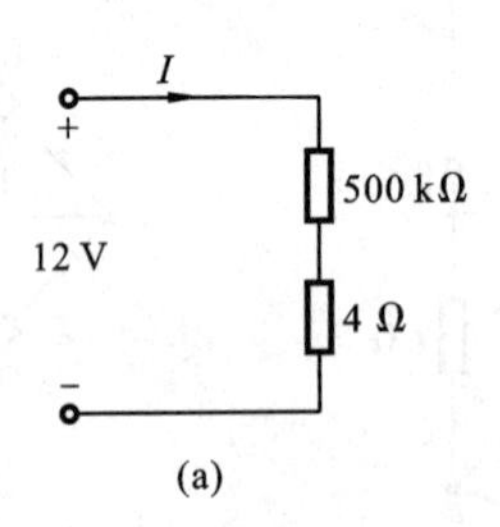

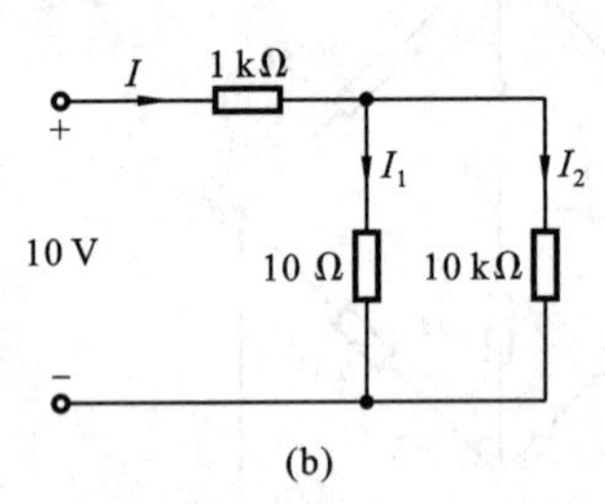

图 2.1.7　题 2.1.1 的图

2.1.2　通常电灯开得越多，总负载电阻是越大还是越小？

2.1.3　如图 2.1.8 所示电路，试求 a、b 两点间的等效电阻 R_{ab}。

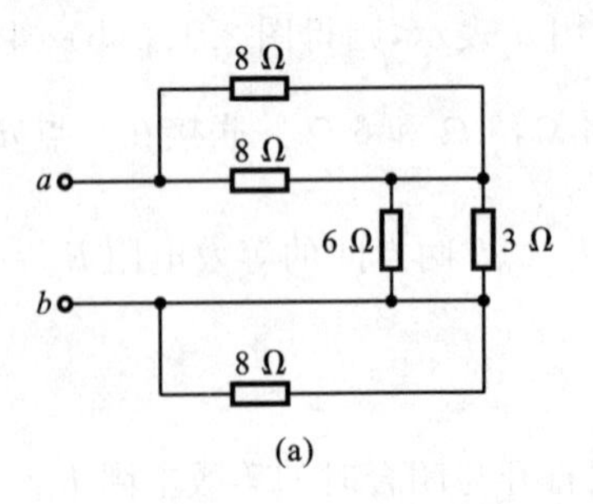

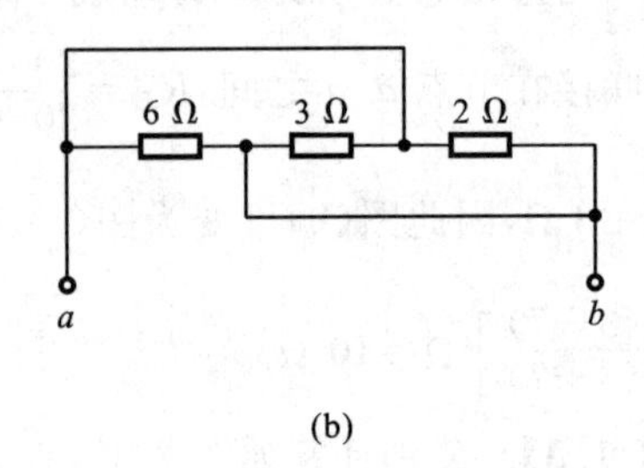

图 2.1.8　题 2.1.3 的图

2.2 电阻的 Y 形连接与△形连接的等效变换

前面介绍了电阻串联、并联、混联的分析方法，但是在电路中，电阻的连接有时既不是串联也不是并联，而是三个电阻元件首尾相连，连成一个三角形，如图 2.2.1(a)所示；或是三个电阻元件的一端连接在一起，另一端分别连接到电路的三个节点，如图 2.2.1(b)所示。图 2.2.1(a)所示连接方式称为三角形连接，简称△形连接；图 2.2.1(b)所示连接方式称为星形连接，简称 Y 形连接。

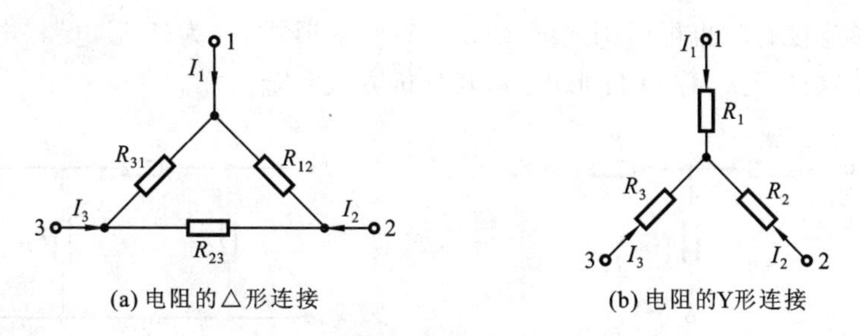

图 2.2.1 电阻的 Y 形连接与△形连接

电路中出现电阻的 Y 形连接或△形连接时，就不能用简单的串、并联来等效。但是，电阻的 Y 形连接和△形连接是可以等效变换的。根据等效网络的定义，在如图 2.2.1 所示的 Y 形网络与△形网络中，若电压 U_{12}、U_{23}、U_{31} 和电流 I_1、I_2、I_3 都分别相等，则两个网络对外是等效的，据此可导出电阻 Y 形连接与△形连接之间的等效关系。由于推导过程较为烦琐，在此不再赘述，直接给出相关公式。

以图 2.2.1 为例，若将电阻△形连接变换为 Y 形连接，其等效变换公式为

$$\left.\begin{aligned} R_1 &= \frac{R_{12}\times R_{31}}{R_{12}+R_{23}+R_{31}} \\ R_2 &= \frac{R_{23}\times R_{12}}{R_{12}+R_{23}+R_{31}} \\ R_3 &= \frac{R_{31}\times R_{23}}{R_{12}+R_{23}+R_{31}} \end{aligned}\right\} \tag{2.2.1}$$

若将电阻的 Y 形连接变换为△形连接，其等效变换公式为

$$\left.\begin{aligned} R_{12} &= \frac{R_1R_2+R_2R_3+R_3R_1}{R_3} \\ R_{23} &= \frac{R_1R_2+R_2R_3+R_3R_1}{R_1} \\ R_{31} &= \frac{R_1R_2+R_2R_3+R_3R_1}{R_2} \end{aligned}\right\} \tag{2.2.2}$$

为便于记忆，可将上述公式用文字表述为

$$\text{Y 形连接电阻}=\frac{\triangle\text{形连接电阻中两相邻电阻之积}}{\triangle\text{形连接电阻之和}}$$

$$\triangle\text{形连接电阻}=\frac{\text{Y 形连接电阻中各电阻两两相乘积之和}}{\text{Y 形连接中另一端钮所连电阻}}$$

若 Y 形连接的三个电阻相等，即 $R_1=R_2=R_3=R_Y$，则等效互换为△形连接的电阻也相等，$R_{12}=R_{23}=R_{31}=3R_Y$。

反之，若△形连接的三个电阻相等，即 $R_{12}=R_{23}=R_{31}=R_\triangle$，则等效互换为 Y 形连接的三个电阻也相等，$R_1=R_2=R_3=R_Y=\frac{1}{3}R_\triangle$。

电阻 Y 形连接有时也可以画成图 2.2.2(a)所示形式，称为 T 形电路，电阻△形连接画成图 2.2.2(b)这种形式，称为 Π 形电路，其分析方法完全一样。

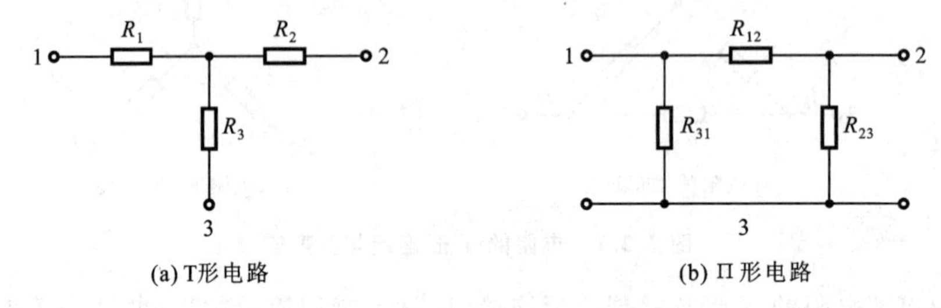

图 2.2.2　T 形电路与 Π 形电路

Y 形网络与△形网络的等效互换，在后面的三相电路中有着重要的应用。

【例 2.2.1】　如图 2.2.3(a)所示桥式电路，求 ab 两端的等效电阻 R_{ab}。

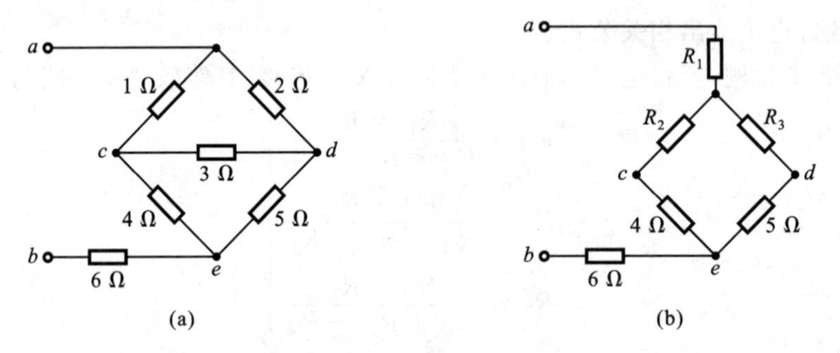

图 2.2.3　例 2.2.1 的图

【解】　将图 2.2.3(a)中 1 Ω、2 Ω、3 Ω 构成的△形网络用等效 Y 网络代替，相应的等效电路如图(b)所示，应用式(2.2.2)，得

$$R_1=\frac{1\times 2}{1+2+3}\ \Omega=\frac{1}{3}\ \Omega=0.333\ \Omega$$

$$R_2=\frac{1\times 3}{1+2+3}\ \Omega=\frac{1}{2}\ \Omega=0.5\ \Omega$$

$$R_3 = \frac{2 \times 3}{1+2+3}\ \Omega = 1\ \Omega$$

然后用电阻的串、并联方法求得

$$R_{ab} = R_1 + \frac{(4+R_2)\times(5+R_3)}{(4+R_2)+(5+R_3)} + 6 = \left[0.333 + \frac{(4+0.5)\times(5+1)}{(4+0.5)+(5+1)} + 6\right]\Omega = 8.9\ \Omega$$

【例 2.2.2】 在如图 2.2.4(a)所示电路中,已知 $R_1=10\ \Omega$,$R_2=30\ \Omega$,$R_3=22\ \Omega$,$R_4=4\ \Omega$,$R_5=60\ \Omega$,$U_S=22$ V,求电流 I。

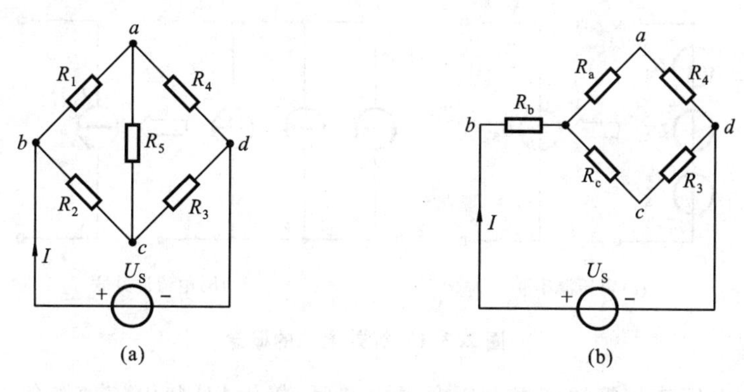

图 2.2.4 例 2.2.2 的图

【解】 这是一个电桥电路,既含有△形电路又含有 Y 形电路。如图(b)所示,先将△形连接的 R_1、R_2、R_5 化为 Y 形连接的 R_a、R_b、R_c。应用式(2.2.2),得

$$R_a = \frac{R_1R_5}{R_1+R_2+R_5} = \frac{10\times 60}{10+30+60}\ \Omega = 6\ \Omega$$

$$R_b = \frac{R_1R_2}{R_1+R_2+R_5} = \frac{10\times 30}{10+30+60}\ \Omega = 3\ \Omega$$

$$R_c = \frac{R_2R_5}{R_1+R_2+R_5} = \frac{30\times 60}{10+30+60}\ \Omega = 18\ \Omega$$

再用串、并联的方法求出等效电阻

$$R_{bd} = R_b + \frac{(R_a+R_4)(R_c+R_3)}{(R_a+R_4)+(R_c+R_3)} = \left[3 + \frac{(6+4)(18+22)}{(6+4)+(18+22)}\right]\Omega = 11\ \Omega$$

则电流

$$I = \frac{U_S}{R_{bd}} = \frac{22}{11}\ \text{A} = 2\ \text{A}$$

2.3 电压源与电流源及其等效变换

一个电源可以用两种不同的电路模型来表示。一种是用电压的形式来表示,称为电压源,一种是用电流的形式来表示,称为电流源。

2.3.1 理想电源的简化

电阻串联、并联和混联都可以用一个等效电阻来代替，同样，电源的串联、并联，也可用一个等效电源代替。

(1) 几个电压源串联或几个电流源并联，其等效电源为多个电源的代数和，如图 2.3.1 所示。其中，$U_S=U_{S1}+U_{S2}+U_{S3}$，$I_S=I_{S1}+I_{S2}-I_{S3}$。

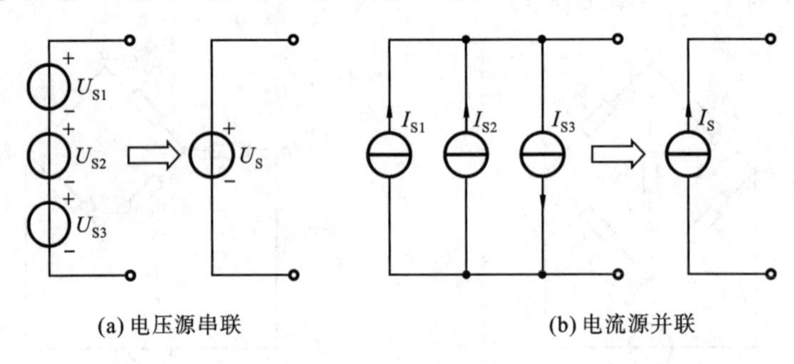

图 2.3.1 等效电源的概念

极性相同、电压值相等的理想电压源可以并联；极性相同、电流值相等的理想电流源可以串联。

(2) 根据电压源的基本特征，对外电路而言，与电压源并联的元件可去掉。如图 2.3.2 所示，对 a、b 间所接的外电阻 R 而言，与 U_S 并联的 I_S、R_1、R_2 都可以去掉，R 上的端电压和电流不受影响。

根据电流源的基本特征，对外电路而言，与电流源串联的元件也可去掉。如图 2.3.3 所示，对 a、b 间所接的外电路 R 而言，与 I_S 串联的 U_S、R_1 都可以去掉，R 上的端电压和电流不受影响。

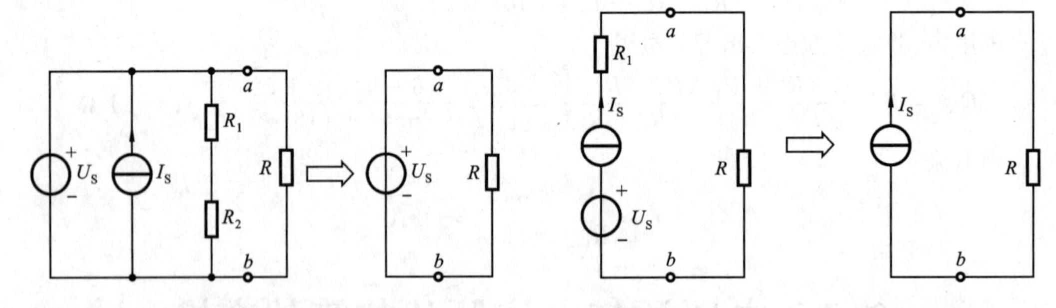

图 2.3.2 电压源与其他元件的并联　　图 2.3.3 电流源与其他元件的串联

2.3.2 电压源与电流源的等效变换

我们前面学习过，实际电源有两种模型，一种是电压源模型，即电压源与电阻串联，另一种是电流源模型，即电流源与电阻并联。一个实际的电源对外电路供电，既可以看成是一个电压源，也可以看成是一个电流源，因而，在一定条件下它们可以等效变换。如图 2.3.4 所示，为两种实际电源向同一外电路供电的情况，现在来分析一下这两种电源模型等效变换的条件。

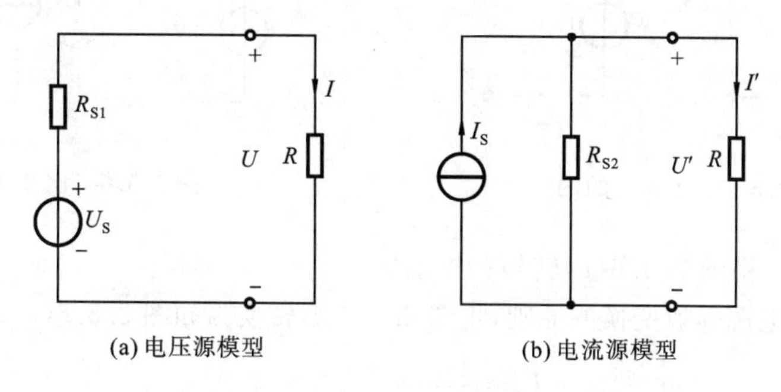

图 2.3.4　电压源与电流源等效变换

由图(a)可知

$$U = U_S - IR_{S1}$$

$$I = \frac{U_S - U}{R_{S1}} = \frac{U_S}{R_{S1}} - \frac{U}{R_{S1}}$$

由图(b)可知

$$I' = I_S - \frac{U'}{R_{S2}}$$

若这两个电源等效，必有 $U=U'$，$I=I'$，则等效条件为

$$\frac{U_S}{R_{S1}} = I_S \quad \text{或} \quad U_S = I_S R_{S1}$$

$$R_{S1} = R_{S2}$$

在处理电源等效时要注意以下几点。

(1) 理想电压源与理想电流源之间不能等效变换。

(2) 凡与电压源串联的电阻或与电流源并联的电阻，无论是否是电源内阻，均可当作内阻处理。

(3) 电源等效是对外电路而言的，电源内部并不等效。如电压源开路时，内部不发出功率；而电流源开路时，内部仍有电流流过，故有功率消耗。

(4) 等效变换时，要注意 U_S 和 I_S 参考方向的相互关系，I_S 的参考方向由 U_S 的"－"极指向其"＋"极。

【例 2.3.1】 将图 2.3.5(a)转换为电压源。

【解】 根据电源等效变换的原则，将图 2.3.5(a)转换为如图 2.3.5(b)所示的电压源，有

$$U_S = I_S R_S = 4 \times 3 \text{ V} = 12 \text{ V}$$

$$R_S = 3\ \Omega$$

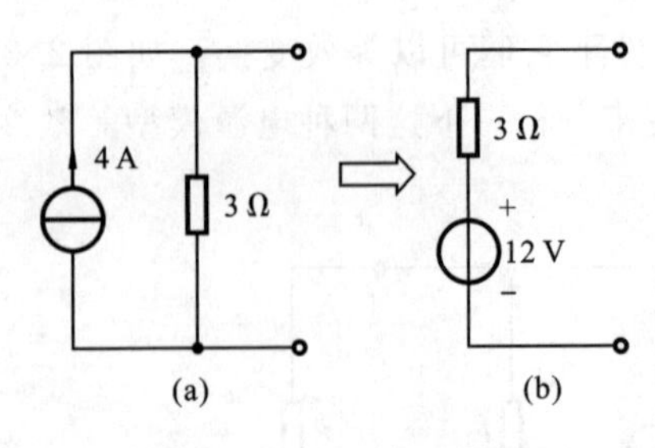

图 2.3.5　例 2.3.1 的图

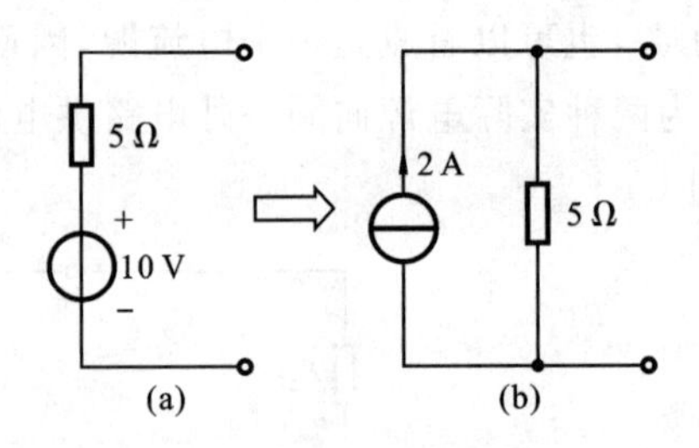

图 2.3.6　例 2.3.2 的图

【例 2.3.2】　将图 2.3.6(a)转换为电流源。

【解】　根据电源等效变换的原则，将图 2.3.6(a)转换为如图 2.3.6(b)所示的电流源，有

$$I_S = \frac{U_S}{R_S} = \frac{10}{5}\ \text{A} = 2\ \text{A}$$

$$R_S = 5\ \Omega$$

【例 2.3.3】　求如图 2.3.7(a)所示的电路中 R 支路的电流。已知 $U_{S1}=10$ V，$U_{S2}=6$ V，$R_1=1\ \Omega$，$R_2=3\ \Omega$，$R=1.5\ \Omega$。

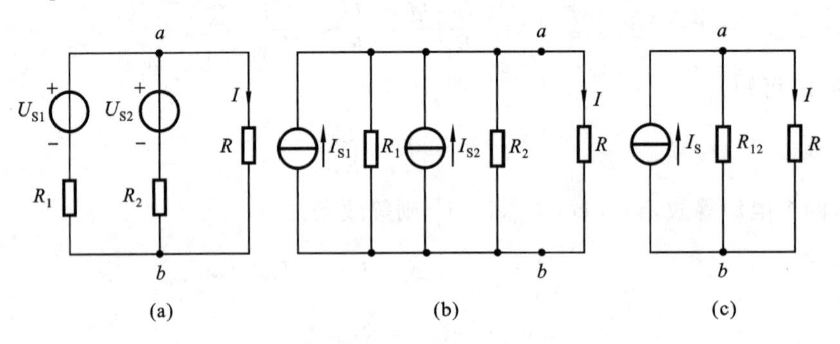

图 2.3.7　例 2.3.3 的图

【解】　先把每个电压源、电阻串联支路变换为电流源、电阻并联支路。网络变换如图 2.3.7(b)所示，其中

$$I_{S1} = \frac{U_{S1}}{R_1} = \frac{10}{1}\ \text{A} = 10\ \text{A}$$

$$I_{S2} = \frac{U_{S2}}{R_2} = \frac{6}{3}\ \text{A} = 2\ \text{A}$$

图 2.3.7(b)中两个并联电流源可以用一个电流源代替，即

$$I_S = I_{S1} + I_{S2} = (10+2)\ \text{A} = 12\ \text{A}$$

并联 R_1、R_2 的等效电阻为

$$R_{12} = \frac{R_1 R_2}{R_1 + R_2} = \frac{1\times 3}{1+3}\ \Omega = \frac{3}{4}\ \Omega$$

网络简化如图 2.3.7(c)所示。

对于图 2.3.7(c)电路，按分流关系，求得 R 的电流 I 为

$$I=\frac{R_{12}}{R_{12}+R}\cdot I_S=\frac{\frac{3}{4}}{\frac{3}{4}+1.5}\times 12\ \text{A}=4\ \text{A}$$

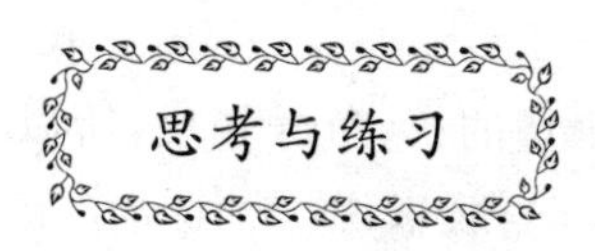

2.3.1　两种实际电源等效变换的条件是什么？如何确定 U_S和 I_S的参考方向？

2.3.2　化简如图 2.3.8 所示电路。

2.3.3　如图 2.3.9 所示电路，试求 3 Ω 电阻上的电压 U。

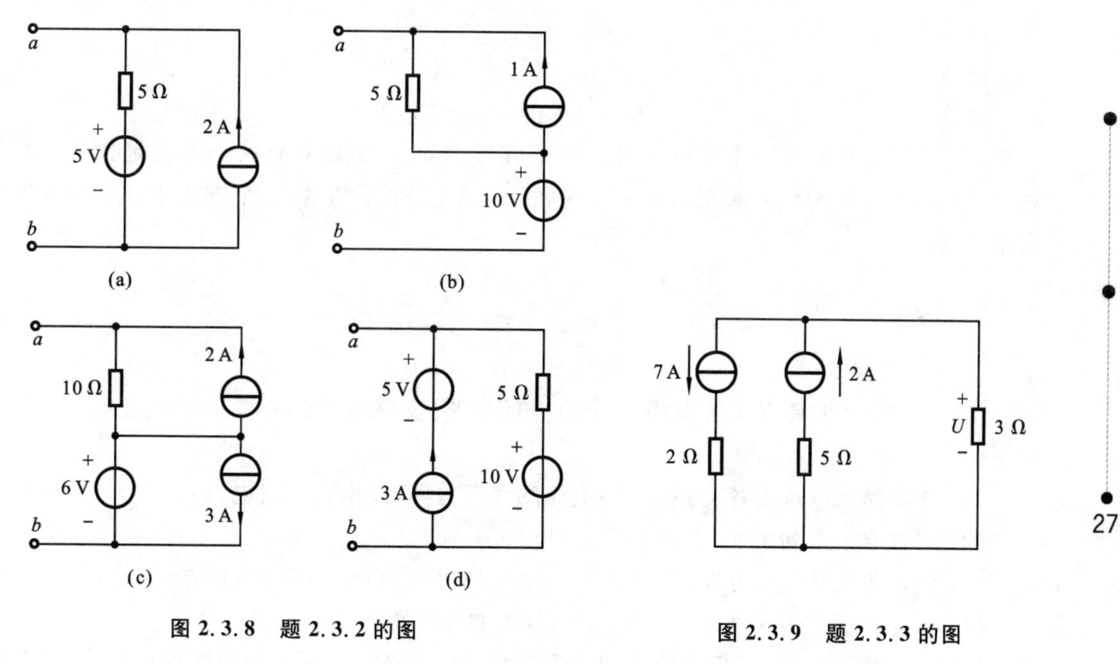

图 2.3.8　题 2.3.2 的图　　　　图 2.3.9　题 2.3.3 的图

2.4　支路电流法

当组成电路的电阻元件不能用简单的串、并联方法计算其等效电阻时，这种电路称为复杂电路，如图 2.4.1 所示电路。此时，若要求解 I_1、I_2、I_3这三个未知量，最基本的方法就是支路电流法。这种方法以支路电流为未知量，直接应用 KCL 和 KVL 分别对节点和回路列方程，然后联立求解，得到各支路电流的值。

现以图 2.4.1 所示电路为例，介绍用支路电流法求解电路的基本步骤。

图中，电压源 U_{S1}、U_{S2}和电阻 R_1、R_2、R_3均为已知量，要求 I_1、I_2和 I_3(参考方向如图所

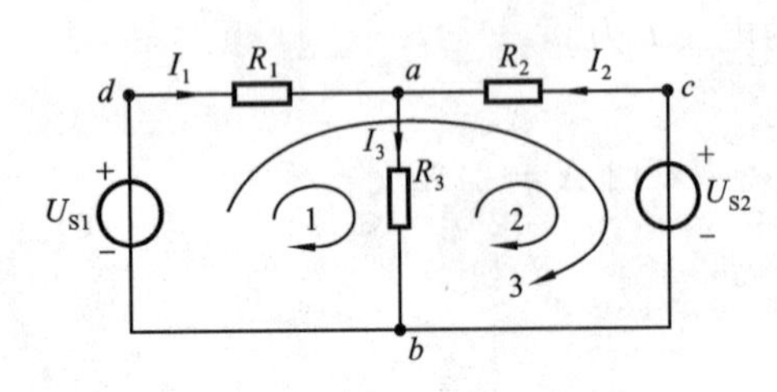

图 2.4.1 支路电流法

示),需要列三个独立方程联立求解。该电路有三条支路,两个节点。

首先,根据 KCL 列出节点 a 和 b 的电流方程

节点 a　　$-I_1-I_2+I_3=0$

节点 b　　$I_1+I_2-I_3=0$

这两个方程只是各个量的正、负号相反,所以只有一个方程是独立的。一般来说,具有 n 个节点的电路应用 KCL 列方程式时,只能得出 $n-1$ 个独立方程。

其次,根据 KVL 列出回路电压方程。图 2.4.1 电路中有三个回路,选定回路绕行方向如图所示,习惯选顺时针作为绕行方向。

回路 1　　$I_1R_1+I_3R_3-U_{S1}=0$

回路 2　　$-I_2R_2+U_{S2}-I_3R_3=0$

回路 3　　$I_1R_1-I_2R_2+U_{S2}-U_{S1}=0$

这三个方程中任意一个都可从另外两个方程中导出,所以只有两个方程是独立的。把独立节点电流方程与独立回路的电压方程联立起来,三个未知量、三个方程刚好可以求解出支路电流。

$$\begin{aligned} I_1+I_2-I_3&=0 \\ I_1R_1+I_3R_3&=U_{S1} \\ -I_2R_2-I_3R_3&=-U_{S2} \end{aligned}$$

综上所述,对于具有 b 条支路、n 个节点的电路,支路电流法分析计算电路的一般步骤如下。

(1) 在电路图中选定各支路(b 个)电流的参考方向,设出各支路电流。

(2) 对独立节点列出 $n-1$ 个 KCL 方程。

(3) 设定各网孔绕行方向,列写 KVL 方程,列出 $b-(n-1)$ 个 KVL 方程。

(4) 联立求解上述 b 个独立方程,得出待求的各支路电流。

运用支路电流法时,可把电流源与电阻并联组合变换为电压源与电阻串联组合,以简化计算。

【例 2.4.1】 用支路电流法求如图 2.4.2 所示电路中的各支路电流。

【解】 设各支路电流为 I_1、I_2、I_3,参考方向如图所示,根据 KCL 和 KVL 列出下述方程:

节点 a　　$I_1+I_2=I_3$

回路 1　　$2I_1-15+10-4I_2=0$

回路 2　　$4I_2-10+12I_3=0$

联立求解上面三个方程,得

$$I_1=1.5\ \text{A},\quad I_2=-0.5\ \text{A},\quad I_3=1\ \text{A}$$

其中,I_2 为负值,说明其实际方向与图中假定方向相反。

例 2.4.1 电路中只有电压源而没有电流源，如果含有理想电流源，在用支路电流法分析电路时，应将电流源的端电压也作为一个未知量来设定，列回路 KVL 方程时这个端电压也要考虑进去。

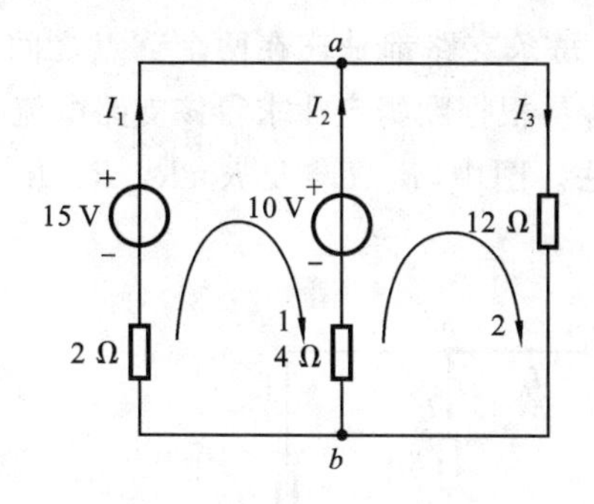

图 2.4.2　例 2.4.1 的图

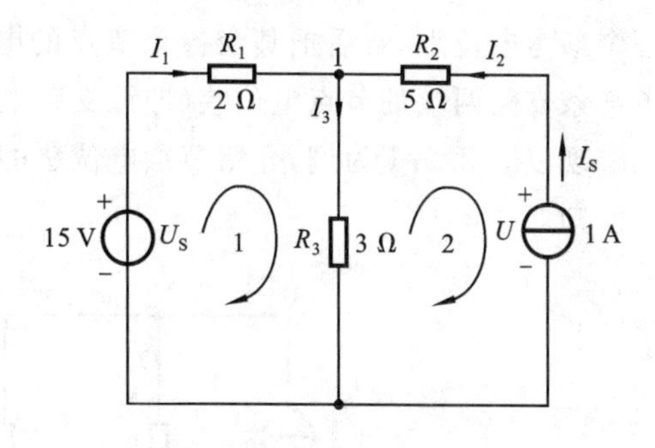

图 2.4.3　例 2.4.2 的图

【例 2.4.2】 对如图 2.4.3 所示电路，用支路电流法求各支路电流及理想电流源上的端电压 U。

【解】 设各支路电流为 I_1、I_2、I_3，参考方向如图 2.4.3 所示，电流源端电压 U 的参考方向如图所示。

根据 KCL 和 KVL 列出下述方程：

节点 1　　$I_1+I_2=I_3$

回路 1　　$I_1R_1+I_3R_3-U_S=0$

回路 2　　$-I_2R_2+U-I_3R_3=0$

其中　　$I_2=I_S=1\ \text{A}$

联立方程
$$\left.\begin{aligned}&I_1+1=I_3\\&2I_1+3I_3-15=0\\&-5+U-3I_3=0\end{aligned}\right\}$$

解得

$$I_1=2.4\ \text{A},\quad I_3=3.4\ \text{A},\quad U=15.2\ \text{V}$$

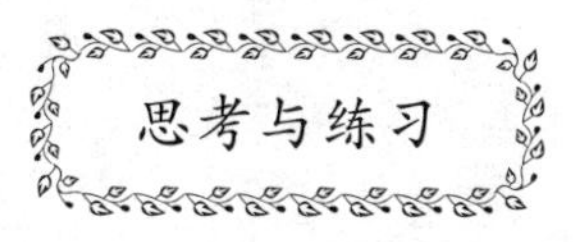

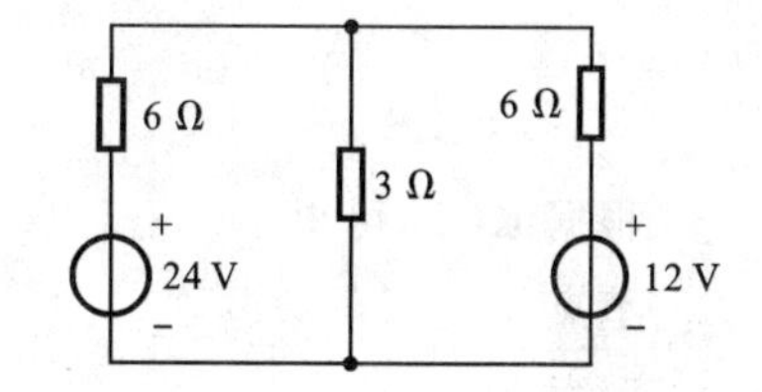

图 2.4.4　题 2.4.1 的图

2.4.1　用支路电流法求图 2.4.4 中各支路电流。

2.5　节点电位法

如果在电路中任选一节点作为参考点，那么其他节点与参考点之间的电压就称为该节点的电位。每条支路上的电流都可以用两端节点电位之差除以支路电阻的形式来表示，节点电位法是以独立节点电位为变量，列 KCL 方程，而对电路进行求解的方法。对于节点较少而网孔较多的电路来说，用节点电位法来分析电路是非常便捷的。只要在电路中先设定一个参考电位点，然后把其余各个节点的电位求出，每条支路都是连在两个节点之间，知道了某条支路两端的节点电位差(即该支路电压)，很容易根据欧姆定律求得该支路电流。

现以图 2.5.1 为例，介绍节点电位法的分析方法。图中，I_{S1}、U_{S5} 及 R_1、R_2、R_3、R_4、R_5 均为已知。

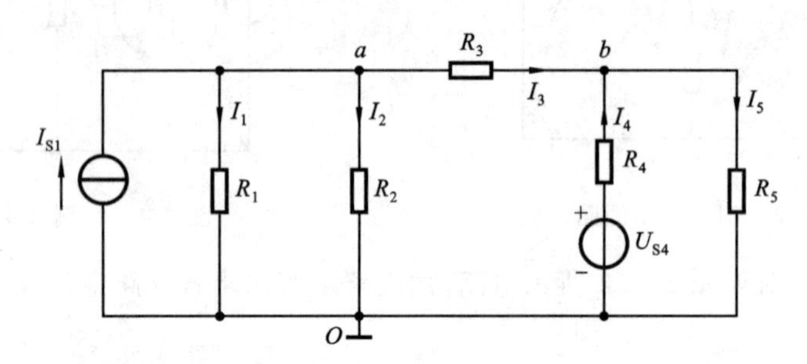

图 2.5.1　节点电位法

以节点 O 为参考点，节点 a 和节点 b 的电位分别设为 V_a 和 V_b。各支路电流的参考方向如图所示，由欧姆定律，可知各支路电流与节点电位之间存在如下关系：

$$I_1 = \frac{V_a}{R_1}$$

$$I_2 = \frac{V_a}{R_2}$$

$$I_3 = \frac{V_a - V_b}{R_3}$$

$$I_4 = \frac{U_{S4} - V_b}{R_4}$$

$$I_5 = \frac{V_b}{R_5}$$

根据 KCL，可得

节点 a　　$I_1 + I_2 + I_3 - I_{S1} = 0$

节点 b　　$-I_3 - I_4 + I_5 = 0$

将各支路电流代入节点电位方程，整理得

节点 a　　$\left(\frac{1}{R_1} + \frac{1}{R_2} + \frac{1}{R_3}\right)V_a - \frac{1}{R_3}V_b = I_{S1}$

节点 b　　$-\frac{1}{R_3}V_a + \left(\frac{1}{R_3} + \frac{1}{R_4} + \frac{1}{R_5}\right)V_b = \frac{U_{S4}}{R_4}$

若将电阻的倒数用电导表示，可得

节点 a $$(G_1+G_2+G_3)V_a-G_3V_b=I_{S1}$$

节点 b $$-G_3V_a+(G_3+G_4+G_5)V_b=G_4U_{S4}$$

写成一般形式为
$$\left.\begin{aligned}G_{aa}V_a+G_{ab}V_b=I_{Saa}\\G_{ba}V_a+G_{bb}V_b=I_{Sbb}\end{aligned}\right\} \tag{2.5.1}$$

式(2.5.1)是具有两个独立节点的节点电位方程的一般形式，说明如下。

(1) G_{aa}、G_{bb}分别称为节点 a、b 的自导，$G_{aa}=G_1+G_2+G_3$，$G_{bb}=G_3+G_4+G_5$，其数值等于各独立节点所连接的各支路的电导之和，自导总取正值。

(2) G_{ab}、G_{ba}分别称为节点 a、b 的互导，$G_{ab}=G_{ba}=-G_3$，其数值等于两独立节点之间的各支路电导之和，互导总取负值。

(3) I_{Saa}、I_{Sbb}分别是流入节点 a 和节点 b 的各电流源的代数和，流入节点的电流源取正号，流出节点的取负号。如果是电压源和电阻串联的支路，则要将其看成是等效的电流源与电阻并联的形式，注意等效变换时电流源的方向。

节点电位法的一般步骤可归纳如下。

(1) 选取参考节点。

(2) 建立节点电位方程组，其方程个数与独立节点个数相等。一般可先写出各节点的自导、各节点间的互导及流入各节点的电流源的代数和，然后再按规范形式写出方程组。

(3) 求解方程组，即可得出各节点电位值。

(4) 设定各支路电流的参考方向，根据欧姆定律和各节点电位值即可求出各支路电流。

【例 2.5.1】 用节点电位法求如图 2.5.2 所示电路中各支路电流。已知 $U_{S1}=3$ V，$U_{S2}=4$ V，$I_S=0.2$ A，$R_1=1\ \Omega$，$R_2=6\ \Omega$，$R_3=5\ \Omega$，$R_4=10\ \Omega$。

【解】 设点 O 为参考节点，该电路除参考节点外，只有一个独立节点 a，只需列一个独立节点方程，设节点电压为 V_a，R_3与电流源 I_S串联，可去掉。

$$V_a=\frac{\dfrac{U_{S1}}{R_1}-\dfrac{U_{S2}}{R_2}+I_S}{\dfrac{1}{R_1}+\dfrac{1}{R_2}+\dfrac{1}{R_4}}=\frac{\dfrac{3}{1}-\dfrac{4}{6}+0.2}{\dfrac{1}{1}+\dfrac{1}{6}+\dfrac{1}{10}}\ \text{V}=2\ \text{V}$$

由欧姆定律及 KVL，得

$$I_1=\frac{V_a-U_{S1}}{R_1}=\frac{2-3}{1}\ \text{A}=-1\ \text{A}$$

$$I_2=\frac{U_{S2}+V_a}{R_2}=\frac{4+2}{6}\ \text{A}=1\ \text{A}$$

$$I_4=\frac{V_a}{R_4}=\frac{2}{10}\ \text{A}=0.2\ \text{A}$$

本题中，节点电位 V_a还可以写成一般形式为

$$V_a = \frac{\sum_{i=1}^{n}\left(\frac{U_{Si}}{R_i} + I_{Si}\right)}{\sum_{i=1}^{n}\frac{1}{R_i}} \tag{2.5.2}$$

式(2.5.2)称为弥尔曼定理，它其实是节点电位法的一种特殊情况，即电路中只有一个独立节点，右边分式中分子为流入节点 a 的等效电流源的代数和，分母为该节点所连接各支路的电导之和。

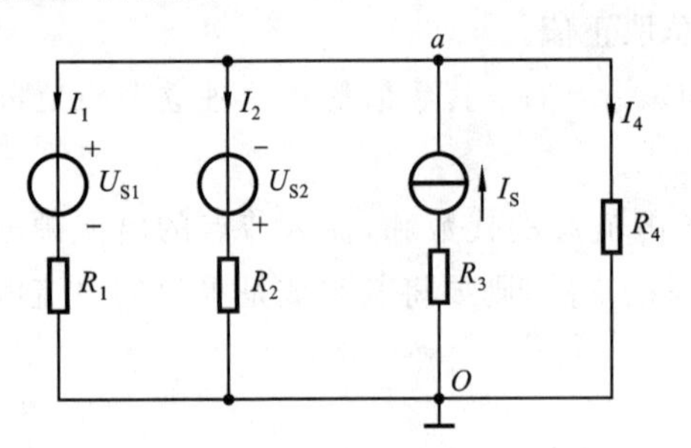

图 2.5.2　例 2.5.1 的图

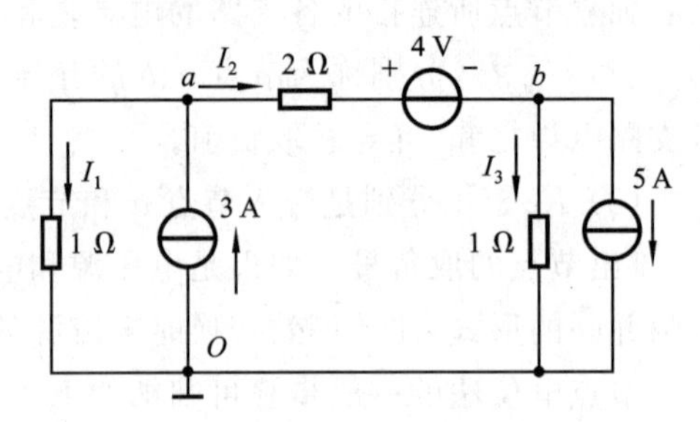

图 2.5.3　例 2.5.2 的图

【例 2.5.2】 试用节点电位法求如图 2.5.3 所示电路中的各支路电流。

【解】 取节点 O 为参考节点，节点 a、b 的电位分别为 V_a、V_b，按式(2.5.1)得

$$\left.\begin{aligned}\left(\frac{1}{1}+\frac{1}{2}\right)V_a - \frac{1}{2}V_b &= 3 + \frac{4}{2}\\ -\frac{1}{2}V_a + \left(\frac{1}{2}+\frac{1}{1}\right)V_b &= -5 - \frac{4}{2}\end{aligned}\right\}$$

解之得

$$V_a = 2\ \text{V},\quad V_b = -4\text{V}$$

取各支路电流的参考方向如图所示。根据支路电流与节点电位的关系，有

$$I_1 = \frac{V_a}{1} = \frac{2}{1}\ \text{A} = 2\ \text{A}$$

$$I_2 = \frac{V_a - V_b - 4}{2} = \frac{2-(-4)-4}{2}\ \text{A} = 1\ \text{A}$$

$$I_3 = \frac{V_b}{1} = \frac{-4}{1}\ \text{A} = -4\ \text{A}$$

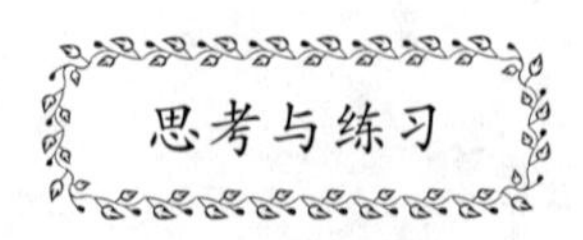

2.5.1　节点电位方程中的各项分别表示什么意义？其正、负号如何确定？

2.5.2　列出如图 2.5.4 所示电路的节点电位方程。

2.5.3　求图 2.5.5 电路中点 a 电位。

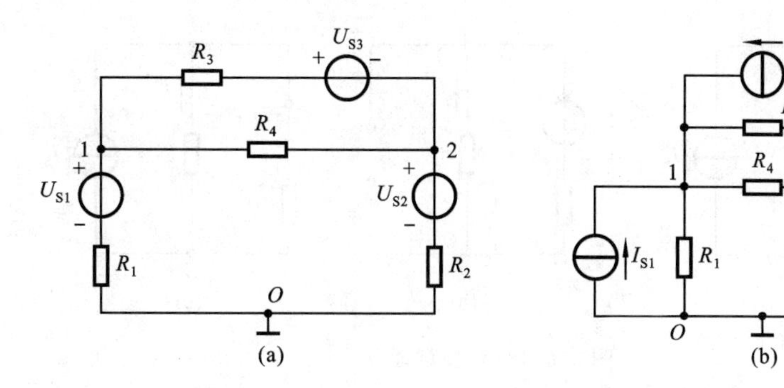

图 2.5.4　题 2.5.2 的图

2.5.4　用节点电位法求如图 2.5.6 所示电路中各支路电流。已知 $U_{S1}=6\ \text{V}$，$U_{S2}=8\ \text{V}$，$I_S=0.4\ \text{A}$，$R_1=0.1\ \Omega$，$R_2=6\ \Omega$，$R_3=10\ \Omega$，$R=3\ \Omega$。

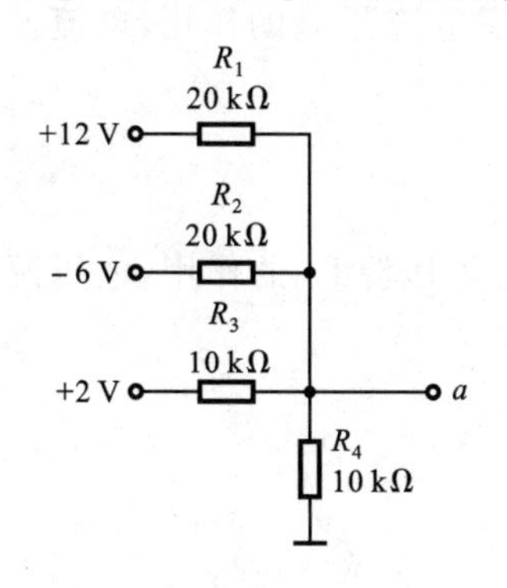

图 2.5.5　题 2.5.3 的图

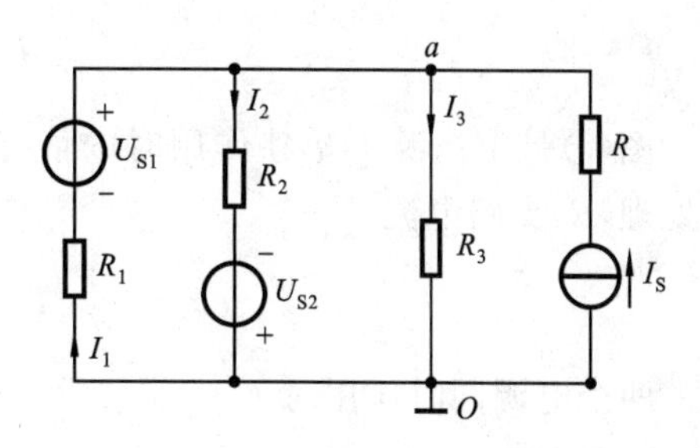

图 2.5.6　题 2.5.4 的图

2.6　叠加定理

叠加定理是线性电路的一个重要定理，其表述如下：在线性电路中，当有两个或两个以上的独立电源同时作用时，每条支路上的电流或电压都可以看成是电路中各个电源单独作用时在该支路产生的电流或电压的代数和(叠加)。当某一电源单独作用时，其他不作用的电源应置为零(电压源电压为零，电流源电流为零)，即电压源用短路代替，电流源用开路代替。

下面以图 2.6.1(a)中 R_2 支路电流 I 为例，说明叠加定理在线性电路中的体现。

图 2.6.1(a)是一个含有两个独立电源的线性电路，根据弥尔曼定理可知，这个电路 a、b 两节点间的电压

$$U_{ab}=\frac{\dfrac{U_S}{R_1}-I_S}{\dfrac{1}{R_1}+\dfrac{1}{R_2}}=\frac{R_2U_S-R_1R_2I_S}{R_1+R_2}$$

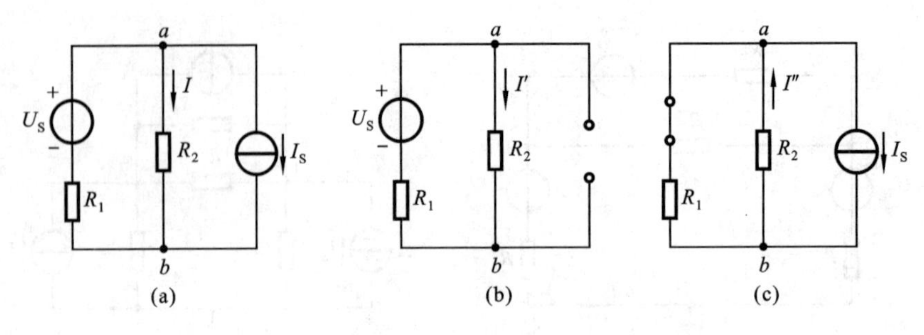

图 2.6.1　叠加定理

R_2支路电流

$$I=\frac{U_{ab}}{R_2}=\frac{U_S-R_1I_S}{R_1+R_2}=\frac{U_S}{R_1+R_2}-\frac{R_1}{R_1+R_2}I_S$$

图(b)是电压源U_S单独作用时的情况。此时不考虑电流源I_S的作用,电流源可作为开路处理,R_2支路电流

$$I'=\frac{U_S}{R_1+R_2}$$

图(c)是电流源I_S单独作用时的情况。此时不考虑电压源U_S的作用,电压源可作为短路处理,R_2支路电流

$$I''=\frac{R_1}{R_1+R_2}I_S$$

两个电源同时作用时

$$I=\frac{U_S}{R_1+R_2}-\frac{R_1}{R_1+R_2}I_S=I'-I''$$

I的表达式正是U_S和I_S单独作用时R_2支路电流的代数和。

用叠加定理分析电路的一般步骤如下。

(1) 将复杂电路分解为含有一个(或几个)独立源单独(或共同)作用的分解电路。

(2) 分析各分解电路,分别求得各电流或电压分量。

(3) 叠加得最后结果。

用叠加定理分析电路时,应注意以下几点。

(1) 叠加定理仅适用于线性电路,不适用于非线性电路;仅适用于电压、电流的计算,不适用于功率的计算。

(2) 当某一独立源单独作用时,其他独立源的参数都应置为零,即电压源短路,电流源开路,其他元件的连接方式保持不变。

(3) 应用叠加定理求电压、电流时,应特别注意各分量的符号。若分量的参考方向与原电路中选取的参考方向一致,则该分量取正号;反之取负号。

(4) 叠加的方式是任意的,可以一次使一个独立源单独作用,也可以一次使几个独立源同时作用,方式的选择取决于对分析计算问题的简便与否。

【例 2.6.1】 如图 2.6.2(a)所示电路中，电压源和电流源共同作用。已知 $U_S=5$ V，$I_S=2$ A，$R_1=4$ Ω，$R_2=6$ Ω，$R=10$ Ω，试用叠加定理求各支路电流。

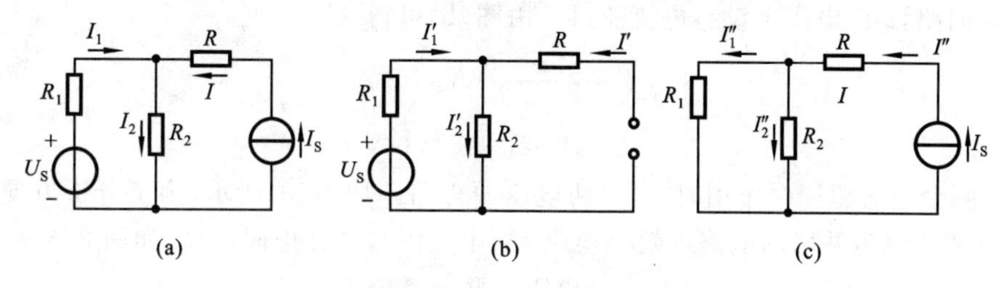

图 2.6.2 例 2.6.1 的图

【解】 图(a)有一个电压源、一个电流源同时作用，根据叠加定理，将该电路分解为图(b)和图(c)。

(1) 当电压源单独作用时，电流源开路，如图(b)所示。

$$I_1' = I_2' = \frac{U_S}{R_1 + R_2} = \frac{5}{4+6}\ \text{A} = 0.5\ \text{A}$$

因为电阻 R 开路，所以 $I'=0$。

(2) 当电流源单独作用时，电压源短路，如图(c)所示，R_1 和 R_2 并联，利用分流公式得

$$I_1'' = \frac{R_2}{R_1+R_2} I_S = \frac{6}{4+6} \times 2\ \text{A} = 1.2\ \text{A}$$

$$I_2'' = \frac{R_1}{R_1+R_2} I_S = \frac{4}{4+6} \times 2\ \text{A} = 0.8\ \text{A}$$

$$I'' = 2\ \text{A}$$

(3) 当电压源、电流源同时作用时，

$$I_1 = I_1' - I_1'' = (0.5-1.2)\ \text{A} = -0.7\ \text{A}$$

$$I_2 = I_2' + I_2'' = (0.5+0.8)\ \text{A} = 1.3\ \text{A}$$

$$I = I' + I'' = (0+2)\ \text{A} = 2\ \text{A}$$

【例 2.6.2】 用叠加定理求如图 2.6.3(a)所示电路中的 I_1 和 U。

【解】 图 2.6.3(a)中独立电源共有 4 个，数目较多，如果每一电源单独作用一次，需要

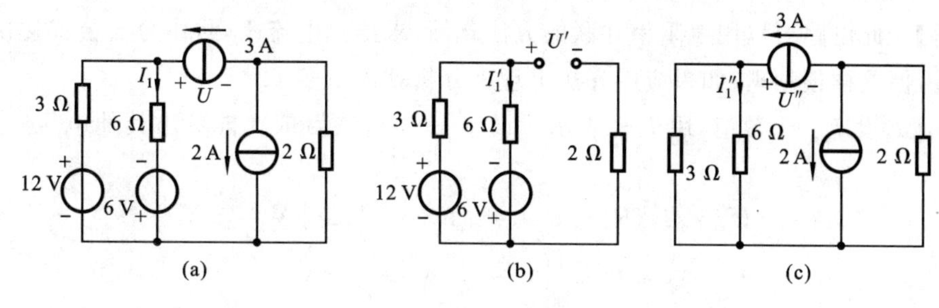

图 2.6.3 例 2.6.2 的图(1)

做 4 次计算，比较麻烦。故可采用电源“分组”作用的办法求解。

(1) 两个电压源同时作用时，可将两电流源开路，如图(b)所示，12 V、6 V、3 Ω、6 Ω 构成一个闭合回路，2 Ω 电阻上没有电流流过。由图(b)可得

$$I_1' = \frac{12+6}{3+6}\ \text{A} = 2\ \text{A}$$

$$U' = 6I_1' - 6 = 6\ \text{V}$$

(2) 两个电流源同时作用时，可将两电压源短路。如图(c)所示，为了分析方便，将 2 A 电流源与 2 Ω 电阻并联的电路等效变换成 4V 电压源与 2 Ω 电阻串联，如图 2.6.4 所示。

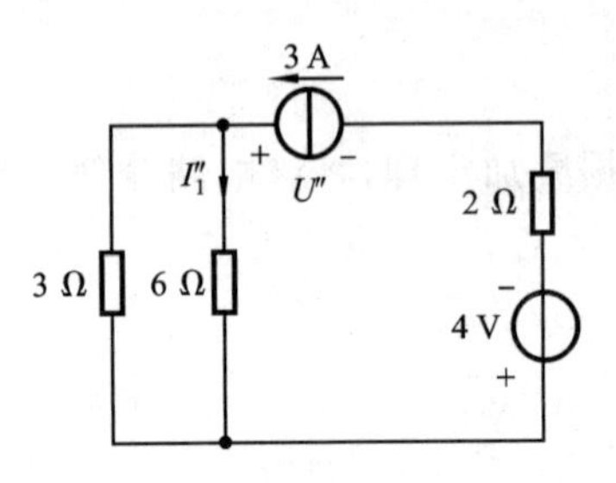

图 2.6.4 例 2.6.2 的图(2)

由电阻并联分流公式可知

$$I_1'' = \frac{3}{3+6} \times 3\ \text{A} = 1\ \text{A}$$

$$U'' = 6I_1'' + 4 + 2 \times 3 = 16\ \text{V}$$

综合(1)、(2)得

$$I_1 = I_1' + I_1'' = (2+1)\ \text{A} = 3\ \text{A}$$

$$U = U' + U'' = (6+16)\ \text{V} = 22\ \text{V}$$

线性电路除了叠加性外，还有一个重要的性质就是齐次性，也称为齐次定理，即在线性电路中，当全部激励(电压源和电流源)同时增大(或缩小)K 倍(K 为任意常数)时，其电路响应(电压和电流)也相应增大(或缩小)K 倍。齐次定理很容易从叠加定理推得。齐次定理对于应用较广泛的梯形电路的分析计算特别有效。

【例 2.6.3】 求如图 2.6.5 所示梯形电路中的支路电流 I_5。

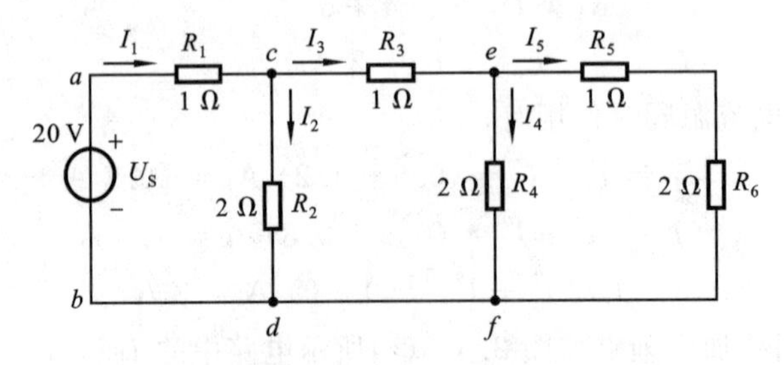

图 2.6.5 例 2.6.3 的图

【解】 此电路可以用电阻串并联的方法化简，求出总电流 I_1，再由分流公式逐次求出电流 I_3、I_5，但这样很烦琐，如果应用齐次定理来分析就简单多了。

先给 I_5 设定一个数值，用 I_5' 来表示。设 $I_5'=1$ A，然后依次推算出其他电压、电流的假定值：

$$U_{ef}' = I_5'(R_5 + R_6) = [1 \times (1+2)]\ \text{V} = 3\ \text{V}$$

$$I_4' = \frac{U_{ef}'}{R_4} = \frac{3}{2}\ \text{A} = 1.5\ \text{A}$$

$$I_3' = I_4' + I_5' = (1.5+1)\ \text{A} = 2.5\ \text{A}$$

$$U'_{cd}=U'_{ce}+U'_{ef}=I'_3R_3+U'_{ef}=(2.5\times1+3)\ \text{V}=5.5\ \text{V}$$

$$I'_2=\frac{U'_{cd}}{R_2}=\frac{5.5}{2}\ \text{A}=2.75\ \text{A}$$

$$I'_1=I'_2+I'_3=(2.75+2.5)\ \text{A}=5.25\ \text{A}$$

$$U'_S=U'_{ab}=U'_{ac}+U'_{cd}=I'_1R_1+U'_{cd}=(5.25\times1+5.5)\ \text{V}=10.75\ \text{V}$$

由于实际电压为 20 V，相当于将激励 U'_s 增大 $\frac{20}{10.75}$ 倍，即 $K=\frac{20}{10.75}=1.86$。根据齐次定理，I_5 相应也要增大 1.86 倍，即

$$I_5=1\times1.86\ \text{A}=1.86\ \text{A}$$

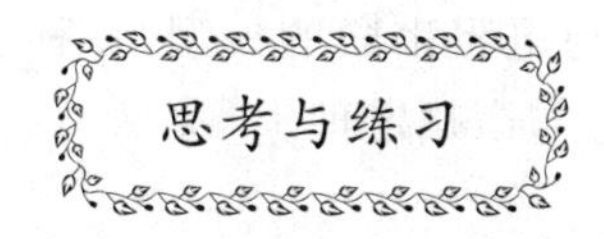

2.6.1　试叙述叠加定理的内容。应用叠加定理时，有哪些问题是需要注意的？

2.6.2　应用叠加定理求如图 2.6.6 所示电路中 6 Ω 电阻上的电流 I。

2.6.3　如图 2.6.7 所示电路，当 $I_S=2$ A，$U_S=10$ V 时，$I=2$ A；当 $I_S=-1$ A，$U_S=-15$ V时，$I=4$ A。试求 $I_S=1$ A，$U_S=1$ V 时的电流 I。

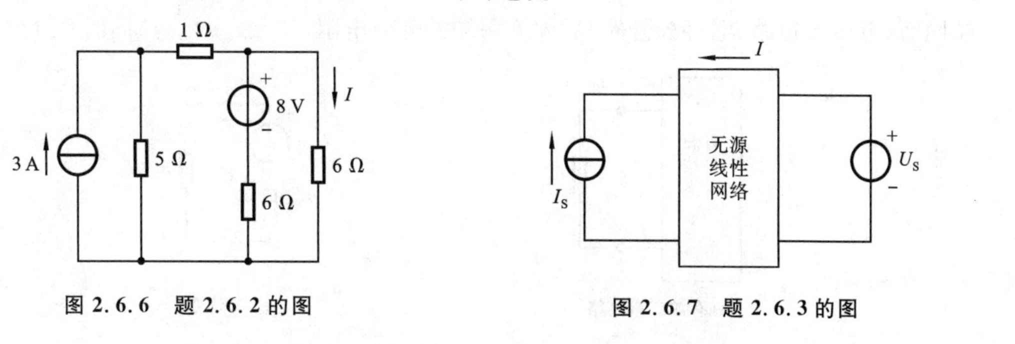

图 2.6.6　题 2.6.2 的图　　　图 2.6.7　题 2.6.3 的图

2.7　戴维宁定理与诺顿定理

在有些情况下，只需要计算一个复杂电路中某一支路上的电压或电流，这时用前面介绍的分析方法必然会引出一些不必要的电压、电流，为了尽量简化分析，常常应用等效电源的方法。

什么是等效电源呢？如图 2.7.1(a)所示电路，如果只需要研究其中 R_L 支路的电流（或电压）时，可将 R_L 支路单独划出来，而把其余部分（图中虚线框内）看成一个有源二端网络，因此图 2.7.1(a)可画成图(b)的形式。所谓二端网络，就是具有两个出线端的部分电路，按其内部是否含有独立电源，分为有源二端网络 N_S 和无源二端网络 N_O。习惯将要研究的部分（如图中的 R_L 支路）称为外电路。

有源二端网络内部可以是简单的或是任意复杂的电路，不论其内部结构如何，对外电路

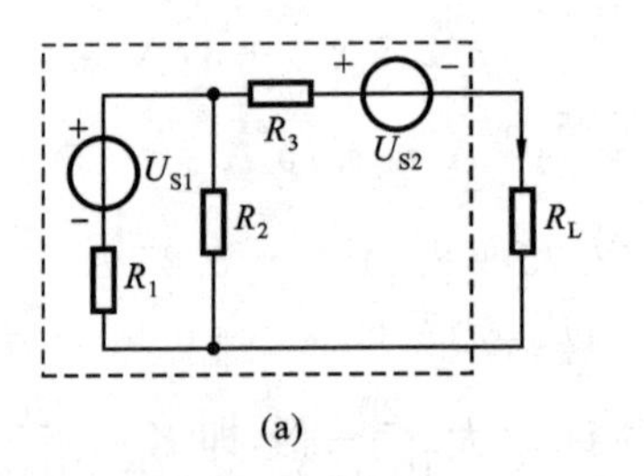

(a)

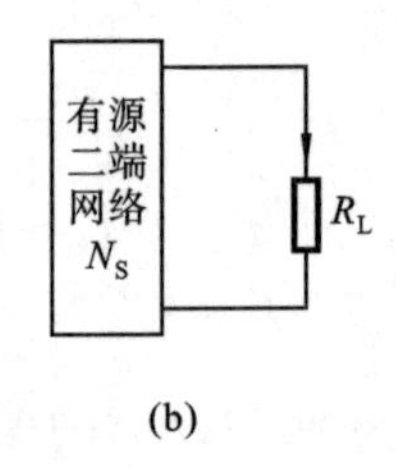

(b)

图 2.7.1　有源二端网络

而言，它仅仅是起一个电源的作用，它对外电路供给了电能。因此，这个有源二端网络可以变换成一个等效电源。前面讲过，电源模型有两种，一种是电压源与电阻串联的模型，一种是电流源与电阻并联的模型。由两种等效电源模型得出戴维宁定理与诺顿定理。

2.7.1　戴维宁定理

戴维宁定理：任何一个线性有源二端网络，对于外电路而言，都可以用一个理想电压源和内阻串联的电路模型来代替，如图 2.7.2 所示，理想电压源的电压就是有源二端网络的开路电压 U_{OC}，即将负载断开后，a、b 两端之间的电压，内阻 R_0 等于有源二端网络化为无源二端网络（电压源短路、电流源开路）后 a、b 两端的等效电阻。

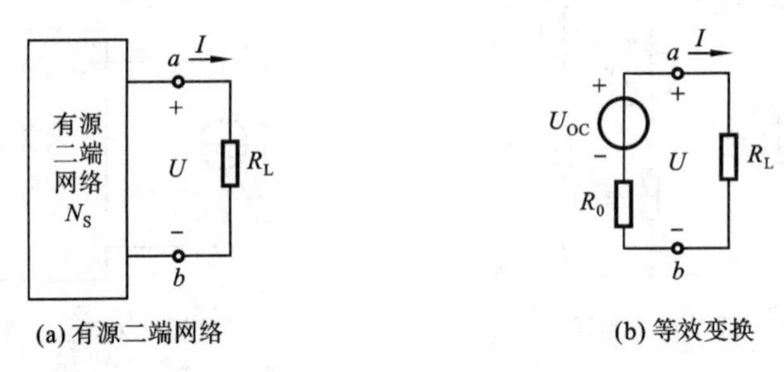

(a) 有源二端网络　　(b) 等效变换

图 2.7.2　戴维宁定理

下面对戴维宁定理给出一般证明。

如图 2.7.3(a)所示电路中，a、b 两端的左边是一线性有源二端网络 N_S，右边是外部电路 R_L。设 a、b 两端电压为 U，电流为 I。首先，将外部电路 R_L用一个理想电流源代替，其大小和方向与 I 相同，如图 2.7.3(b)所示，根据等效的概念，这样的替代并不影响 N_s内部的电压和电流。

其次，应用叠加定理将图 2.7.3(b)中 U、I 看成是图 2.7.3(c)中 U'、I'和图 2.7.3(d)中 U''、I''的叠加。

图 2.7.3(c)是有源二端网络内部的独立电源单独作用时的情况，此时，外部电流源不作用，即有源二端网络处于开路状态。若令有源二端网络开路电压为 U_{OC}，这时有 $I'=0$，$U'=U_{OC}$。图 2.7.3(d)是外部电流源单独作用时的情况，此时有源二端网络内部的独立电源不作用，也就是把有源二端网络化为一个无源网络，对外部而言，它可用等效电阻 R_0 替代。这

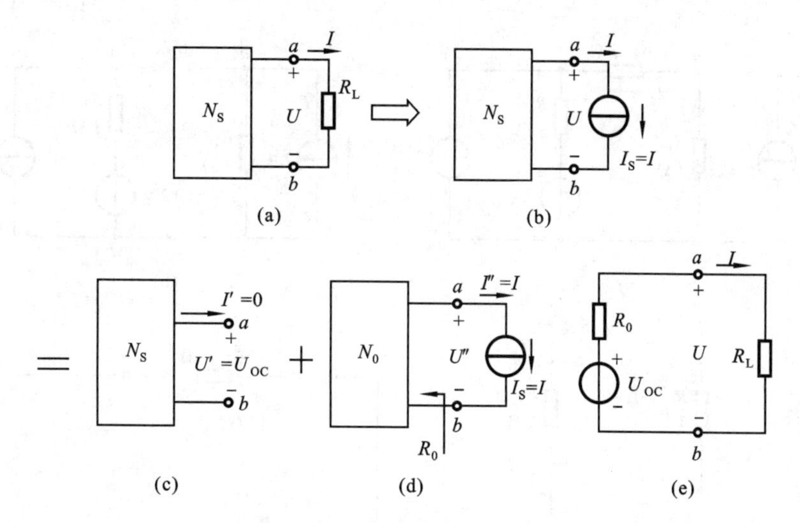

图 2.7.3　戴维宁定理的证明

时有 $I''=I, U''=-IR_0$。

将图(c)和图(d)叠加，得

$$I = I' + I'' = I,\quad U = U' + U'' = U_{OC} - IR_0 \tag{2.7.1}$$

由式(2.7.1)得出的等效电路正好是一个电压源 U_{OC} 与电阻 R_0 串联的电路，如图(e)所示。也就是说，图(e)和图(a)对外部电路而言是等效的，在 R_L 支路中产生相同的电流和电压。

戴维宁定理是阐明线性有源二端网络外部性能的一个重要定理，若只需计算某一支路的电流或电压，则应用戴维宁定理具有特殊的优越性。应用戴维宁定理求解电路的过程如下。

(1) 将待求支路从原电路中移开，求余下的有源二端网络 N_S 的开路电压 U_{OC}；

(2) 将有源二端网络的所有电压源短路，电流源开路，求出无源二端网络的等效电阻 R_0；

(3) 画出 U_{OC} 和 R_0 串联的戴维宁等效电路，再将待求支路接入，求相关的电压或电流。

需要注意的是，戴维宁定理只适用于线性电路，不适用于非线性电路。

【例 2.7.1】 用戴维宁定理求图 2.7.4(a)所示电路中流过 R_2 的电流 I_2。

【解】 (1) 根据戴维宁定理，将待求支路 R_2 移开，形成有源二端网络，如图(b)所示，可求开路电压。

$$U_{OC} = U_{ac} + U_{db} = [4\times 2 - (1\times 3 + 12)]\ \text{V} = -7\ \text{V}$$

(2) 将有源网络化为无源网络，如图(c)所示。$R_0 = 7\ \Omega$。

(3) 作出戴维宁等效电路并与待求支路相连，如图(d)所示。

$$I_2 = \frac{U_{OC}}{R_2 + R_0} = -\frac{7}{7+7}\ \text{A} = -0.5\ \text{A}$$

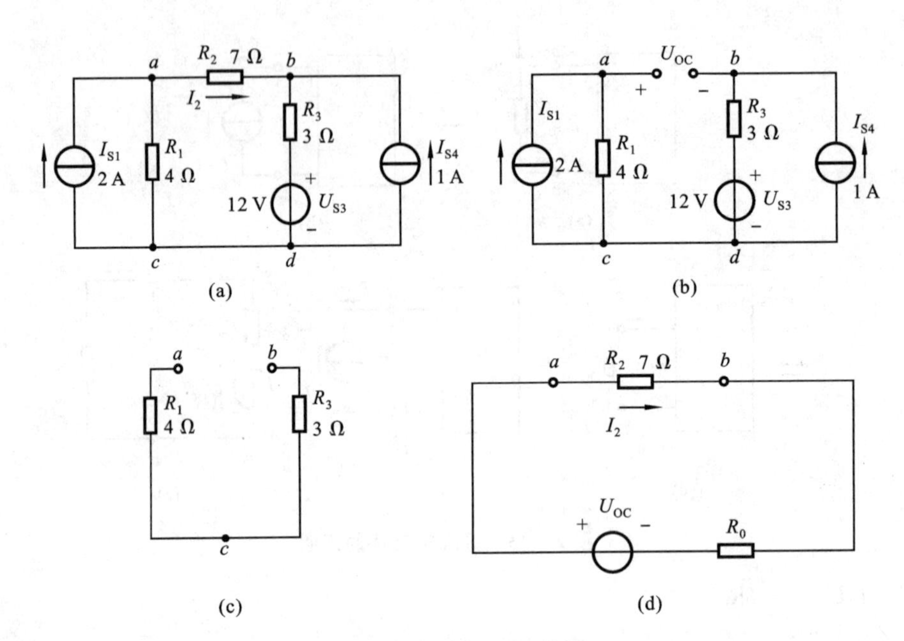

图 2.7.4　例 2.7.1 的图

【例 2.7.2】　用戴维宁定理求图 2.7.5(a)电路中 I、U。

【解】　根据戴维宁定理,先将 R 支路移开,其余部分所构成的二端网络如图 2.7.5(b)所示。

(1) 用节点电位法可求得

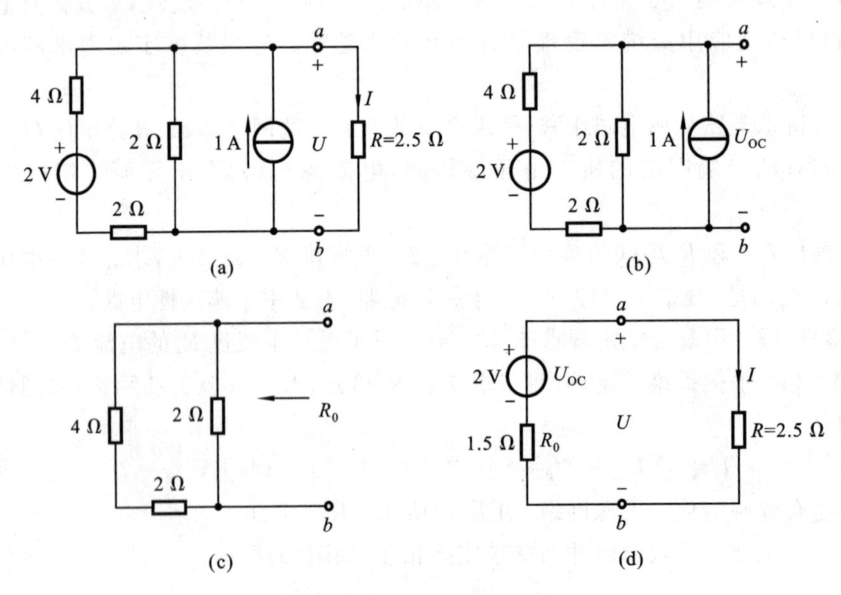

图 2.7.5　例 2.7.2 的图

$$U_{OC} = \frac{\frac{2}{4+2}+1}{\frac{1}{4+2}+\frac{1}{2}} \text{ V} = 2 \text{ V}$$

(2) 将有源网络化为无源网络，将两个独立电源变为零值，2 V 电压源短路，1 A 电流源开路，如图 2.7.5(c)所示。

$$R_0 = \frac{2\times(4+2)}{2+(4+2)}\ \Omega = \frac{3}{2}\ \Omega = 1.5\ \Omega$$

(3) 根据所求得的 U_{OC} 和 R_0，可作出戴维宁等效电路，并与 R 支路相连，如图 2.7.5(d)所示，可求得

$$I = \frac{U_{OC}}{R_0+R} = \frac{2}{1.5+2.5} \text{ A} = 0.5 \text{ A}$$

$$U = IR = 0.5\times 2.5 \text{ V} = 1.25 \text{ V}$$

2.7.2　诺顿定理

诺顿定理：任何一个线性有源二端网络，对于外电路而言，都可以用一个理想电流源和内阻并联的电路模型来代替，如图 2.7.6(a)、(b)所示，理想电流源的电流就是有源二端网络的短路电流 I_{SC}，即将负载短路后 a、b 之间的电流，内阻 R_0 等于有源二端网络化为无源网络(电压源短路、电流源开路)后 a、b 两端的等效电阻。

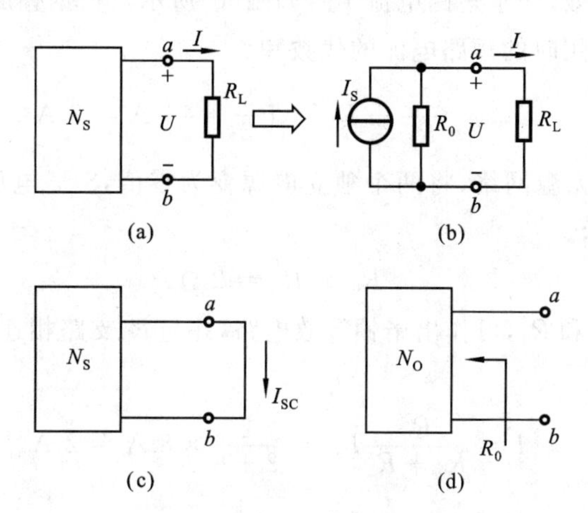

图 2.7.6　诺顿定理的图解说明

图 2.7.6 中，图(b)就是图(a)的诺顿等效电路，I_{SC}、R_0 可通过图(c)、(d)求得。在前面曾经学习过，两种电源模型是可以等效变换的，显然，对于一个线性有源二端网络来说，其诺顿等效电路与戴维宁等效电路本质上是相同的。

【例 2.7.3】　如图 2.7.7(a)所示电路，已知电阻 $R_1=R_2=2\ \Omega$，$R_3=6\ \Omega$，电压源 $U_{S2}=8$ V，电流源 $I_{S1}=4$ A，用诺顿定理求 I。

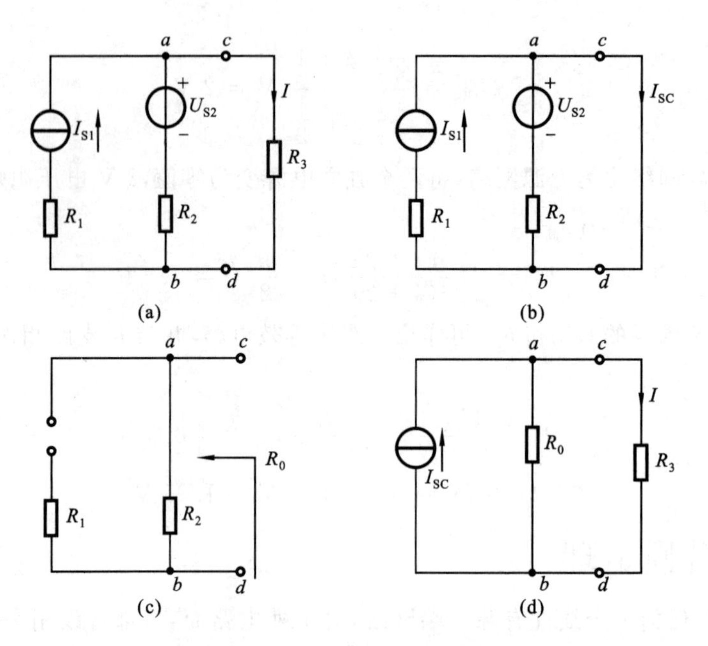

图 2.7.7 例 2.7.3 的图

【解】 根据诺顿定理，将 R_3 支路移开，其余部分所构成的二端网络用一个电流源 I_{SC} 和电阻 R_0 并联的电路等效，先求短路电流 I_{SC}，如图(b)所示。根据叠加定理，I_{SC} 等于 8 V 电压源、4 A 电流源分别作用时的短路电流的代数和。

$$I_{SC}=\frac{U_{S2}}{R_2}+I_{S1}=\left(\frac{8}{2}+4\right)\ \text{A}=8\ \text{A}$$

将有源网络化为无源网络，将两个独立电源变为零值，8 V 电压源短路、2 A 电流源开路，如图 2.7.7(c)所示。

$$R_0=R_2=2\ \Omega$$

根据所求得的 I_{SC} 和 R_0，可作出诺顿等效电路，并与 R_3 支路相连，如图 2.7.8(d)所示，可求得

$$I=\frac{R_0}{R_0+R_3}I_{SC}=\frac{2}{2+6}\times 8\ \text{A}=2\ \text{A}$$

2.7.3 最大功率传输定理

给定一线性有源二端网络，如接在它两端的负载电阻不同，则从二端网络传输给负载的功率也不同。在电子技术中，常常希望负载能够获得最大功率，例如，希望一台扩音机所接的喇叭放出的声音最大。在什么情况下，负载才能获得最大功率呢？

图 2.7.8(a)表示线性有源二端网络 N_S 向负载 R_L 传输功率，图 2.7.8(b)是其戴维宁等效电路接入负载的情况。

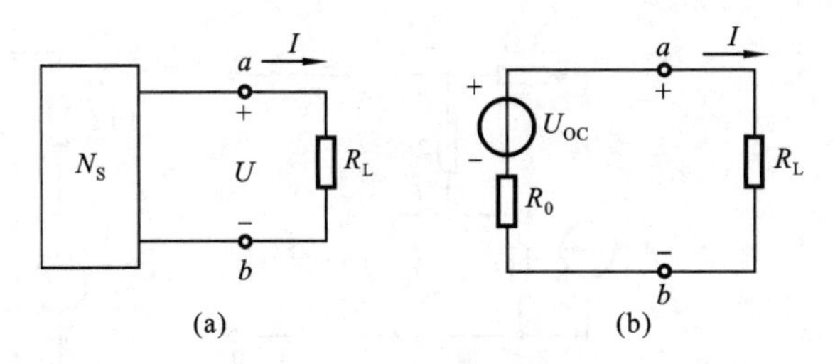

图 2.7.8　最大功率传输定理

由图 2.7.8(b)可知，负载上的电流

$$I=\frac{U_{OC}}{R_0+R_L}$$

负载获得的功率

$$P=I^2R_L=\left(\frac{U_{OC}}{R_0+R_L}\right)^2R_L$$

由此可见，P 是关于 R_L 的函数，要使 P 最大，必有 $\frac{dP}{dR_L}=0$，而

$$\frac{dP}{dR_L}=U_{OC}^2\left[\frac{(R_0+R_L)^2-2(R_0+R_L)R_L}{(R_0+R_L)^4}\right]=\frac{U_{OC}^2(R_0^2-R_L^2)}{(R_0+R_L)^4}$$

因此，当 $R_L=R_0$ 时 P 取得最大值，即

$$P_{max}=\frac{U_{OC}^2R_0}{(R_0+R_0)^2}=\frac{U_{OC}^2}{4R_0}$$

线性有源二端网络 N_S 向负载 R_L 传输功率，当 $R_L=R_0$ 时负载获得最大功率，这就是最大功率传输定理。电路的这种工作状态称为负载与电源“匹配”。显然，匹配时有一半的功率消耗在电源内部，电路传输的效率仅为 50%。在电信工程中，由于信号一般很弱，常要求从信号源获得最大功率，因而必须满足匹配条件，传输效率属次要问题；而在电力系统中，输送功率很大，效率非常重要，故应使电源内阻（以及输电线路电阻）远小于负载电阻。

思考与练习

2.7.1　如图 2.7.9 所示电路，分别求出其戴维宁等效电路和诺顿等效电路。

2.7.2　测得一有源二端网络的开路电压为 10 V，短路电流为 2 A，试画出其戴维宁等效电路和诺顿等效电路。

2.7.3　分别应用戴维宁定理和诺顿定理计算如图 2.7.10 所示电路中 4 Ω 电阻上的电流。

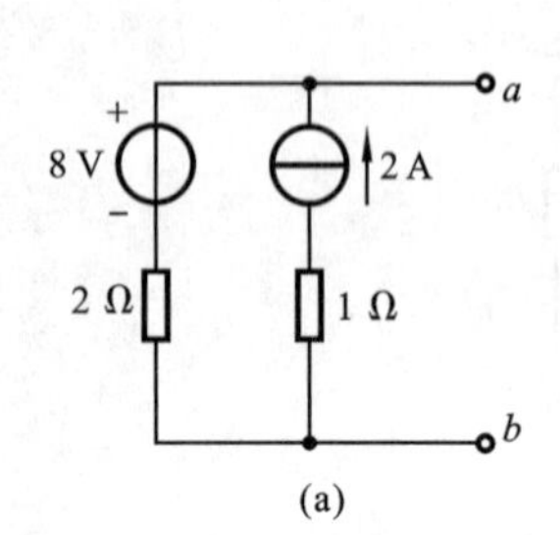

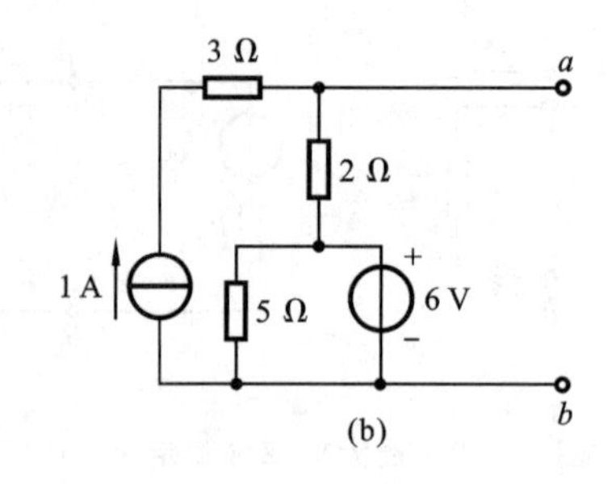

图 2.7.9　题 2.7.1 的图

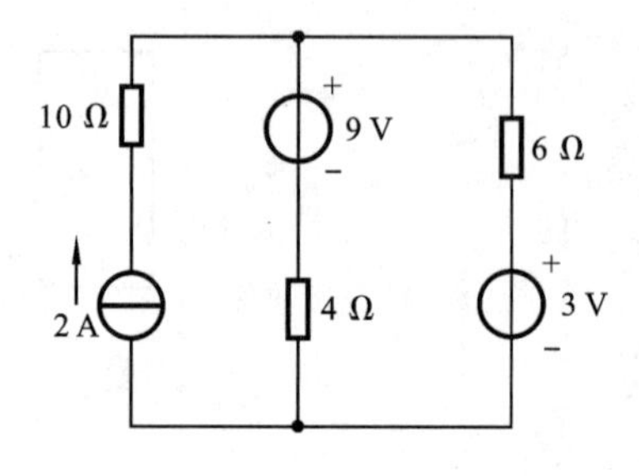

图 2.7.10　题 2.7.3 的图

本章小结

1. 电阻串联、并联和混联

掌握电阻串联和并联的特点，会熟练计算其等效电阻。牢记电阻串联电路的分压公式。熟练掌握两个电阻并联的分流公式及等效电阻的计算公式。

2. △—Y 电阻网络的等效变换

$$\text{Y 形连接电阻}=\frac{\text{△形连接电阻中两相邻电阻之积}}{\text{△形连接电阻之和}}$$

$$\text{△形连接电阻}=\frac{\text{Y 形连接电阻中各电阻两两相乘积之和}}{\text{Y 形连接中另一端钮所连电阻}}$$

三个电阻相等时，$R_{\mathrm{Y}}=\frac{1}{3}R_{\triangle}$ 或 $R_{\triangle}=3R_{\mathrm{Y}}$

3. 两种电源模型的等效互换条件

$$I_{\mathrm{S}}=\frac{U_{\mathrm{S}}}{R}\quad 或\quad U_{\mathrm{S}}=RI_{\mathrm{S}}$$

R 的大小不变，只是连接位置改变。

4. 支路电流法

以电路的 b 条支路电流为未知量，应用 KCL 和 KVL 列出方程组，联立求解各支路电流的方法称为支路电流法。

5. 节点电位法

节点电位法以 $n-1$ 个节点电位为未知数，列 $n-1$ 个节点电位方程联立求解，再根据节点电位与支路电流的关系求得支路电流。

节点电位法适合于节点少、网孔多和支路多的电路，对两个节点电路尤为方便。

6. 叠加定理

在线性电路中，当有两个或两个以上的独立电源同时作用时，每条支路上的电流或电压都可以看成是电路中各个电源单独作用时在该支路产生的电流或电压的代数和(叠加)。当某一电源单独作用时，其他不作用的电源应置为零(电压源电压为零，电流源电流为零)，即电压源用短路代替，电流源用开路代替。

7. 戴维宁定理

任何一个线性有源二端网络，对于外电路而言，都可以用一个理想电压源和内阻串联的电路模型来代替，理想电压源的电压就是有源二端网络的开路电压即将负载断开后两端之间的电压，内阻等于有源二端网络化为无源二端网络（电压源短路、电流源开路）后两端的等效电阻。

8. 诺顿定理

任何一个线性有源二端网络，对于外电路而言，都可以用一个理想电流源和内阻并联的电路模型来代替，理想电流源的电流就是有源二端网络的短路电流，即将负载短路后的电流，内阻等于有源二端网络化为无源网络（电压源短路、电流源开路）后两端的等效电阻。

9. 最大功率传输定理

线性有源二端网络 N_S 向负载 R_L 传输功率，$R_L=R_0$ 时负载获得最大功率，最大功率

$$P_{max}=\frac{U_{OC}^2}{4R_0}$$

习　　题

2.1　求图 2.1 中的等效电阻 R_{ab}。

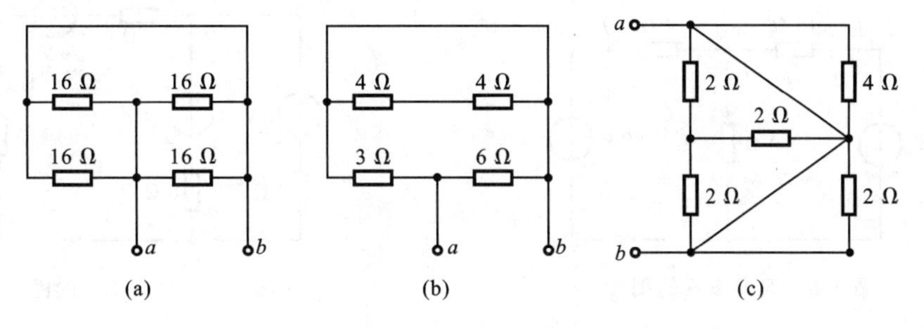

图 2.1　习题 2.1 的图

2.2　如图 2.2 所示电路是由电位器组成的分压电路，输入电压 $U_1=50$ V，电位器 $R_P=100\ \Omega$，图中 $R_{P1}=90\ \Omega$，$R_{P2}=10\ \Omega$，今接入负载 R_L，试计算：

(1) 若 $R_L=10\ \Omega$，输出电压 U_2 为多少？

(2) 若 $R_L=1\ k\Omega$，输出电压 U_2 为多少？

(3) 若 R_L 开路，输出电压 U_2 为多少？

2.3　求图 2.3 中的等效电阻 R_{ab}。

2.4　化简如图 2.4 所示电路。

2.5　化简如图 2.5 所示电路。

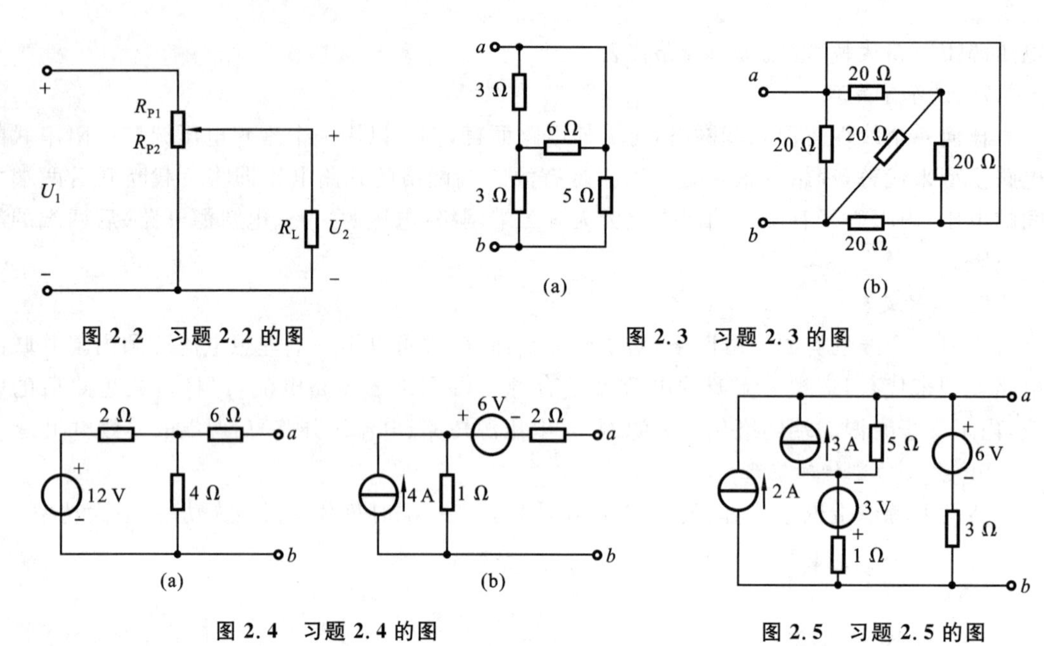

图 2.2　习题 2.2 的图

图 2.3　习题 2.3 的图

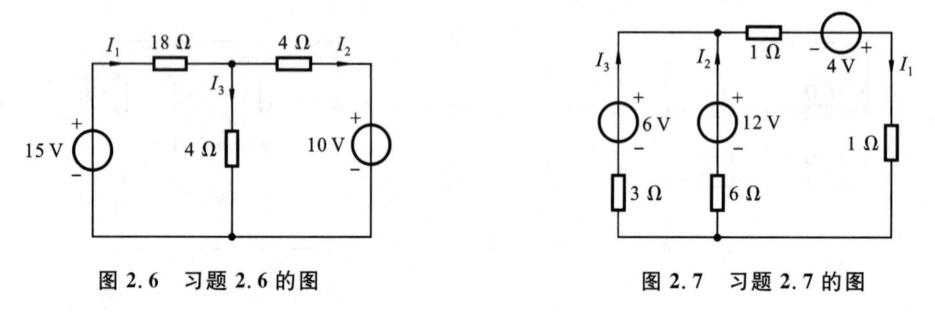

图 2.4　习题 2.4 的图

图 2.5　习题 2.5 的图

2.6　试用支路电流法求如图 2.6 所示电路各支路电流。

2.7　电路如图 2.7 所示，试求各支路电流 I_1、I_2、I_3。

图 2.6　习题 2.6 的图

图 2.7　习题 2.7 的图

2.8　用节点电位法求如图 2.8 所示电路中各支路电流。

2.9　电路如图 2.9 所示，试用节点电位法求各支路电流。

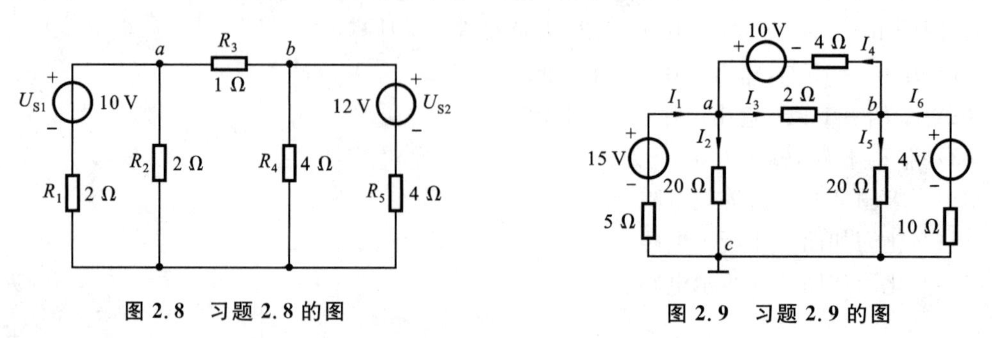

图 2.8　习题 2.8 的图

图 2.9　习题 2.9 的图

2.10　应用叠加定理求如图 2.10 所示电路中电压 U_{ab}。如果 U_{S2} 极性反向，U_{ab} 将变化多少？已知 $U_{S1}=U_{S2}=12$ V，$R_1=R_2=R_3=5\ \Omega$。

2.11　应用叠加定理求如图 2.11 所示电路中的电压 U。

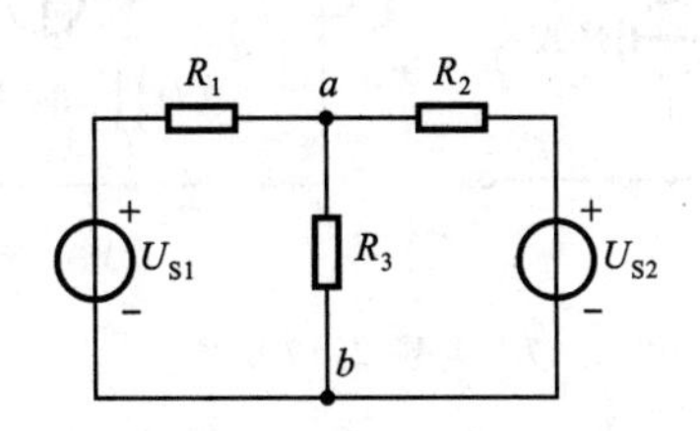

图 2.10　习题 2.10 的图

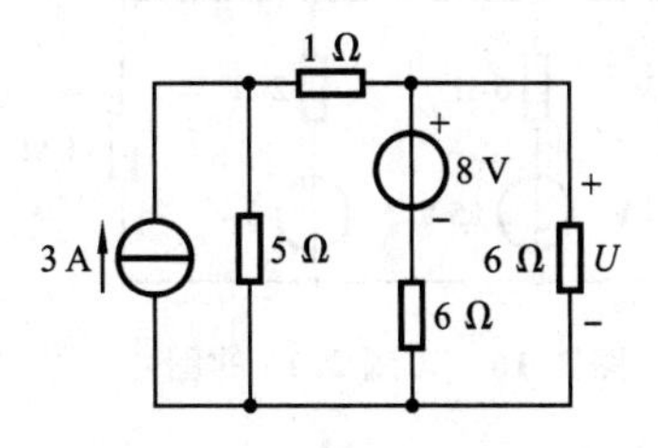

图 2.11　习题 2.11 的图

2.12　应用叠加定理求如图 2.12 所示电路中的 I 和 U。

2.13　应用齐次定理求如图 2.13 所示电路中的 I。

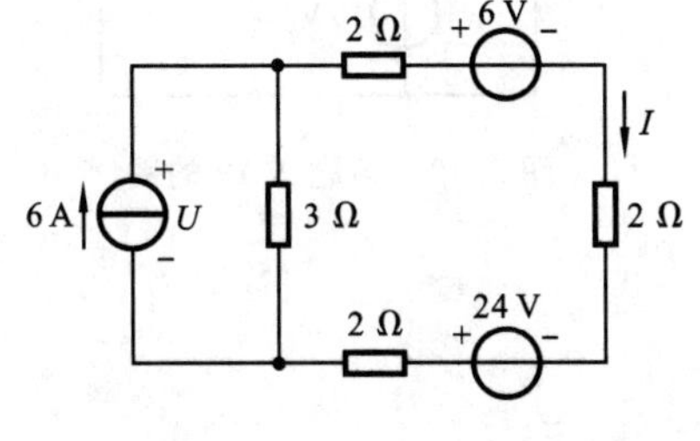

图 2.12　习题 2.12 的图

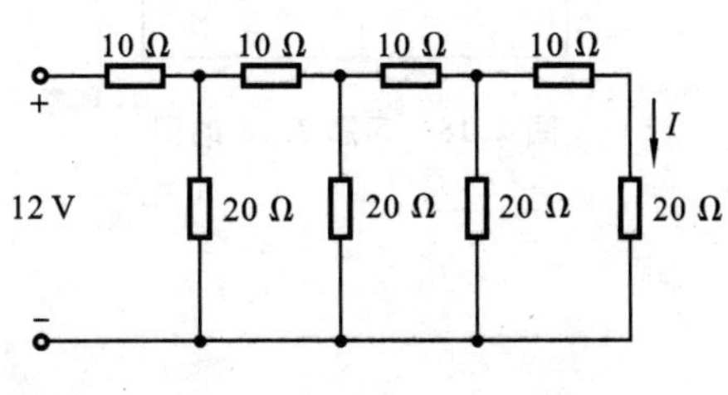

图 2.13　习题 2.13 的图

2.14　试求如图 2.14 所示电路中的开路电压 U_{ab}。

2.15　试求如图 2.15 所示电路的戴维宁等效电路及诺顿等效电路。

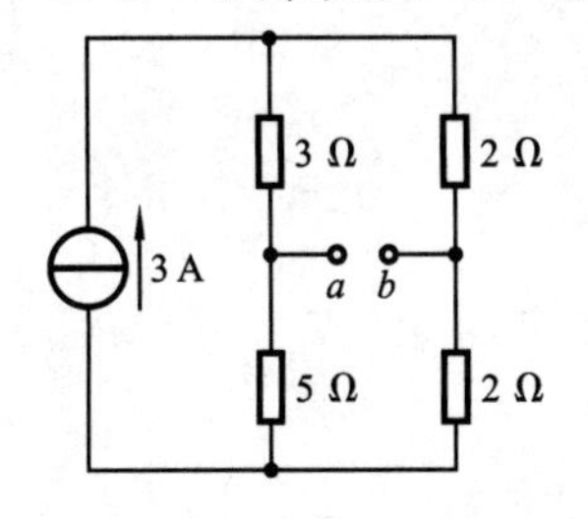

图 2.14　习题 2.14 的图

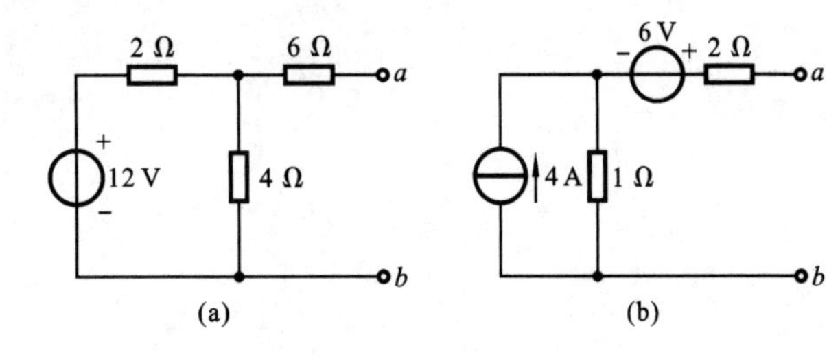

图 2.15　习题 2.15 的图

2.16　应用戴维宁定理求如图 2.16 所示电路中 11 Ω 电阻的电流 I。

2.17　应用戴维宁定理求如图 2.17(a)、(b)所示电路中电压 U。

2.18　应用诺顿定理求如图 2.18 所示电路中电流 I。

2.19　在如图 2.19 所示电路中，R_L 等于多大时能获得最大的功率？并计算这时的电流 I_L 及有源二端网络产生的功率。

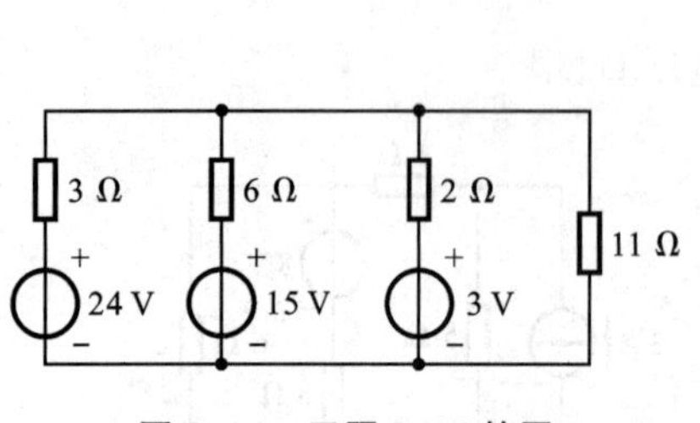

图 2.16　习题 2.16 的图

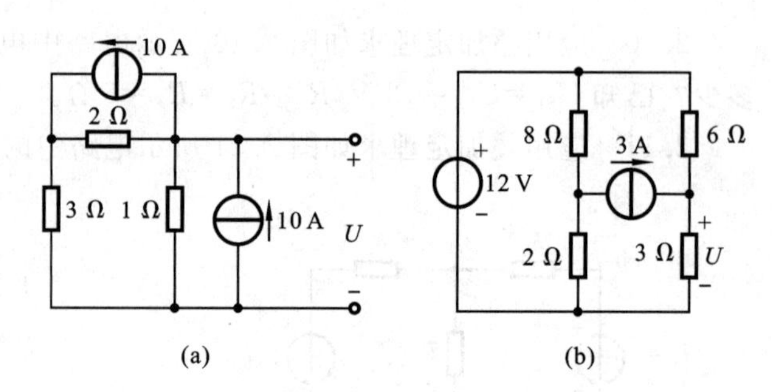

图 2.17　习题 2.17 的图

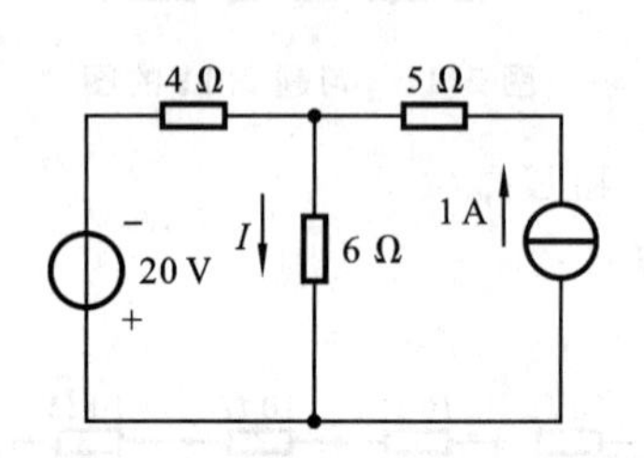

图 2.18　习题 2.18 的图

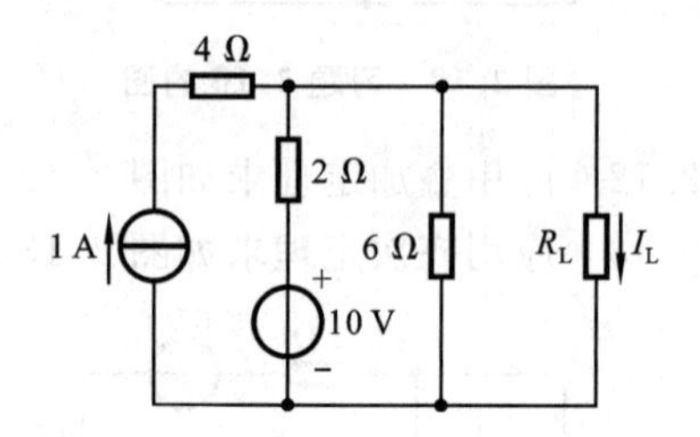

图 2.19　习题 2.19 的图

第3章 正弦交流电路

知识要点:正弦量的基本概念及相量表示法　交流电路中基本元件的特性　*RLC* 串联电路分析　阻抗的串、并联　交流电路的功率及功率因数

基本要求:掌握正弦量的三要素及相量表示法,熟悉交流电路中三种基本元件 *R*、*L*、*C* 的特性,了解阻抗的串、并联计算方法,熟练掌握 *RLC* 串联电路分析方法,了解串联及并联谐振回路谐振频率的计算方法,了解两种谐振的特点。

3.1 正弦交流电的基本概念

前面学习过大小、方向不随时间变化的直流电压、电流,除此之外,还有一种大小、方向都随时间作周期性变化的交流电,如在日常生产和生活中使用最为广泛的是正弦交流电。如图 3.1.1 所示为正弦电压、电流的波形,它表示了电压、电流大小和方向随时间作周期性变化的情况。

图 3.1.1 前半个周期,u、i 的实际方向与参考方向相同,为正值;后半个周期,u、i 的实际方向与参考方向相反,为负值,这与直流电路是类似的。

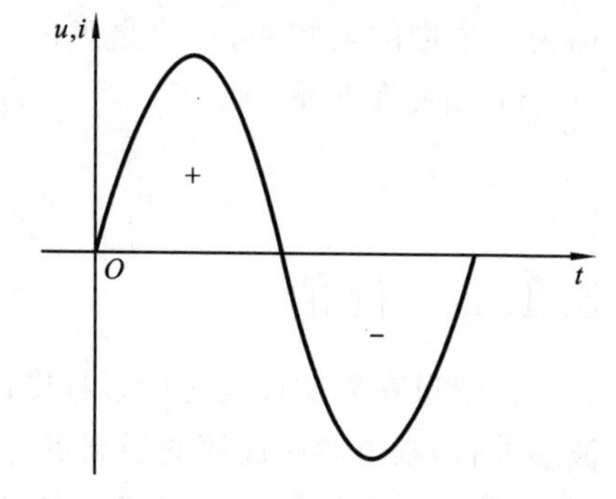

图 3.1.1　正弦电压和电流波形

正弦电压和电流等物理量,常统称为正弦量。正弦量的特征表现在变化的快慢、大小及初始值三个方面,而它们分别由频率(或周期)、幅值(或有效值)和初相位来确定,所以通常称这三个量为正弦量的三要素。

3.1.1 频率与周期

所谓周期,是指正弦量变化一次所需的时间,通常用字母 T 来表示,单位为秒(s),如图 3.1.2 所示,T 即为正弦电流的周期。正弦量每秒内变化的次数称为频率 f,单位为赫兹(Hz)。周期和频率互为倒数,即

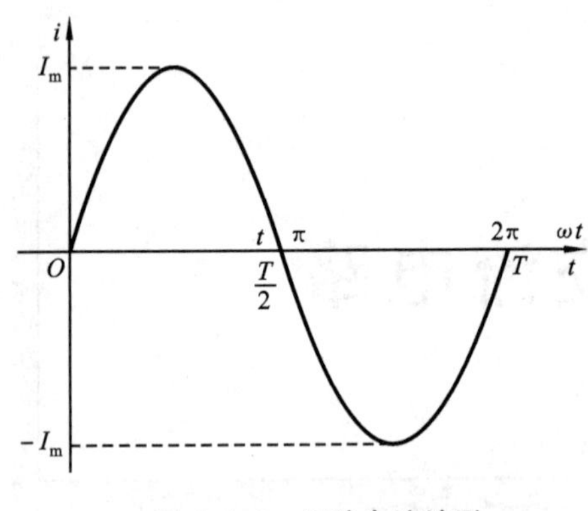

图 3.1.2 正弦电流波形

$$f = \frac{1}{T}$$

工程实际中，频率常用的单位还有 kHz(千赫)、MHz(兆赫)和 GHz(吉赫)等，1 kHz = 10^3 Hz，1 MHz=10^6 Hz，1 GHz=10^9 Hz。与此对应的周期单位依次为 ms(毫秒)、μs(微秒)、ns(纳秒)。我国和世界上大多数国家都采用 50 Hz(T=0.02 s)作为电力工业的标准频率(美国、日本等少数国家采用 60 Hz)，习惯上称为工频。其他技术领域也用到各种不同的频率，如声音信号的频率为 20～20 000 Hz，广播中波段载波频率为 535～1 605 Hz。

正弦量变化的快慢可用周期和频率表示，周期越短，频率越高，变化就越快。此外，正弦量变化的快慢还可用角频率 ω 来表示。以正弦电流为例，设其瞬时值表达式为

$$i = I_m \sin(\omega t + \psi) \quad (设\ \psi > 0)$$

所谓瞬时值是指正弦量在某一时刻的值，瞬时值为正，表示其方向与参考方向相同，瞬时值为负，表示其方向与参考方向相反。解析式中的角度 $\omega t + \psi$ 称为正弦量的相位角，简称相位。随着时间的推移，相位 $\omega t + \psi$ 逐渐增加，正弦量每经历一个周期，相位增加 2πrad(弧度)。正弦量相位增加的速率

$$\frac{d}{dt}(\omega t + \psi) = \omega$$

称为正弦量的角频率，单位是弧度/秒(rad/s)。由于正弦量每经历一个周期 T，相位增加 2π rad，因此角频率

$$\omega = \frac{2\pi}{T} = 2\pi f$$

3.1.2 幅值

正弦量在周期性变化的过程中出现的最大瞬时值称为幅值，如图 3.1.2 中所示的 I_m，从波形上看，幅值对应波幅的最高点。正弦量一个周期内瞬时值两次达到最大值，只是方向不同，因此符号有正负之分。正弦交流电压的幅值用 U_m 表示，正弦交流电流的幅值用 I_m 表示。

3.1.3 初相位

解析式 $i = I_m \sin(\omega t + \psi)$ 中的 $\omega t + \psi$ 称为正弦量的相位角或相位，t=0 时的相位角 ψ 称为初相位，简称初相。初相可以取正值，也可以取负值，但其绝对值不能超过 180°。

正弦量初相 ψ 的正、负值与计时起点(即波形图上坐标原点)的选择有关，t=0 时，ψ 的正、负对应函数值的正、负。图 3.1.3 所示是初相等于零时的正弦波形，正弦波瞬时值由负变正时的过零点称为正弦波的零点，当 ψ=0 时，正弦波的零点就是计时起点。

很多时候 ψ 是不为零的，下面分两种情况来讨论。当正弦波零点在波形图上坐标原点的左边时，$\psi>0$，如图 3.1.4(a)所示；当正弦波零点在波形图上坐标原点的右边时，$\psi<0$，如图 3.1.4(b)所示。因此，从正弦波零点相对于坐标原点的位置就可以确定初相 ψ 的正、负。坐标原点与相隔最近的正弦波零点间的距离对应 ψ 的绝对值。

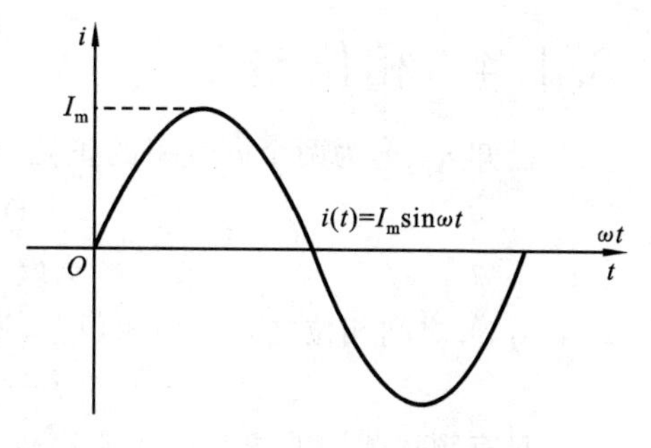

图 3.1.3　初相等于零的正弦波形

当正弦量的幅值、角频率、初相确定了，这个正弦量就唯一地确定了，故将幅值、角频率 ω、初相 ψ 称为正弦量的三要素。由于 ω、f、T 是相关联的，因此也将幅值、频率 f(或周期 T)、初相 ψ 称为正弦量的三要素。

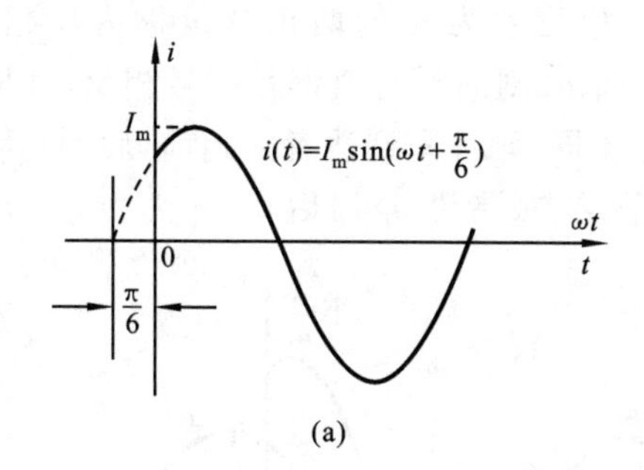

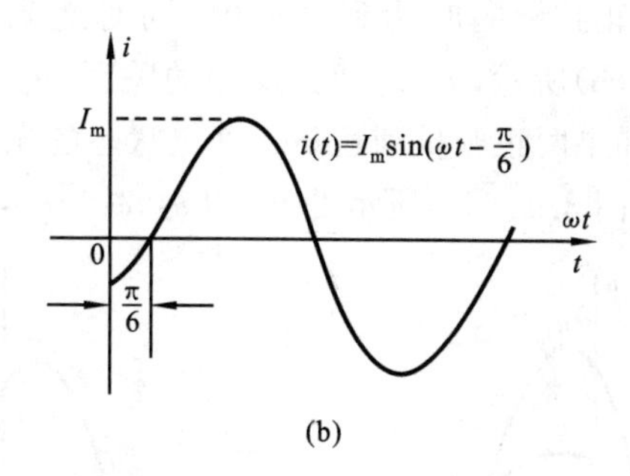

图 3.1.4　初相不为零的正弦波形

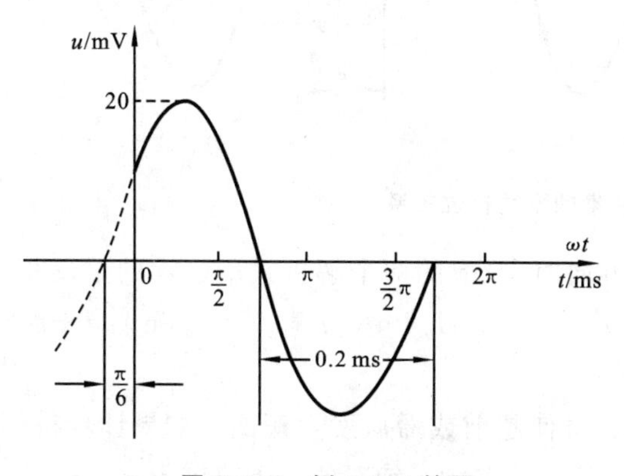

图 3.1.5　例 3.1.1 的图

【例 3.1.1】　如图 3.1.5 所示为正弦电压 u 的波形，写出 u 的瞬时值表达式，并求 $t=50$ ms时的值。

【解】　由波形图可知，u 的幅值 $U_m=20$ mV，周期 $T=2\times0.2$ ms$=0.4$ ms，正弦波零点在波形图上坐标原点的左边，初相$\psi>0$，$\psi=\frac{\pi}{6}$，因此，角频率

$$\omega=\frac{2\pi}{T}=\frac{2\pi}{0.4\times10^{-3}}\text{ rad/s}=5\ 000\pi\text{ rad/s}$$

u 的解析式

$$u=20\sin\left(5\ 000\pi t+\frac{\pi}{6}\right)\text{ mV}$$

$t=50$ ms 时，$u=20\sin\left(5\ 000\pi\times0.05+\frac{\pi}{6}\right)\text{ mV}=20\sin\frac{\pi}{6}\text{ mV}=10\text{ mV}$

3.1.4 相位差

已知 u_1、u_2 为两个同频率的正弦交流电压，表达式为

$$u_1(t) = U_{1m}\sin(\omega t + \psi_1)$$

$$u_2(t) = U_{2m}\sin(\omega t + \psi_2)$$

u_1、u_2 之间相位之差称为相位差，通常用 φ 来表示。

$$\varphi = (\omega t + \psi_1) - (\omega t + \psi_2) = \psi_1 - \psi_2$$

只有频率相同的正弦量才能比较相位差。由上式可知，两个同频率的正弦量其相位差就等于初相之差。当两个同频率正弦量的计时起点改变时，它们的初相也随之改变，但二者的相位差却保持不变。

初相相等的两个正弦量相位差为零，称为同相，如图 3.1.6(a)所示，u_1、u_2 即为同相的关系，两正弦量同时达到最大值，同时达到零值。相位差为 π 的两正弦量称为反相，如图 3.1.6(b)所示，u_1、u_2 即为反相的关系，u_1、u_2 在各个时刻的瞬时值都是符号相反，并同时为零。如果两正弦量到达某一确定状态的先后次序不同，则称先到达者为超前，后到达者为滞后，如图 3.1.6(c)所示的 u_1 和 u_2，$\psi_1 > \psi_2$，u_1 超前 u_2，或者说 u_2 滞后 u_1。

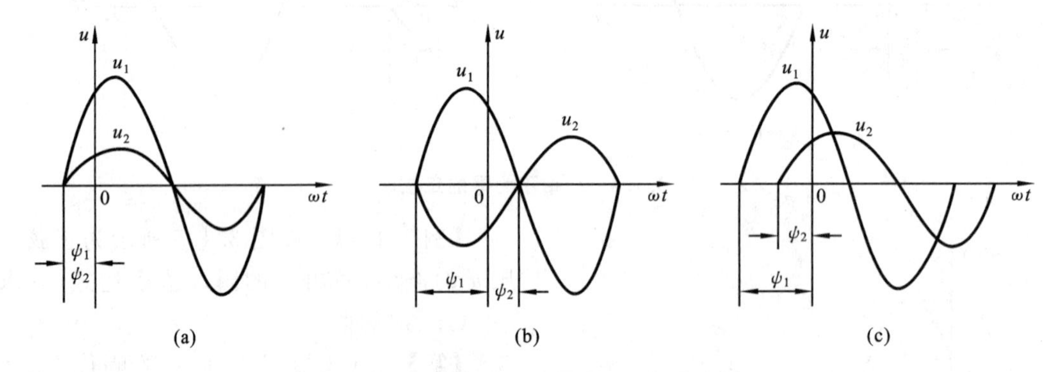

图 3.1.6 同频率正弦量的不同相位关系

对于同一正弦电流或电压，选择不同参考方向时，对应的两个解析式所表示的量反相。例如，$i = I_m\sin(\omega t + \psi)$，若参考方向改变，那么，$i' = -i = -I_m\sin(\omega t + \psi) = I_m\sin(\omega t + \psi \pm \pi)$，$i'$ 与 i 为反相的两个正弦量。

习惯上规定，相位差的绝对值 $|\varphi| \leqslant \pi$，否则，将使超前或滞后发生颠倒。如果计算得到的相位差超出此范围，可通过加减 2π 的整数倍，使相位差满足绝对值小于或等于 π。

【例 3.1.2】 已知正弦电压

$$u_1 = 1.41\sin(\omega t + 150°)\ \text{V}$$

$$u_2 = 7.05\sin(\omega t - 60°)\ \text{V}$$

求两者的相位差 φ_{12}。

【解】 $$\psi_1 = 150°, \quad \psi_2 = -60°$$

$$\varphi_{12} = \psi_1 - \psi_2 = 150^\circ - (-60^\circ) = 210^\circ$$

由于相位差的绝对值必须小于180°，故

$$\varphi_{12} = 210^\circ - 360^\circ = -150^\circ$$

3.1.5 正弦量的有效值

由正弦量的表达式可知，其瞬时值大小随时间变化，如果用瞬时值来表示一个正弦量，在测量和计算时是不太方便的。因此，在工程实际中，通常用交流电的有效值这个概念，有效值用大写字母表示，如 I、U 分别表示电流、电压的有效值。

交流电的有效值是如何规定的呢？它是从电流的热效应来规定的。如果某一交流电流 i 和某一直流电流 I 分别通过同一电阻 R，在一个周期 T 内所产生的热量相等，那么，这个交流电流的有效值就等于该直流电流 I 的数值。按照上述定义可得

$$I^2RT = \int_0^T i^2 R\mathrm{d}t$$

所以，交流电流的有效值为

$$I = \sqrt{\frac{1}{T}\int_0^T i^2 \mathrm{d}t}$$

由上式可知，交流电的有效值等于其瞬时值的平方在一个周期的平均值的算术平方根，所以有效值又称为方均根值。

对于正弦交流电流 $i = I_m \sin(\omega t + \psi)$，其有效值为

$$\begin{aligned} I &= \sqrt{\frac{1}{T}\int_0^T I_m^2 [\sin(\omega t + \psi)]^2 \mathrm{d}t} \\ &= \sqrt{\frac{I_m^2}{T}\int_0^T \frac{1}{2}[1 - \cos 2(\omega t + \psi)]\mathrm{d}t} \\ &= \sqrt{\frac{I_m^2}{T}\frac{T}{2}} \\ &= \frac{I_m}{\sqrt{2}} \\ &= 0.707 I_m \end{aligned}$$

即正弦量的有效值等于其最大值除以$\sqrt{2}$，因此一个正弦交流电流，其解析式还可以写成

$$i = I_m \sin(\omega t + \psi) = \sqrt{2} I \sin(\omega t + \psi)$$

显然，正弦交流电压的有效值也等于其最大值除以$\sqrt{2}$，即

$$U = \frac{U_m}{\sqrt{2}} = 0.707 U_m$$

一般电气设备铭牌上所标的电压值、电流值都是指有效值，交流电压表、电流表的标尺也都是按有效值刻度的。如不加以说明，交流量的大小均指有效值。在分析整流器的击穿电压、电气设备的绝缘耐压时，要按交流电压的最大值考虑。

【例 3.1.3】 一正弦电流的初相为 60°，在 $t=T/4$ 时的值为 5A，试求该电流的解析式和有效值。

【解】 该正弦电流的解析式为

$$i=\sqrt{2}I\sin(\omega t+60°)\ \text{A}$$

在 $t=T/4$ 时电流值为 5A，代入得

$$5=\sqrt{2}I\sin\left(\omega\frac{T}{4}+60°\right)\ \text{A}$$

由于 $\omega T=2\pi$，所以 $\omega\dfrac{T}{4}=\dfrac{2\pi}{4}=\dfrac{\pi}{2}$

$$5=\sqrt{2}I\sin\left(\frac{\pi}{2}+\frac{\pi}{3}\right)=\sqrt{2}I\sin\left(\frac{5\pi}{6}\right)=\sqrt{2}I\times\frac{1}{2}$$

$$I=\frac{10}{\sqrt{2}}=7.07(\text{A})$$

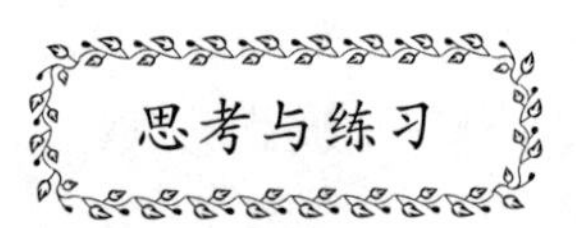

3.1.1 一个工频正弦电压的振幅值为 311 V，在 $t=0$ 时的值为 155.5 V，试求其解析式。

3.1.2 已知 $i=10\sin(100\pi t-60°)$ A，$u=100\sin(100\pi t+120°)$ V 。

(1) i 和 u 相位差等于多少？(2) 画 i 和 u 的波形图；(3) 在相位上比较 i 和 u 哪个超前哪个滞后。

3.1.3 (1) $i_1=10\sin(100\pi t+30°)$ A，$i_2=10\cos(100\pi t-15°)$ A，i_1 和 i_2 的相位差 $\varphi=30°-(-15°)=45°$，对吗？

(2) $i_1=10\sin(100\pi t+60°)$ A，$i_2=20\sin(200\pi t+30°)$ A，i_1 和 i_2 的相位差 $\varphi=60°-30°=30°$，对吗？

3.2 正弦量的相量表示法

用复数来表示正弦量的方法称为正弦量的相量表示法。由于相量法涉及复数的运算，先回顾一下复数的有关知识。

3.2.1 复数的相关知识

在数学中常用 $A=a+bi$ 表示复数，其中 i 表示虚单位。为了与电流区别开，在电工技术中将虚单位改写为 j。复数有以下四种表示方法。

(1) 代数形式 $\qquad A=a+\text{j}b$

(2) 三角形式 $\qquad A=r\cos\theta+\text{j}r\sin\theta$

(3) 指数形式 $\qquad A=re^{\text{j}\theta}$

(4) 极坐标形式 $A=r\angle\theta$

其中,a 表示实部,b 表示虚部,r 表示复数的模,θ 表示复数的幅角,它们之间的关系是

$$r=\sqrt{a^2+b^2},\quad \theta=\arctan\frac{b}{a}$$

$$a=r\cos\theta,\quad b=r\sin\theta$$

复数的这四种表示方法是可以互相转换的。通常在对复数进行加减运算时采用其代数式,在对复数进行乘除运算时采用其极坐标式。

建立一直角坐标系,令横轴表示复数的实部,称为实轴,以 +1 为单位,纵轴表示虚部,称为虚轴,以 +j 为单位,如图 3.2.1所示。复平面中的有向线段对应复数 A,其实部为 a,其虚部为 b,r 对应复数的模,有向线段与实轴正方向间的夹角对应复数的幅角 θ。显然,$a=r\cos\theta$,$b=r\sin\theta$。

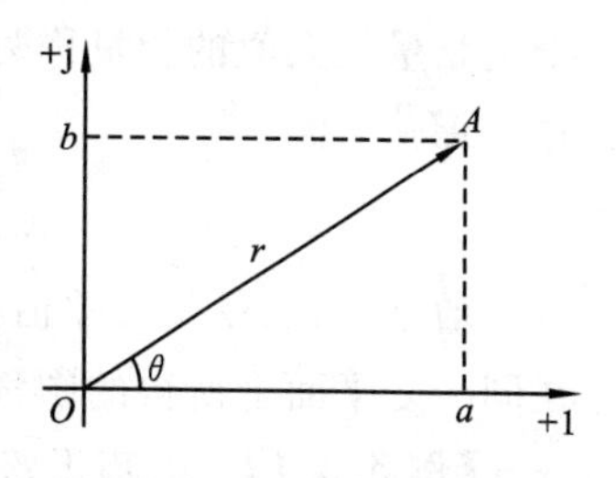

图 3.2.1　复数在复平面中的表示方法

3.2.2　正弦量的相量表示法

设某正弦电流为

$$i=I_{\mathrm{m}}\sin(\omega t+\psi)=\sqrt{2}I\sin(\omega t+\psi)$$

如图 3.2.2 所示,在复平面上作相量 $\dot{I}_{\mathrm{m}}$,其长度按比例等于 i 的最大值 I_{m},其幅角等于 i 的初相 ψ。i 的角频率为 ω,令相量 $\dot{I}_{\mathrm{m}}$ 以 ω 大小的角速度绕原点逆时针旋转,$t=0$ 时,在虚轴上的投影 $OA=I_{\mathrm{m}}\sin\psi$,即为 i 在 $t=0$ 时的值,经过时间 t_1,相量在虚轴上的投影 $OB=I_{\mathrm{m}}\sin(\omega t_1+\psi)$,即为 i 在 t_1 时刻的瞬时值,这样,一个旋转相量每个瞬间在虚轴上的投影就与正弦量的瞬时值对应起来了。这个相量的模是正弦量的最大值,辐角是正弦量的初相。

正弦量可用旋转有向线段表示,有向线段可用复数表示,所以正弦量也可用复数来表

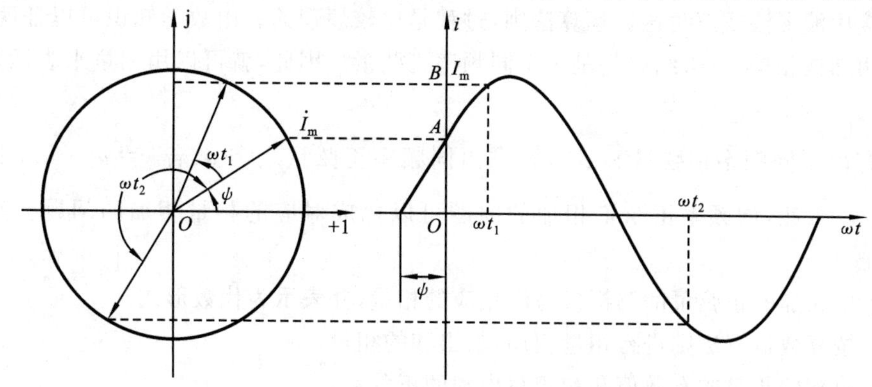

图 3.2.2　用正弦波形和旋转有向线段来表示正弦量

示。由于在正弦电路中，所有电流、电压都是同频率的正弦量，表示它们的那些旋转相量角速度相同，相对位置始终不变，因此，无须考虑它们的旋转，只用起始位置的相量就能表示正弦量了。所谓相量表示法，就是用模等于正弦量的最大值（或有效值）、辐角等于正弦量初相的复数对应表示正弦量。模等于正弦量有效值的相量称为有效值相量，用 $\dot{I}$ 、$\dot{U}$ 表示，模等于正弦量最大值的相量称为最大值相量，用 $\dot{I}_m$ 、$\dot{U}_m$ 表示。

正弦电流

$$i = I_m \sin(\omega t + \psi) = \sqrt{2} I \sin(\omega t + \psi)$$

通常，用正弦量有效值相量的极坐标形式来表示，$\dot{I} = I\angle\psi$。将同频率正弦量的相量画在同一复平面上所得的图称为相量图。

【例 3.2.1】 已知正弦电压

$$u_1 = 100\sqrt{2}\sin\left(\omega t + \frac{\pi}{3}\right)\text{V}, \quad u_2 = 50\sqrt{2}\sin\left(\omega t + \frac{\pi}{6}\right)\text{V}$$

写出 u_1 和 u_2 的相量，并画出相量图。

【解】 u_1 的有效值相量为 $\dot{U}_1 = 100\angle\frac{\pi}{3}\ \text{V}$

u_2 的有效值相量为 $\dot{U}_2 = 50\angle\frac{\pi}{6}\ \text{V}$

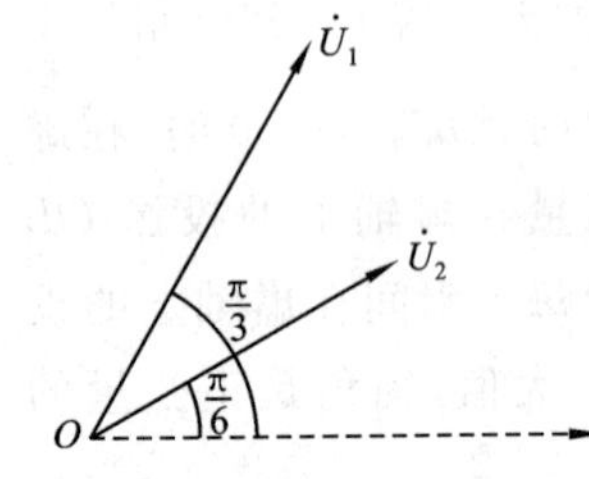

图 3.2.3　例 3.2.1 的图

相量图如图 3.2.3 所示。

在进行电路分析时，常常需要对多个电流、电压比较相位的超前和滞后，可先设定一个初相为零的正弦量，即参考正弦量，其对应相量称为参考相量（用虚线表示），然后在相量图上画出其余相量。从相量图上可以直观地看出几个相量之间的相位关系，显然在图 3.2.3 中，$\dot{U}_1$ 超前 $\dot{U}_2$ 。

在电路分析中，有时需要对两个正弦量进行相加或相减运算，如果直接用波形法或三角函数运算法则，过程是比较烦琐的。由数学知识可以证明，同频率正弦量相加或相减，所得结果仍是一个同频率正弦量。因此，就可以用相量来表示其相应的运算。

设有两个同频率正弦量 u_1、u_2，要求出同频率正弦量之和 u，若 $u=u_1+u_2$，则有 $\dot{U} = \dot{U}_1 + \dot{U}_2$ 。因此，同频率正弦量相加的问题可以化成对应的相量相加的问题。其步骤如下。

(1) 由相加的正弦量的解析式写出相应的相量，并表示为代数形式。

(2) 按复数运算法则进行相量相加，求出和的相量。

(3) 由和的相量的有效值和初相写出和的正弦量。

【例 3.2.2】 已知 $u_1 = 220\sqrt{2}\sin\omega t\ \text{V}$，$u_2 = 220\sqrt{2}\sin(\omega t - 120°)\ \text{V}$，若 $u=u_1+u_2$，求

u 和$\dot{U}$。

【解】 (1) 相量直接求和。

$$\dot{U}_1 = 220\angle 0^\circ = (220 + \mathrm{j}0)\ \mathrm{V}$$
$$\begin{aligned}\dot{U}_2 &= 220\angle -120^\circ \\ &= 220\cos(-120^\circ) + \mathrm{j}220\sin(-120^\circ) \\ &= (-110 - \mathrm{j}110\sqrt{3})\ \mathrm{V}\end{aligned}$$

$$\begin{aligned}\dot{U} &= \dot{U}_1 + \dot{U}_2 \\ &= (220 - 110) + \mathrm{j}(0 - 110\sqrt{3}) \\ &= 110 - \mathrm{j}110\sqrt{3} \\ &= 220\angle -60^\circ\ \mathrm{V}\end{aligned}$$

$$u = u_1 + u_2 = 220\sqrt{2}\sin(\omega t - 60^\circ)\ \mathrm{V}$$

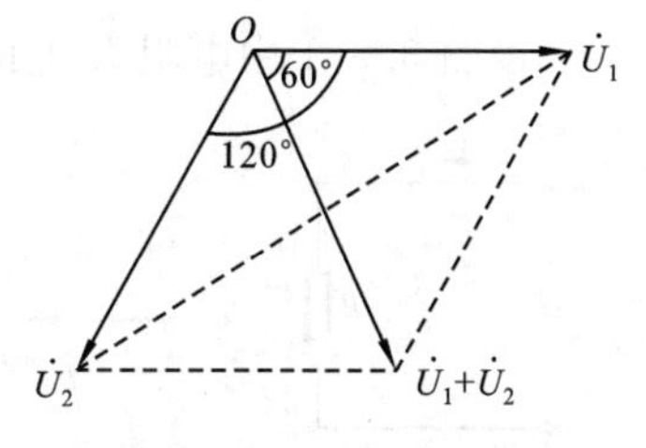

图 3.2.4 例 3.2.2 的图

(2) 作相量图求解。如图 3.2.4 所示，$\dot{U}_1$、$\dot{U}_2$ 有效值相等，对应的两有向线段夹角为 120°，解三角形可以得出 $\dot{U}_1 + \dot{U}_2$ 对应的有向线段为等边三角形的一条边，其有效值为220 V，初相为 60°。

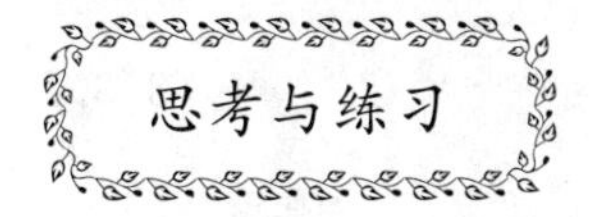

3.2.1 已知相量 $\dot{I}_1 = (2\sqrt{3} + \mathrm{j}2)\ \mathrm{A}$，$\dot{I}_2 = (2 + \mathrm{j}2)\ \mathrm{A}$，试把它们化为极坐标式，并写成正弦量的瞬时值表达式。

3.2.2 写出下列各正弦量对应的相量，并画出相量图。

$$u_1 = -220\sqrt{2}\sin\omega t\ \mathrm{V}$$
$$i_1 = 7.07\sin(\omega t + 30^\circ)\ \mathrm{A}$$
$$u_2 = 110\sqrt{2}\sin(\omega t - 120^\circ)\ \mathrm{V}$$
$$i_2 = 5\sqrt{2}\sin(\omega t - 45^\circ)\ \mathrm{A}$$

3.2.3 已知

$$u_1 = 8\sin(\omega t + 60^\circ)\ \mathrm{V},\quad u_2 = 6\sin(\omega t - 30^\circ)\ \mathrm{V}$$

试用复数计算 $u = u_1 + u_2$，并作相量图。

3.3 单一参数正弦交流电路

电阻、电感与电容都是组成电路模型的理想元件，电阻的主要电磁性质是消耗电能，电感的主要电磁性质是储存磁场能量，电容的主要电磁性质是储存电场能量。任何一个实际电路元件在电压、电流作用下，总是同时发生多种电磁效应，为了对电路进行分析与计算，常把实际的元件理想化，在一定条件下忽略其次要电磁性质，用其主要电磁性质对应的理想化的电路元件来表示。

前两章讨论的是直流电路，只引入了电阻元件，今后讨论的交流电路中，三种元件都会涉及。

3.3.1 电阻元件

设图3.3.1中电阻 R 上的电流解析式为

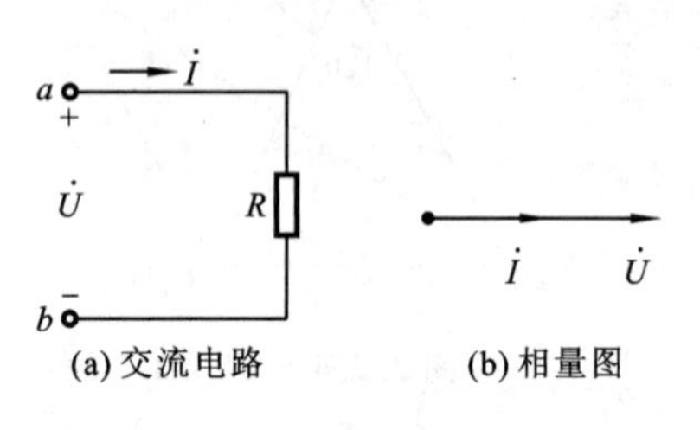

图 3.3.1 电阻元件的交流电路及相量图

$$i=\sqrt{2}I\sin(\omega t+\psi_{\mathrm{i}})$$

按照关联参考方向下电阻的伏安特性，有

$$u=Ri=R\sqrt{2}I\sin(\omega t+\psi_{\mathrm{i}})=\sqrt{2}U\sin(\omega t+\psi_{\mathrm{u}}) \tag{3.3.1}$$

式(3.3.1)表明，电阻的端电压 u 和电流 i 为同频率同相位的正弦量，并且 u、i 的有效值 U、I 也满足欧姆定律，即 $U=IR$。式(3.3.1)可写成相量形式。

电阻是耗能元件，在 u、i 取关联参考方向时，电阻元件吸收的

$$\dot{U}=R\dot{I} \tag{3.3.2}$$

瞬时功率 $p=ui$，为了计算方便，令 $\psi_{\mathrm{i}}=0$，则

$$p=ui=\sqrt{2}U\sin\omega t\cdot\sqrt{2}I\sin\omega t=2UI\sin^2\omega t=UI(1-\cos 2\omega t)$$

显然，$p>0$，其波形如图3.3.2所示，它随时间周期性变化，其值总是正的。这也证明电阻是耗能元件，始终消耗功率。

瞬时功率一般不便应用，因此工程中都用平均功率这一概念。平均功率定义为瞬时功

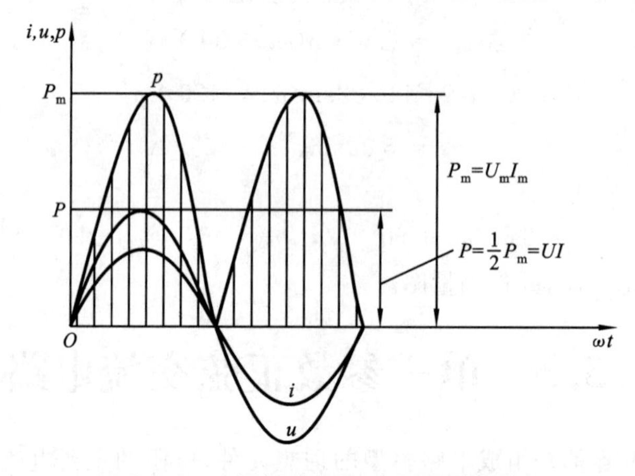

图 3.3.2 电阻元件电流、电压波形及功率

率 p 在一个周期 T 内的平均值,用大写字母 P 表示。

$$P = \frac{1}{T}\int_0^T p\mathrm{d}t = \frac{1}{T}\int_0^T UI(1-\cos 2\omega t)\mathrm{d}t = UI \tag{3.3.3}$$

因为 $U=IR$,所以

$$P = UI = I^2R = \frac{U^2}{R} \tag{3.3.4}$$

式(3.3.4)与直流电路中的情况类似,但表达的含义是不同的,这里,P 是平均功率,U 和 I 是正弦量的有效值。由于平均功率反映了实际耗能的情况,所以又称为有功功率,其单位是瓦(W)或千瓦(kW),一般电气设备所标的额定功率以及功率表测量的都是指有功功率,习惯上简称功率。

【例 3.3.1】 电阻 $R=100\ \Omega$,通过的电流 $i=1.41\sin(\omega t-30°)$ A,试求:(1) R 两端电压的有效值 U 和瞬时值 u;(2) R 消耗的功率 P。

【解】 (1) 电流有效值

$$I = \frac{I_{\mathrm{m}}}{\sqrt{2}} = \frac{1.41}{\sqrt{2}}\ \mathrm{A} = 1\ \mathrm{A}$$

电压的有效值 U、瞬时值 u 分别为

$$U = RI = 100\times 1\ \mathrm{V} = 100\ \mathrm{V}$$

$$u = Ri = 100\times 1.41\sin(\omega t-30°)\ \mathrm{V} = 141\sin(\omega t-30°)\ \mathrm{V}$$

(2) R 消耗的功率

$$P = UI = 1\times 100\ \mathrm{W} = 100\ \mathrm{W}$$

3.3.2 电感元件

电感元件是实际电感线圈的理想化模型,用导电性能良好的金属线绕在某种材料制成的骨架上就成为实际的电感线圈。线圈内装有铁磁材料的称为铁心线圈,不装的称为空心线圈。当线圈中有电流时,在线圈内部及周围建立了磁场,由于线圈的密绕,磁场主要集中在线圈内部。电流通过线圈产生磁通 Φ,它与 N 匝线圈相交链,线圈的磁链 $\Psi=N\Phi$。在 SI 中,Φ 的单位与 Ψ 相同,为韦[伯],符号为 Wb。

电阻不计的空心线圈只储存磁能而不消耗能量,可以用理想电感元件的模型表示。设自感磁链 Ψ 的参考方向与产生它的电流 i 的参考方向符合右手螺旋定则,则线圈电感定义为

$$L = \frac{N\Phi}{i} = \frac{\psi}{i} \tag{3.3.5}$$

理想电感元件的电感为一常数,磁链 Ψ 总是与产生它的电流 i 成线性关系。在 SI 中,电感的单位为亨[利],符号为 H,常用的单位有毫亨(mH)、微亨(μH)。

根据电磁感应定律,感应电压等于磁链的变化率。当电压的参考方向与磁通的参考方向符合右手螺旋定则时,可得

$$u = \frac{d\psi}{dt} \tag{3.3.6}$$

电感元件中的电流和电压取关联参考方向时,结合式(3.3.5)和式(3.3.6)有

$$u = \frac{d\psi}{dt} = \frac{dLi}{dt} = L\frac{di}{dt} \tag{3.3.7}$$

由式(3.3.7)可知,任一瞬间,电感元件端电压的大小与该瞬间电流的变化率成正比,而与该瞬间的电流无关。若电感的电流很大,但无变化,电压仍为零;反之,电流为零时,电压不一定为零。由于在电流变动的条件下才有电压,所以电感元件也称为动态元件,它所在的电路称为动态电路。在直流激励的电路中,达到稳态后,电感的电流始终不变,它的电压为零,相当于短路。可见,电感对直流起短路作用。

电感元件的电压电流为关联参考方向时,设通过电感元件的正弦电流为

$$i = \sqrt{2}I\sin(\omega t + \psi_i)$$

则电感元件的端电压

$$\begin{aligned} u &= L\frac{di}{dt} = L\frac{d[\sqrt{2}I\sin(\omega t + \psi_i)]}{dt} = L\sqrt{2}I\omega\cos(\omega t + \psi_i) \\ &= L\sqrt{2}I\omega\sin(\omega t + \psi_i + 90^\circ) = \sqrt{2}U\sin(\omega t + \psi_u) \end{aligned}$$

所以

$$U = \omega LI \tag{3.3.8}$$

$$\varphi_u = \varphi_i + 90^\circ \tag{3.3.9}$$

电压的相量表达式为

$$\dot{U} = \omega LI \angle \psi_i + 90^\circ = j\omega LI \angle \psi_i = j\omega L\dot{I} \tag{3.3.10}$$

式中:ωL 称为电感元件的感抗,用 X_L 表示,即 $X_L = \omega L = 2\pi fL$,单位与电阻相同,也为欧姆(Ω)。显然,X_L 与角频率 ω 成正比,ω 越大,X_L 就越大,在一定电压下,则 I 越小。直流电路相当于 $\omega=0$ 的情况,$X_L=0$,电感元件可看成短路,可见,电感元件在交流电路中具有通低频、阻高频的作用。

由式(3.3.10)画出电感的相量模型如图 3.3.3(a)所示,相量图如图 3.3.3(b)所示。

在关联参考方向下,设电感电流 $\psi_i=0$,纯电感电路的瞬时功率

$$p = ui = U_m I_m \sin(\omega t + 90^\circ)\sin\omega t = 2UI\cos\omega t\sin\omega t = UI\sin 2\omega t$$

波形如图 3.3.4 所示。

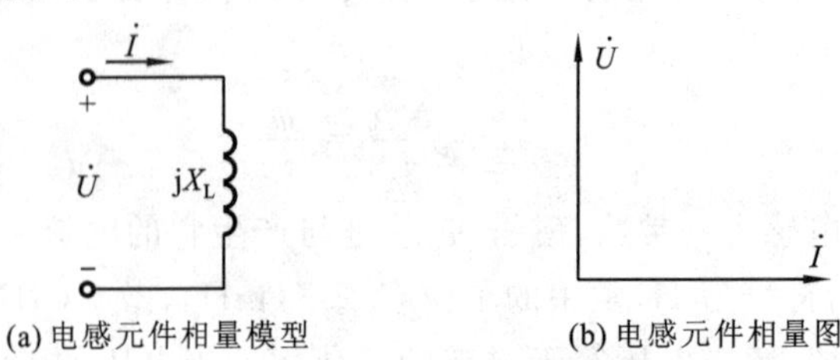

(a) 电感元件相量模型　　(b) 电感元件相量图

图 3.3.3　电感元件的交流电路及相量图

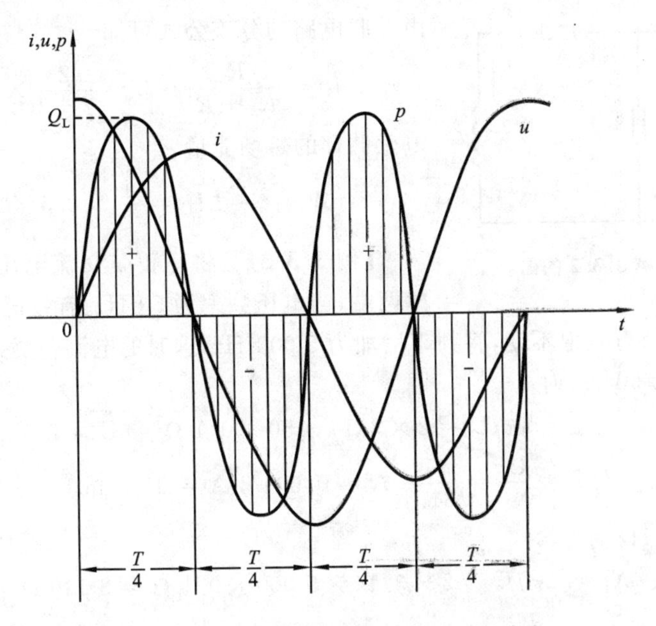

图 3.3.4　电感元件电流、电压波形及功率

瞬时功率是以 2 倍于电流的频率、按正弦规律变化的，从波形上可看出，电感在某一个 1/4 周期从外部吸收多少能量，在另一个 1/4 周期内则释放多少能量，它本身不消耗能量，平均功率为零，所以电感是储能元件，只与外界交换能量，本身不消耗能量，在一个周期之内平均功率为零。

为了衡量电感与外部交换能量的规模，引入无功功率，即

$$Q_L = UI = I^2 X_L = \frac{U^2}{X_L} \tag{3.3.11}$$

为了与有功功率相区别，无功功率的单位通常用乏(var)或千乏(kvar)表示。电感和后面要讲的电容都是储能元件，它们与电源间进行能量交换是工作所需。与无功功率相对应，工程上将平均功率称为有功功率。

电感端电压　　$u = L\dfrac{di}{dt}$

电感元件吸收的瞬时功率　　$p = ui = Li\dfrac{di}{dt}$

经过时间 t，电感电流由零上升到某一数值，储存的磁场能量

$$W_L = \int_0^t p\,dt = \int_0^t ui\,dt = \int_0^i Li\,di = \frac{1}{2}Li^2 \tag{3.3.12}$$

式(3.3.12)中，L、i 单位分别为亨利(H)、安培(A)，W_L 的单位为焦耳(J)。

【例 3.3.2】　电路如图 3.3.5 所示，$R_1 = R_2 = 2\ \Omega$，$R_3 = 1\ \Omega$，$L = 0.5$ H，电路已经稳定，求电感 L 的电流和磁场储能。

【解】　由于在稳定的直流电路中，电感可看成短路，电感上的电流就是流过 R_3 的电流，

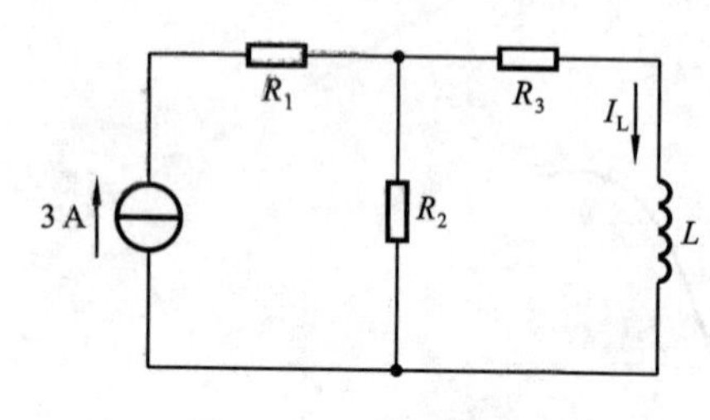

图 3.3.5　例 3.3.2 的图

由并联电路的分流公式可知

$$I_L = \frac{R_2}{R_2 + R_3} \times 3 = \frac{2}{2+1} \times 3 \text{ A} = 2 \text{ A}$$

电感储存的磁场能量

$$W_L = \frac{1}{2} L I_L^2 = \frac{1}{2} \times 0.5 \times 2^2 \text{ J} = 1 \text{ J}$$

【例 3.3.3】 将一正弦交流电压加在 0.1 H 的电感两端，当电压频率为 50 Hz、有效值为 1 V 时，电感电流为多大？若保持有效值不变，将频率增加为 5 000 Hz，这时的电流会变为多大？

【解】 当 $f=50$ Hz 时

$$X_L = 2\pi f L = 2 \times 3.14 \times 50 \times 0.1 \ \Omega = 31.4 \ \Omega$$

$$I = \frac{U}{X_L} = \frac{1}{31.4} \text{ A} = 0.031\,8 \text{ A} = 31.8 \text{ mA}$$

当 $f=5\,000$ Hz 时

$$X_L = 2\pi f L = 2 \times 3.14 \times 5\,000 \times 0.1 \ \Omega = 3\,140 \ \Omega$$

$$I = \frac{U}{X_L} = \frac{1}{3\,140} \text{ A} = 0.000\,318 \text{ A} = 318 \ \mu\text{A}$$

由例 3.3.3 可知，电压大小一定时，频率越高，电感对应的感抗越大，电流就越小。

3.3.3　电容元件

电容元件是各种实际电容器的理想化模型。当电容器的两极板间加上电压时，等量的正、负电荷分别聚集在两个极板上，于是两极板间建立了电场，电源能量转换为电场能储存在电容器中。当外加电压去掉后，电荷继续聚集在极板上，电场依然存在。电荷量与端电压的比值称为电容元件的电容。SI 中，电容的单位为法拉，简称法，符号为 F。常用单位有微法（μF）和皮法（pF），1 $\mu\text{F}=10^{-6}$ F，1 $\text{pF}=10^{-12}$ F。

由物理学可知 $C = \frac{q}{u}$，而 $i = \frac{\mathrm{d}q}{\mathrm{d}t}$，所以

$$i = \frac{\mathrm{d}q}{\mathrm{d}t} = \frac{\mathrm{d}(Cu)}{\mathrm{d}t} = C\frac{\mathrm{d}u}{\mathrm{d}t} \tag{3.3.13}$$

式（3.3.13）为电容元件电流与电压的关系式，它表明：任一瞬间，电容电流的大小与该瞬间电压的变化率成正比，而与这一瞬间的电压大小无关。电容电压变化越快，电流越大；反之，电流就越小。由于在电压变化时电路中才有电流，所以电容元件又称为动态元件，它所在的电路称为动态电路。在直流稳态电路中，电容电压保持不变，其电流为零，相当于开路。可见，电容具有隔直流作用。

电容元件的电压电流为关联参考方向时，设电容元件的端电压

$$u = \sqrt{2} U \sin(\omega t + \psi_u)$$

电路中的电流

$$i = C\frac{\mathrm{d}u}{\mathrm{d}t} = C\frac{\mathrm{d}[\sqrt{2}U\sin(\omega t+\psi_u)]}{\mathrm{d}t} = C\sqrt{2}U\omega\cos(\omega t+\psi_u)$$

$$= C\sqrt{2}U\omega\sin(\omega t+\psi_u+90°) = \sqrt{2}I\sin(\omega t+\psi_i)$$

所以

$$I = \omega CU \qquad (3.3.14)$$

$$\psi_i = \psi_u + 90° \qquad (3.3.15)$$

电流的相量表达式为

$$\dot{I} = I\angle\psi_i = \omega CU\angle\psi_u + 90° = \mathrm{j}\omega CU\angle\psi_u = \mathrm{j}\omega C\dot{U}$$

因此,电压的相量表达式可写成以下形式

$$\dot{U} = \frac{1}{\mathrm{j}\omega C}\dot{I} = -\mathrm{j}\frac{1}{\omega C}\dot{I} = -\mathrm{j}X_C\dot{I}$$

式中：$\frac{1}{\omega C}$称为电容元件的容抗,用 X_C 表示，$X_C = \frac{1}{\omega C} = \frac{1}{2\pi fC}$,单位与电阻相同,也为欧姆(Ω)。显然,$X_C$ 与角频率 ω 成反比,ω 越大,X_C 就越小,如果电容端电压为一定值,则 I 就大。直流电路相当于 $\omega=0$ 的情况,$X_C=\infty$,电容元件可看成开路。可见,电容元件在交流电路中具有隔直通交和通高频阻低频的作用。图 3.3.6 为电容元件的相量模型及相量图。

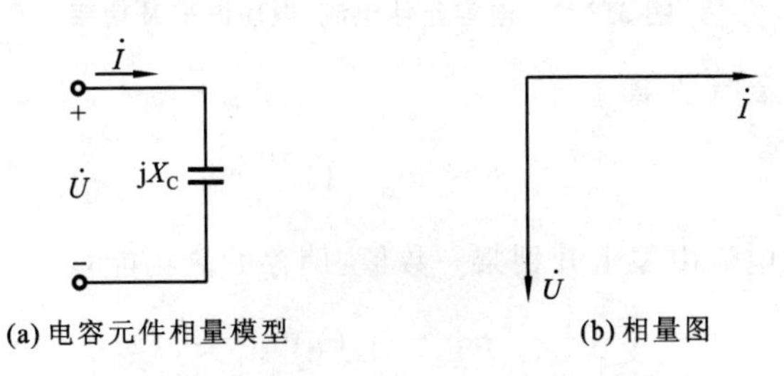

图 3.3.6　电容元件的相量模型及相量图

设 $i = I_m\sin\omega t$，$u = U_m\sin(\omega t - 90°)$,则纯电容电路的瞬时功率

$$p = ui = U_m I_m\sin(\omega t-90°)\sin\omega t = -UI\sin 2\omega t$$

由上式可见,p 是以 2 倍于电压的频率按正弦规律变化,波形如图 3.3.7 所示。从波形上可看出,电容在某一个 1/4 周期从外部吸收多少能量,在另一个 1/4 周期内就释放多少能量,所以电感是储能元件,只与外界交换能量,本身不消耗能量,在一个周期之内平均功率为零。

为了衡量电容与外部交换能量的规模引入无功功率,即

$$Q_C = -UI = -I^2X_C = -\frac{U^2}{X_C} \qquad (3.3.16)$$

Q_C的单位也是 var 或 kvar。容性无功功率为负值,表明它与电感转换能量的过程相反,电感吸收能量时电容释放能量,电感释放能量时电容吸收能量。

电容电流

$$i = C\frac{\mathrm{d}u}{\mathrm{d}t}$$

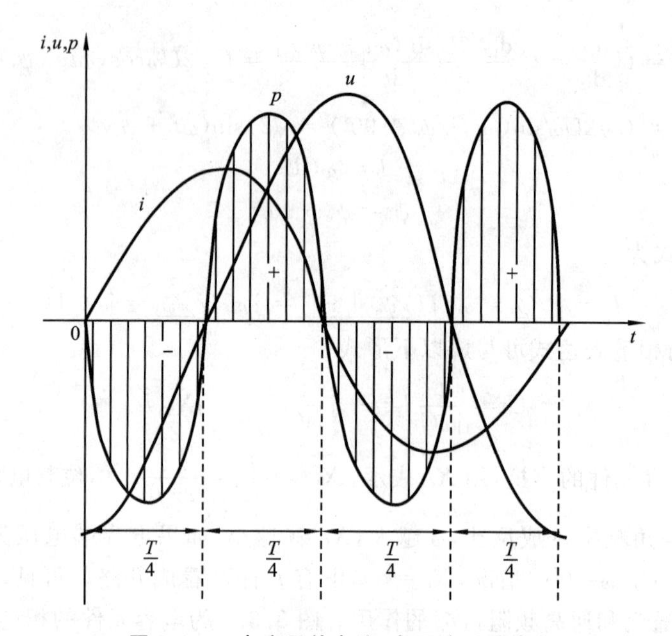

图 3.3.7　电容元件电流、电压波形及功率

电容元件吸收的瞬时功率

$$p = ui = Cu\frac{\mathrm{d}u}{\mathrm{d}t}$$

经过时间 t，电感电流由零上升到某一数值，储存的磁场能量

$$W_C = \int_0^t p\mathrm{d}t = \int_0^u Cu\mathrm{d}u = \frac{1}{2}Cu^2 \tag{3.3.17}$$

式(3.3.17)中，C、u 单位为法拉(F)、伏(V)，则 W_C 的单位为焦耳(J)。

【例 3.3.4】 2 μF 电容两端的电压由 $t=1$ μs 时的 6 V 线性增长至 $t=5$ μs 时的 50 V，试求在该时间范围内的电流值及增加的电场能。

【解】 该时间范围内的电流值

$$i = C\frac{\mathrm{d}u}{\mathrm{d}t} = 2\times10^{-6}\times\frac{50-6}{(5-1)\times10^{-6}}\ \mathrm{A} = 22\ \mathrm{A}$$

增加的电场能

$$\Delta W_C = \frac{1}{2}Cu_2^2 - \frac{1}{2}Cu_1^2 = \frac{1}{2}\times2\times10^{-6}\times(50^2-6^2)\ \mathrm{J} = 2.464\times10^{-3}\ \mathrm{J}$$

【例 3.3.5】 318 μF 的电容器，端电压为 $u = 220\sqrt{2}\sin(314t+60^\circ)$ V，求电容的电流及无功功率。

$$\dot{U} = 220\angle 60^\circ\ \mathrm{V}$$

容抗

$$X_C = \frac{1}{\omega C} = \frac{1}{314\times318\times10^{-6}}\ \Omega = 10\ \Omega$$

所以

$$\dot{I}_{\mathrm{C}}=\frac{\dot{U}}{-\mathrm{j}X_{\mathrm{C}}}=\frac{220\angle 60^{\circ}}{10\angle -90^{\circ}}\ \mathrm{A}=22\angle 150^{\circ}\ \mathrm{A}$$

电容电流 $$i=22\sqrt{2}\sin(314t+150^{\circ})\ \mathrm{A}$$

电容的无功功率

$$Q_{\mathrm{C}}=-UI=-22\times 220\ \mathrm{var}=-4\ 840\ \mathrm{var}=-4.84\ \mathrm{kvar}$$

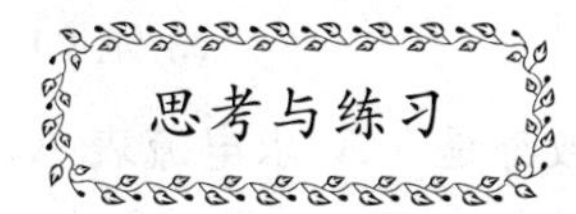

3.3.1 对电阻电路,判断下列各式是否正确。

(1) $i=\dfrac{U}{R}$ (2) $\dot{I}=\dfrac{U}{R}$ (3) $\dot{I}_{\mathrm{m}}=\dfrac{U}{R}$

3.3.2 对电感电路,判断下列各式是否正确。

(1) $X_{\mathrm{L}}=\dfrac{u}{i}$ (2) $\dot{I}=\dfrac{U}{X_{\mathrm{L}}}$ (3) $\dot{I}=\mathrm{j}\dfrac{\dot{U}}{\omega L}$

3.3.3 对电容电路,判断下列各式是否正确。

(1) $u=iX_{\mathrm{C}}$ (2) $\dot{I}=\dot{U}\omega C$ (3) $\dot{I}=\dfrac{\dot{U}}{-\mathrm{j}\omega C}$

3.3.4 已知一电感线圈通过 50 Hz 正弦电流时感抗为 500 Ω,频率为 10 kHz 时,其感抗为多少?

3.3.5 已知一电容器电流为 50 Hz 正弦电流时,电压为 100 mV。电流有效值不变,频率变为 1 000 Hz 时,电压有效值变为多少?

3.4 基尔霍夫定律的相量形式

3.4.1 基尔霍夫电流定律(KCL)的相量形式

根据基尔霍夫电流定律,在正弦电路中,对任一节点而言,与它相连接的各支路电流任一时刻的瞬时值的代数和为零,即

$$\sum i=0$$

既然适用于瞬时值,那么,解析式也肯定适用,即流过电路中的同一个节点的各电流解析式的代数和为零。正弦交流电路中各电流都是同频率的正弦量,把这些正弦量用相量表示,可以推出:正弦电路中任一节点,与它相连接的各支路电流的相量代数和为零,即

$$\sum \dot{I}=0 \tag{3.4.1}$$

3.4.2 基尔霍夫电压定律(KVL)的相量形式

根据基尔霍夫电压定律，在正弦电路中，对任一闭合回路而言，各段电压任一刻瞬时值的代数和为零，即

$$\sum u = 0$$

同理，可以推出正弦电路中，任一闭合回路，各段电压的相量代数和为零，即

$$\sum \dot{U} = 0 \tag{3.4.2}$$

【例 3.4.1】 如图 3.4.1 所示电路中，已知电流表 A_1、A_2 的读数都是 5 A，求电流表 A 的读数。

【解】 设端电压 $\dot{U}=U\angle 0^\circ$ V，选定电流的参考方向如图 3.4.1 所示，

则

$$\dot{I}_1 = 5\angle 0^\circ \text{ A}$$

$$\dot{I}_2 = 5\angle -90^\circ \text{ A}$$

由 KCL，有

$$\dot{I} = \dot{I}_1 + \dot{I}_2 = 10\angle 0^\circ + 10\angle -90^\circ$$

$$= 10 - 10\text{j} = 10\sqrt{2}\angle -45^\circ \text{ A}$$

电流表 A 的读数为 $10\sqrt{2}$ A 。

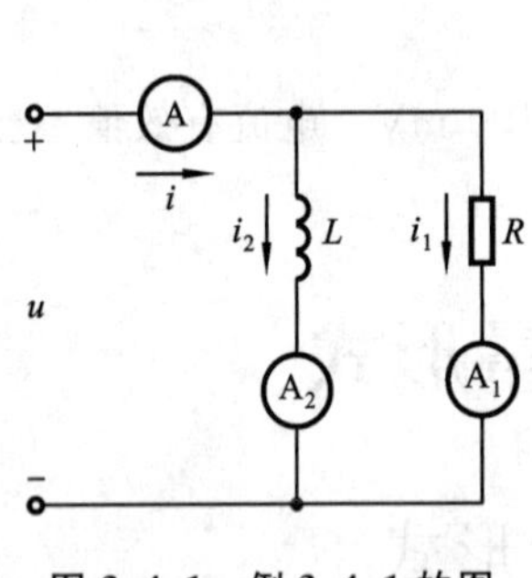

图 3.4.1 例 3.4.1 的图

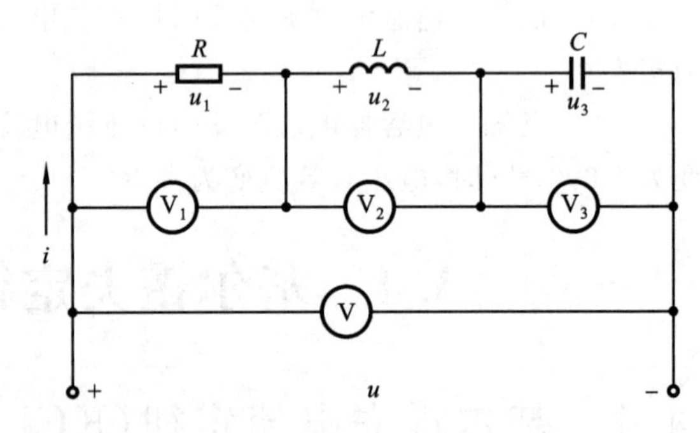

图 3.4.2 例 3.4.2 的图

【例 3.4.2】 如图 3.4.2 所示电路中，已知电压表 V_1、V_2、V_3 的读数都是 10 V，求电压表 V 的读数。

【解】 设电流 $\dot{I} = 10\angle 0^\circ$ A，i、u_1、u_2、u_3 参考方向如图 3.4.2 所示，

则

$$\dot{U}_1 = 10\angle 0^\circ \text{ V}$$

$$\dot{U}_2 = 10\angle 90^\circ \text{ V}$$

$$\dot{U}_3 = 10\angle -90^\circ \text{ V}$$

由 KVL，有

$$\dot{U}=\dot{U}_1+\dot{U}_2+\dot{U}_3=10\angle 0^\circ+10\angle 90^\circ+10\angle -90^\circ$$
$$=10+10\mathrm{j}-10\mathrm{j}=10\ \mathrm{V}$$

电压表 V 的读数为 10 V。

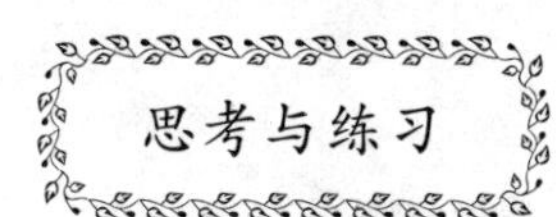

3.4.1 如图 3.4.3 所示的电路，试写出 KCL 的相量形式。元件 1 和 2 为 R、L、C 中哪一种时，电流有效值有下列关系：

(1) $I_1+I_2=I$；(2) $I_1-I_2=I$；(3) $I_1^2+I_2^2=I^2$。

3.4.2 如图 3.4.4 所示的电路，试写出 KVL 的相量形式。元件 1 和 2 为 R、L、C 中哪一种时，电压有效值有下列关系：

(1) $U_1+U_2=U$；(2) $U_1-U_2=U$；(3) $U_1^2+U_2^2=U^2$。

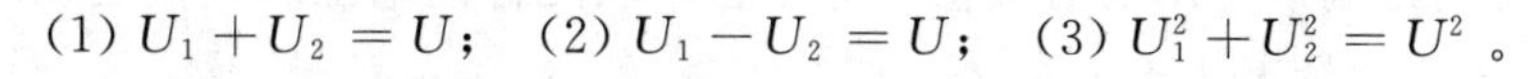

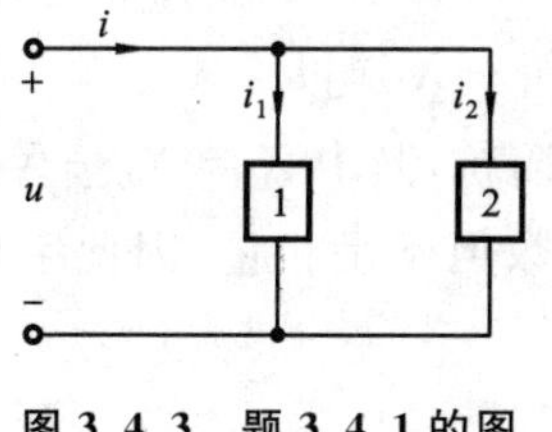

图 3.4.3 题 3.4.1 的图

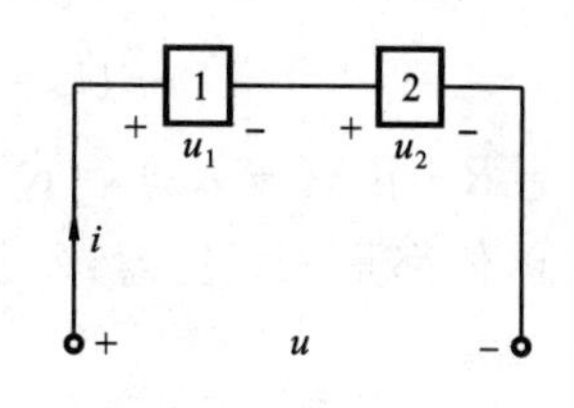

图 3.4.4 题 3.4.2 的图

3.5 *RLC* 串联电路

3.5.1 电压和电流的关系

如图 3.5.1(a)所示为 RLC 串联正弦电路，图(b)为相量模型。首先分析端口电压和电流的关系。

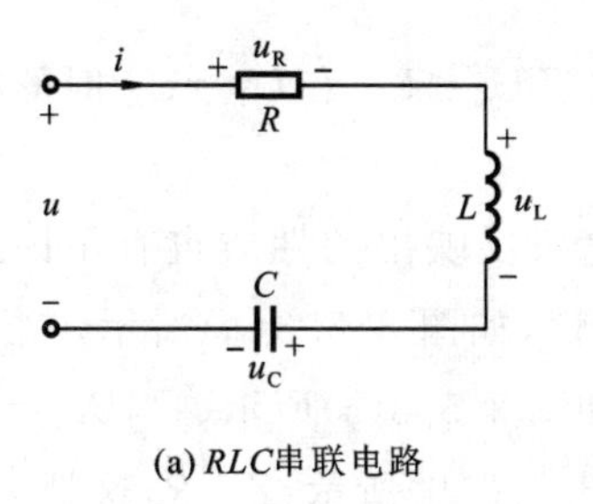

(a) *RLC*串联电路

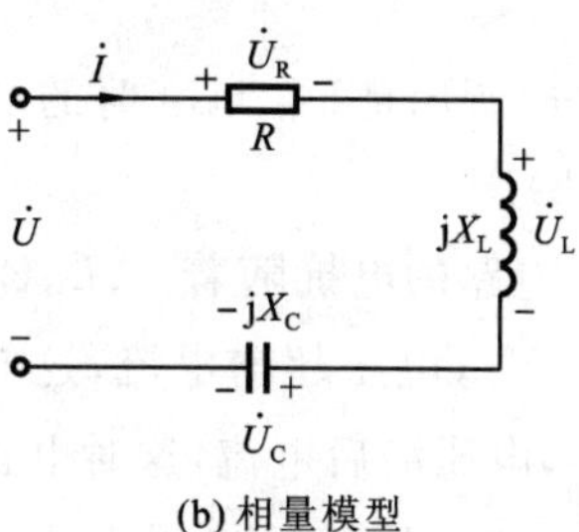

(b) 相量模型

图 3.5.1 *RLC* 串联电路

图 3.5.1 由于是串联电路，电流相同，根据 R、L、C 元件的电压电流关系可得

$$\dot{U}_{\mathrm{R}} = R\dot{I}$$

$$\dot{U}_{\mathrm{L}} = \mathrm{j}X_{\mathrm{L}}\dot{I}$$

$$\dot{U}_{\mathrm{C}} = -\mathrm{j}X_{\mathrm{C}}\dot{I}$$

端口电压

$$\begin{aligned}\dot{U} &= \dot{U}_{\mathrm{R}} + \dot{U}_{\mathrm{L}} + \dot{U}_{\mathrm{C}} \\ &= [R + \mathrm{j}(X_{\mathrm{L}} - X_{\mathrm{C}})]\dot{I}\end{aligned}$$

以电流相量为参考相量作出相量图，如图 3.5.2(a)所示，假设 $U_{\mathrm{L}} > U_{\mathrm{C}}$。显然，$\dot{U}_{\mathrm{X}}$、$\dot{U}_{\mathrm{R}}$、$\dot{U}$ 组成一个直角三角形，称为电压三角形，由电压三角形可得

$$U = \sqrt{U_{\mathrm{R}}^2 + (U_{\mathrm{L}} - U_{\mathrm{C}})^2} = \sqrt{U_{\mathrm{R}}^2 + U_{\mathrm{X}}^2}$$

由此可见，通常正弦电路端口电压的有效值不等于各串联元件的电压有效值之和。由前面的分析可知端口电压的相量表达式

$$\dot{U} = \dot{U}_{\mathrm{R}} + \dot{U}_{\mathrm{L}} + \dot{U}_{\mathrm{C}} = [R + \mathrm{j}(X_{\mathrm{L}} - X_{\mathrm{C}})]\dot{I}$$

令 $Z = R + \mathrm{j}(X_{\mathrm{L}} - X_{\mathrm{C}}) = R + \mathrm{j}X$，$Z$ 称为电路的复阻抗，其中 $X = X_{\mathrm{L}} - X_{\mathrm{C}}$ 称为电抗，Z 和 X 的单位都是 Ω。注意：Z 并不代表正弦量，是复数但不是相量，因此字母上边不加“·”。

RLC 串联电路伏安特性的相量形式为

$$\dot{U} = Z\dot{I} \tag{3.5.1}$$

因此

$$|Z| = \frac{U}{I} = \sqrt{R^2 + X^2} \tag{3.5.2}$$

式中：$|Z|$ 称为电路的阻抗模，将电压三角形的各边除以电流 I 即得 $|Z|$、R、X 组成的一个直角三角形，与电压三角形相似，称之为阻抗三角形，如图 3.5.2(b)所示，φ 称为电路的阻抗角。显然，φ 也是端口电压与端口电流的相位差，由电压三角形和阻抗三角形得

$$\varphi = \arctan\frac{U_{\mathrm{L}} - U_{\mathrm{C}}}{U_{\mathrm{R}}} = \arctan\frac{X_{\mathrm{L}} - X_{\mathrm{C}}}{R} \tag{3.5.3}$$

图 3.5.2(a)所示是 $U_{\mathrm{L}} > U_{\mathrm{C}}$ 时的电压三角形，当 $U_{\mathrm{L}} < U_{\mathrm{C}}$ 和 $U_{\mathrm{L}} = U_{\mathrm{C}}$ 时的电压三角形如图3.5.3(a)、(b)所示。

RLC 串联电路的电抗随着 ω、L、C 的变化，电路反映出的性质也有不同。当 $X_{\mathrm{L}} > X_{\mathrm{C}}$ 时，$X > 0$，$U_{\mathrm{L}} > U_{\mathrm{C}}$，电压超前电流，这时电路呈感性，如图 3.5.3(a)所示。当 $X_{\mathrm{L}} < X_{\mathrm{C}}$ 时，$X < 0$，$U_{\mathrm{L}} < U_{\mathrm{C}}$，电压滞后电流，这时电路呈容性，如图 3.5.3(a)所示。当 $X_{\mathrm{L}} = X_{\mathrm{C}}$ 时，$X = 0$，$U_{\mathrm{L}} = U_{\mathrm{C}}$，电压与电流同相，这时电路呈阻性，如图 3.5.3(b)所示，$Z = R$，这是一种特殊状态，称为谐振。

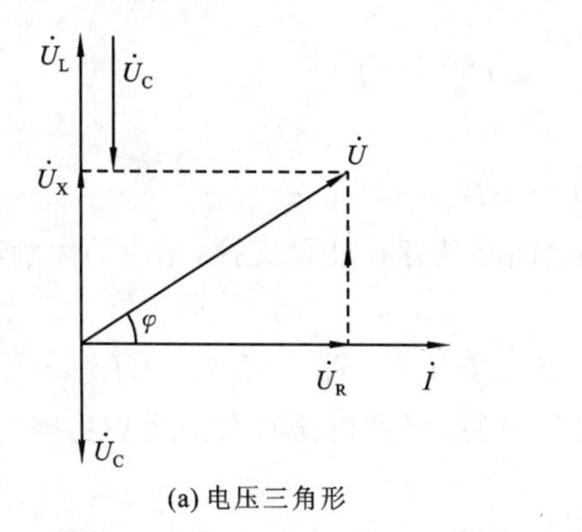

(a) 电压三角形

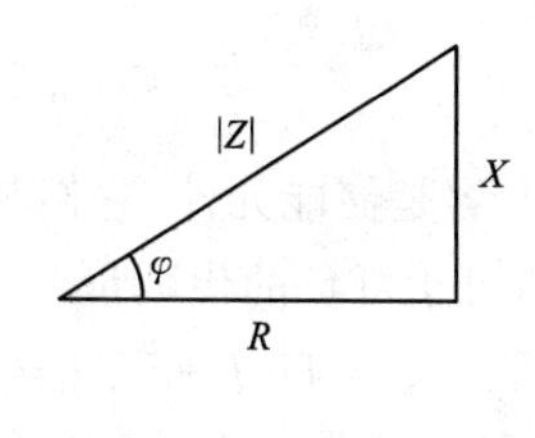

(b) 阻抗三角形

图 3.5.2　电压三角形和阻抗三角形

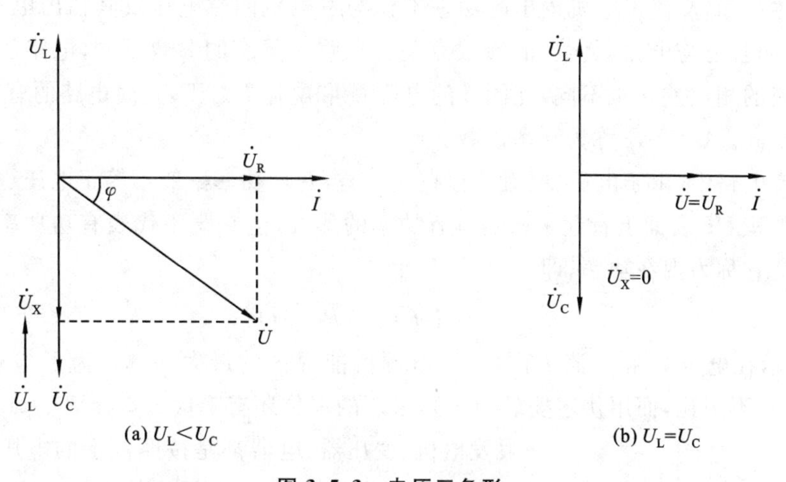

(a) $U_L<U_C$　　　　(b) $U_L=U_C$

图 3.5.3　电压三角形

3.5.2　功率

为了分析方便，取电路电流为参考正弦量，$\psi_i=0$，$\psi_u=\varphi$，瞬时功率可写为

$$\begin{aligned}p&=ui=U_m I_m\sin(\omega t+\varphi)\sin\omega t\\&=UI[\cos\varphi-\cos(2\omega t+\varphi)]\\&=UI\cos\varphi-UI\cos(2\omega t+\varphi)\end{aligned}$$

由于电阻元件要消耗电能，电路的有功功率

$$\begin{aligned}P&=\frac{1}{T}\int_0^T p\mathrm{d}t\\&=\frac{1}{T}\int_0^T[UI\cos\varphi-UI\cos(2\omega t+\varphi)]\mathrm{d}t\\&=UI\cos\varphi\end{aligned}$$

由电压三角形见图 3.5.2(a),可得

$$U\cos\varphi = U_R = RI$$

因此

$$P = U_R I = RI^2 = UI\cos\varphi \tag{3.5.4}$$

电感和电容是储能元件,它们与电源之间必然存在能量交换,相应的无功功率值有正有负,所以 Q 是可正可负的代数量。

$$Q = U_L I - U_C I = (U_L - U_C)I = I^2(X_L - X_C) = UI\sin\varphi \tag{3.5.5}$$

在电压、电流关联参考方向下,按式(3.5.5)计算,感性电路吸收的无功功率为正值,容性电路吸收的无功功率为负值。

式(3.5.4)和式(3.5.5)是计算正弦交流电路中有功功率和无功功率的一般公式。

由上述可知,交流发电机输出的功率不仅与发电机的端电压及其输出电流的有效值的乘积有关,而且还与电路(负载)的参数有关。电路所具有的参数不同,电路的性质就不同,电压与电流的相位差 φ 也不同,在同样的电压 U 和电流 I 之下,这时电路的有功功率和无功功率也就不同。$\lambda=\cos\varphi$ 称为功率因数。

在交流电路中,由于电压、电流间存在相位差,有功功率一般不等于电压、电流有效值之积。这个乘积 UI 表面上看起来虽然具有功率的形式,但它既不代表有功功率,也不代表无功功率。把它称为视在功率,即

$$S = UI = \sqrt{P^2 + Q^2} \tag{3.5.6}$$

式中:S 表示在电压 U 和电流 I 作用下,电源可能提供的最大功率。为了与有功功率相区别,它的单位不用瓦,而用伏·安(V·A),常用的单位还有千伏·安(kV·A)。

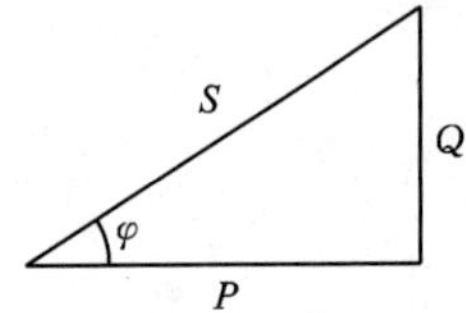

图 3.5.4　功率三角形

一般发电机、变压器、电器都是按照额定的电压、电流设计和使用的,用视在功率表示设备的容量比较方便。通常所说的变压器、发电机的容量就是指视在功率。

将电压三角形的各边乘以电流 I 即得 P、Q、S 组成的一个直角三角形,它与电压三角形相似,称为功率三角形,如图 3.5.4 所示。

【例 3.5.1】 由电阻 $R=8\ \Omega$、电感 $L=0.1$ H 和电容 $C=127\ \mu\text{F}$组成串联电路,如设电源电压 $u = 22\sqrt{2}\sin 314t$ V,试求 i、$\dot{U}_R$、$\dot{U}_L$、$\dot{U}_C$,并作出相量图,并求该电路的功率因数、P、Q、S。

【解】 感抗及容抗为

$$X_L = \omega L = 314 \times 0.1\ \Omega = 31.4\ \Omega$$

$$X_C = \frac{1}{\omega C} = \frac{1}{314 \times 127 \times 10^{-6}}\ \Omega = 25\ \Omega$$

电路的复阻抗为

$$Z = R + \mathrm{j}(X_L - X_C) = 8 + \mathrm{j}(31.4 - 25) = 8 + \mathrm{j}6.4 = 10.3\angle 38.7^\circ\ \Omega$$

电压
$$\dot{U} = 22\angle 0^\circ\ \mathrm{V}$$

所以

$$\dot{I} = \frac{\dot{U}}{Z} = \frac{22\angle 0^\circ}{10.3\angle 38.7^\circ}\ \mathrm{A} = 2.14\angle -38.7^\circ\ \mathrm{A}$$

电流的解析式为

$$i = 2.14\sqrt{2}\sin(314t - 38.7^\circ)\ \mathrm{A}$$

各元件上的电压为

$$\dot{U}_R = \dot{I}R = 2.14\angle -38.7^\circ \times 8\ \mathrm{V} = 17.12\angle -38.7^\circ\ \mathrm{V}$$

$$\dot{U}_L = \mathrm{j}\dot{I}X_L = 2.14\angle -38.7^\circ \times 31.4\angle 90^\circ\ \mathrm{V} = 67.2\angle 51.3^\circ\ \mathrm{V}$$

$$\dot{U}_C = -\mathrm{j}\dot{I}X_C = 2.14\angle -38.7^\circ \times 25\angle -90^\circ\ \mathrm{V} = 53.5\angle -128.7^\circ\ \mathrm{V}$$

i、$\dot{U}_R$、$\dot{U}_L$、$\dot{U}_C$ 的相量图如图 3.5.5 所示。

$$Z = 10.3\angle 38.7^\circ\ \Omega$$

$$\varphi = 38.7^\circ$$

$$\cos\varphi = \cos 38.7^\circ = 0.78$$

$$\sin\varphi = \sin 38.7^\circ = 0.63$$

$$P = UI\cos\varphi$$
$$= 22 \times 2.14 \times 0.78\ \mathrm{W} = 36.72\ \mathrm{W}$$

$$Q = UI\sin\varphi$$
$$= 22 \times 2.14 \times 0.63\ \mathrm{var} = 29.66\ \mathrm{var}$$

$$S = UI = 22 \times 2.14\ \mathrm{V \cdot A} = 47.1\ \mathrm{V \cdot A}$$

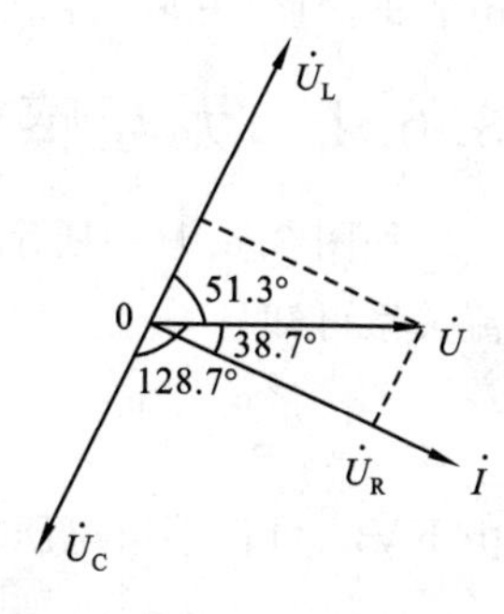

图 3.5.5 例 3.5.1 的图

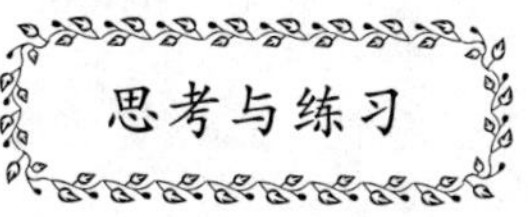

3.5.1 对 RLC 串联电路,下列各式哪些是正确的?

(1) $u = u_R + u_L + u_C$ (2) $U = U_R + U_L + U_C$

(3) $\dot{U} = \dot{U}_R + \dot{U}_L - \dot{U}_C$ (4) $Z = R + \omega L - \dfrac{1}{\omega C}$

(5) $|Z| = \sqrt{R^2 + X_L^2 + X_C^2}$

3.5.2 如图 3.5.6 所示电路中,V 的读数为 10 V,V_1的读数为 6 V,V_2的读数为 16 V,试求 V_3的读数。

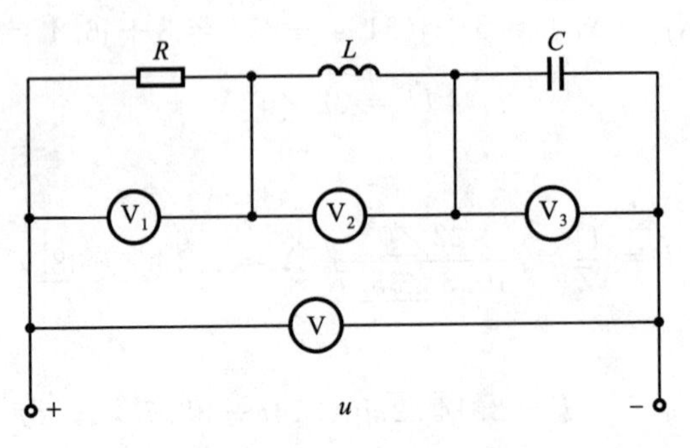

图 3.5.6　题 3.5.2 的图

3.6　阻抗的串联与并联

在交流电路中，阻抗的连接也有串联、并联、混联等方式，其分析过程与直流电路中电阻的连接类似，只不过在考虑电压、电流的对应关系时，要引入相量的概念。先分析一下电感、电容的串联、并联，再来分析阻抗。

3.6.1　无互感电感的连接

如图 3.6.1(a)所示为电感串联电路，各电压电流为关联参考方向，由电感元件的电压电流关系可知

$$u_1 = L_1 \frac{di}{dt}, \quad u_2 = L_2 \frac{di}{dt}, \quad u_3 = L_3 \frac{di}{dt}$$

由 KVL，可得端口电压

$$u = u_1 + u_2 + u_3 = (L_1 + L_2 + L_3) \frac{di}{dt} = L \frac{di}{dt}$$

$$L = L_1 + L_2 + L_3 \tag{3.6.1}$$

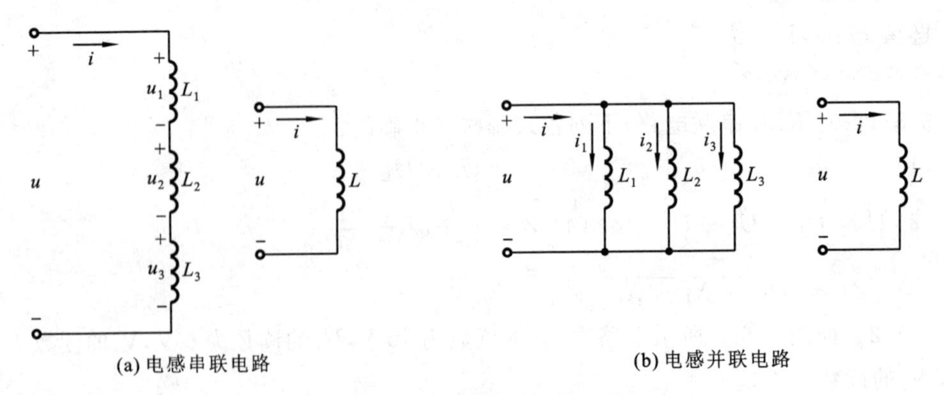

图 3.6.1　电感的串联与并联电路

即电感串联后的等效电感为各串联电感之和。

如图 3.6.1(b)所示为电感并联电路，利用电感元件上电压、电流的积分关系可得，电感并联电路等效电感的倒数等于各电感倒数之和，即

$$\frac{1}{L}=\frac{1}{L_1}+\frac{1}{L_2}+\frac{1}{L_3} \tag{3.6.2}$$

3.6.2 电容的串、并联

在实际应用时，考虑到电容器的容量及耐压，常常需要将电容串联或并联使用。

如图 3.6.2 所示为电容串联电路，三个电容元件电容量分别为 C_1、C_2、C_3，与外部相连的两个极板充有等量异号的电荷量 q，中间各极板因静电感应而出现等量异号的感应电荷，每个电容上的电荷量相同，均为 q。由 KVL，得

$$u=u_1+u_2+u_3$$

各电容上的电压分别为

$$u_1=\frac{q}{C_1},\quad u_2=\frac{q}{C_2},\quad u_3=\frac{q}{C_3}$$

因此

$$u=\left(\frac{1}{C_1}+\frac{1}{C_2}+\frac{1}{C_3}\right)q$$

对于串联之后的等效电容 C 来说，它的电荷量也应该为 q，$u=\dfrac{q}{C}$。

因此

$$\frac{1}{C}=\frac{1}{C_1}+\frac{1}{C_2}+\frac{1}{C_3} \tag{3.6.3}$$

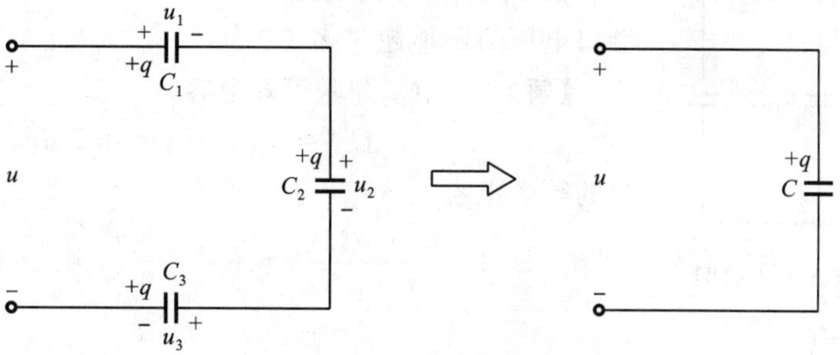

图 3.6.2 电容串联电路

电容串联的等效电容的倒数等于各电容倒数之和。电容的串联使总电容值减少。每个电容的电压为

$$u_1=\frac{C}{C_1}u,\quad u_2=\frac{C}{C_2}u,\quad u_3=\frac{C}{C_3}u$$

电容串联，每个电容分得的电压值与各电容成反比，小电容分得高电压，大电容分得低电压。两个电容串联时，有

$$C = \frac{C_1 C_2}{C_1 + C_2} \tag{3.6.4}$$

如图 3.6.3 所示为电容并联电路，三个电容元件电容量分别为 C_1、C_2、C_3，并联的每一个电容端电压相同，均为 u。它们所充的电荷量分别为

$$q_1 = C_1 u, \quad q_2 = C_2 u, \quad q_3 = C_3 u$$

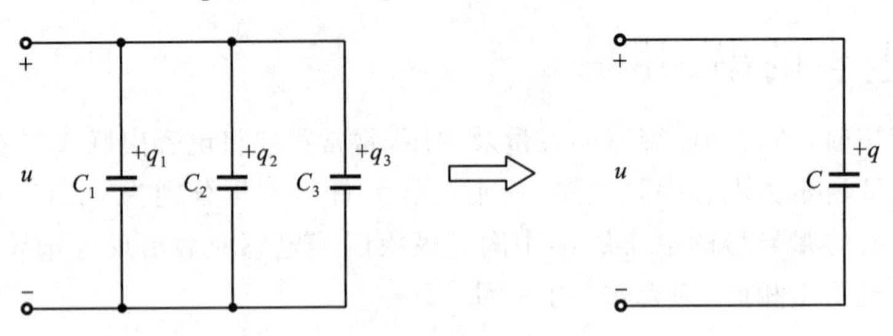

图 3.6.3　电容并联电路

所充的总电荷量

$$q = q_1 + q_2 + q_3 = (C_1 + C_2 + C_3)u$$

等效电容 C 的端电压也为 u，所充的电荷量 $q'=Cu$，显然 $q'=q$，有

$$Cu = (C_1 + C_2 + C_3)u$$

$$C = C_1 + C_2 + C_3 \tag{3.6.5}$$

即并联电容的等效电容等于各个电容之和，电容的并联使总电容值增大。当电容器的耐压符合要求而容量不足时，可以考虑将多个电容并联起来使用。

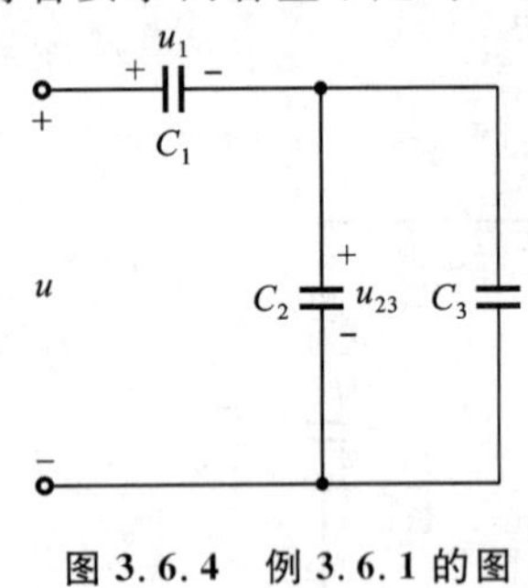

图 3.6.4　例 3.6.1 的图

【例 3.6.1】 电容都为 0.3 μF，耐压值同为 25 V 的三个电容器 C_1、C_2、C_3 的连接如图 3.6.4 所示。试求等效电容，问端口电压值不能超过多少？

【解】 C_2、C_3 并联等效电容

$$C_{23} = C_2 + C_3 = 0.6\ \mu\text{F}$$

总的等效电容

$$C = \frac{C_1 C_{23}}{C_1 + C_{23}} = \frac{0.3 \times 0.6}{0.3 + 0.6}\ \mu\text{F} = 0.2\ \mu\text{F}$$

C_1 与 C_{23} 串联，有

$$C_1 u_1 = C_{23} u_{23}$$

$C_1 < C_{23}$，则 $u_1 > u_{23}$，端口电压加上后 C_1 的端电压始终要比 C_{23} 的端电压大，因此只要 u_1 不超过其耐压值 25 V 即可。

当 $u_1 = 25$ V 时，

$$u_{23} = \frac{C_1}{C_{23}} u_1 = \frac{0.3}{0.6} \times 25\ \text{V} = 12.5\ \text{V}$$

$$u = u_1 + u_{23} = (25 + 12.5)\ \text{V} = 37.5\ \text{V}$$

所以端口电压不能超过 37.5 V。

3.6.3 阻抗的串联

如图 3.6.5(a)所示是两个阻抗串联的电路，由 KVL 可写出其相量关系式

$$\dot{U} = \dot{U}_1 + \dot{U}_2 = \dot{I}(Z_1 + Z_2) \tag{3.6.6}$$

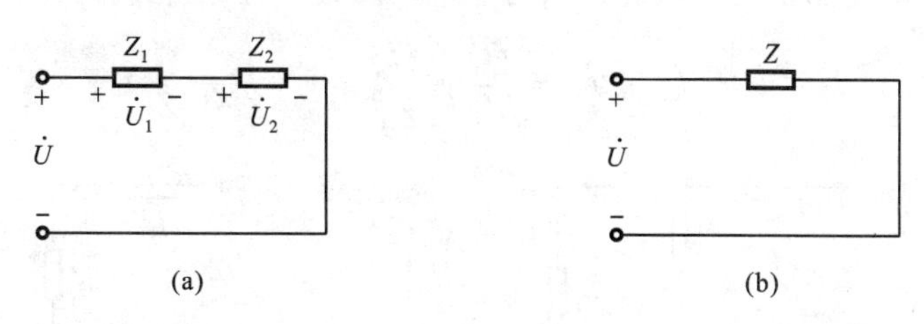

图 3.6.5　阻抗的串联电路

两个串联的阻抗可用一个等效阻抗 Z 来替代，如图 3.6.5(b)所示，同样电压的作用下，电路中的电流必定相同。

$$\dot{U} = \dot{I}Z \tag{3.6.7}$$

比较式(3.6.6)和式(3.6.7)可得

$$Z = Z_1 + Z_2 \tag{3.6.8}$$

通常

$$U \neq U_1 + U_2$$

$$I|Z| \neq I|Z_1| + I|Z_2|$$

所以

$$|Z| \neq |Z_1| + |Z_2|$$

由此可见，等效阻抗等于各串联阻抗之和，但阻抗模对应的关系则不成立。一般情况下，等效阻抗可写为

$$Z = \sum Z_k = \sum R_k + \mathrm{j}\sum X_k \tag{3.6.9}$$

在上列各式的 $\sum X_k$ 中，感抗 X_{L} 取正号，容抗 X_{C} 取负号。

阻抗串联，分压公式仍然成立，以图 3.6.5(a)为例，有

$$\dot{U}_1 = \frac{Z_1}{Z_1 + Z_2}\dot{U},\quad \dot{U}_2 = \frac{Z_2}{Z_1 + Z_2}\dot{U}$$

【例 3.6.2】　如图 3.6.5(a)所示电路，$Z_1 = (3 + \mathrm{j}4.5)\ \Omega$，$Z_2 = (1.33 - \mathrm{j}2)\ \Omega$，它们串联接在 $\dot{U} = 110\angle 30^\circ$ V 的电源上，试由相量法计算电路中的电流和各阻抗上的电压。

【解】

$$Z = Z_1 + Z_2 = 3 + \mathrm{j}4.5 + 1.33 - \mathrm{j}2$$
$$= 4.33 + \mathrm{j}2.5 = 5\angle 30^\circ\ \Omega$$

$$\dot{I} = \frac{\dot{U}}{Z} = \frac{110\angle 30^\circ}{5\angle 30^\circ}\ \mathrm{A} = 22\ \mathrm{A}$$

$$\dot{U}_1 = \dot{I}Z_1 = 22(3+\mathrm{j}4.5) = 118.99\underline{/56.3^\circ}\ \mathrm{V}$$

$$\dot{U}_2 = \dot{I}Z_2 = 22(1.33-\mathrm{j}2) = 52.84\underline{/-56.4^\circ}\ \mathrm{V}$$

3.6.4　阻抗的并联

如图 3.6.6(a)所示是两个阻抗并联的电路，由 KCL 可写出其相量关系式

$$\dot{I} = \dot{I}_1 + \dot{I}_2 = \frac{\dot{U}_1}{Z_1} + \frac{\dot{U}_2}{Z_2} = \dot{U}\left(\frac{1}{Z_1} + \frac{1}{Z_2}\right) \tag{3.6.10}$$

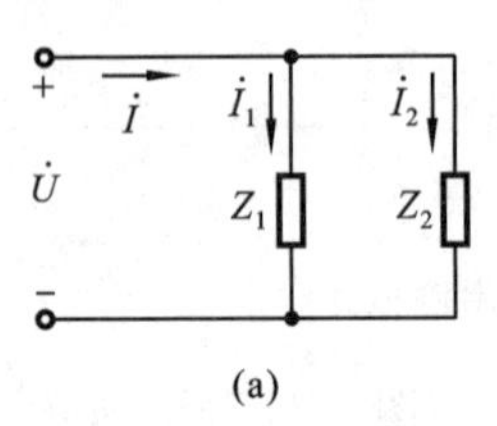

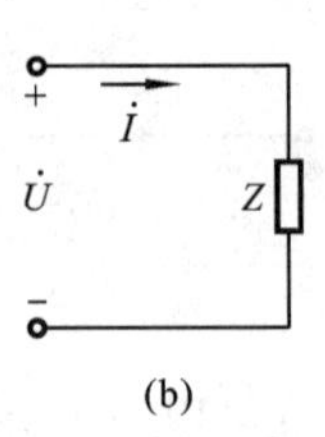

图 3.6.6　阻抗的并联电路

两个并联的阻抗可用一个等效阻抗 Z 来替代，如图 3.6.6(b)所示，同样电压的作用下，电路中的电流必定相同。

$$\dot{I} = \frac{\dot{U}}{Z} \tag{3.6.11}$$

比较式(3.6.10)和式(3.6.11)可得

$$\frac{1}{Z} = \frac{1}{Z_1} + \frac{1}{Z_2} \quad 或 \quad Z = \frac{Z_1 Z_2}{Z_1 + Z_2} \tag{3.6.12}$$

通常

$$I \neq I_1 + I_2$$

$$\frac{U}{|Z|} \neq \frac{U}{|Z_1|} + \frac{U}{|Z_2|}$$

所以

$$\frac{1}{|Z|} \neq \frac{1}{|Z_1|} + \frac{1}{|Z_2|}$$

由此可见，等效阻抗的倒数等于各并联阻抗的倒数之和，但阻抗模对应的关系则不成立。一般情况下，等效阻抗可写为

$$\frac{1}{Z} = \sum \frac{1}{Z_k} \tag{3.6.13}$$

阻抗并联，分流公式仍然成立，以图 3.6.6(a)为例，有

$$\dot{I}_1 = \frac{Z_2}{Z_1 + Z_2}\dot{I}, \quad \dot{I}_2 = \frac{Z_1}{Z_1 + Z_2}\dot{I} \tag{3.6.14}$$

当并联支路较多时，用式(3.6.13)计算交流电路的复阻抗并不方便，因此有时也会用到复导纳的概念。复导纳是复阻抗的倒数，通常用 Y 表示，单位为西门子(S)，因此式(3.6.13)也可写成

$$Y = \sum Y_k \tag{3.6.15}$$

即并联电路的总导纳等于各支路复导纳之和。类似于直流电路中，并联电路的总电导等于各支路电导之和。

对图 3.6.6(b)应用复导纳的概念可得

$$\dot{I} = \frac{\dot{U}}{Z} = Y\dot{U}$$

【例 3.6.3】 如图 3.6.6(a)所示电路，$Z_1=(3+\mathrm{j}4)\ \Omega$，$Z_2=(8-\mathrm{j}6)\ \Omega$，它们并联接在 $\dot{U}=110\angle 30^\circ$ V 的电源上，试由相量法计算电路中的电流 $\dot{I}_1$、$\dot{I}_2$ 和 $\dot{I}$。

【解】 $Z_1 = 3+\mathrm{j}4 = 5\angle 53^\circ\ \Omega$， $Z_2 = 8-\mathrm{j}6 = 10\angle -37^\circ\ \Omega$

$$Z = \frac{Z_1 Z_2}{Z_1+Z_2} = \frac{5\angle 53^\circ \times 10\angle -37^\circ}{3+\mathrm{j}4+8-\mathrm{j}6} = \frac{50\angle 16^\circ}{11-\mathrm{j}2} = \frac{50\angle 16^\circ}{11.8\angle -10.5^\circ}\ \Omega$$

$$= 4.47\angle 26.5^\circ\ \Omega$$

$$\dot{I}_1 = \frac{\dot{U}}{Z_1} = \frac{110\angle 30^\circ}{5\angle 53^\circ}\ \mathrm{A} = 22\angle -23^\circ\ \mathrm{A}$$

$$\dot{I}_2 = \frac{\dot{U}}{Z_2} = \frac{110\angle 30^\circ}{10\angle -37^\circ}\ \mathrm{A} = 11\angle 67^\circ\ \mathrm{A}$$

$$\dot{I} = \frac{\dot{U}}{Z} = \frac{110\angle 30^\circ}{4.47\angle 26.5^\circ}\ \mathrm{A} = 24.6\angle 3.5^\circ\ \mathrm{A}$$

【例 3.6.4】 在如图 3.6.7 所示电路中，$U=100$ V，$f=500$ Hz，$I=I_1=I_2=5$ A，且整个电路的功率因数等于 1，试求阻抗 Z_1 和 Z_2。设 Z_1 为电感性，Z_2 为电容性。

【解】 设 $\dot{U}=100\angle 0^\circ$ V，因为电路的功率因数为 1，即 $\dot{U}$ 与 $\dot{I}$ 同相，所以 $\dot{I}=5\angle 0^\circ$ A。由于 $\dot{I}=\dot{I}_1+\dot{I}_2$，$I=I_1=I_2=5$ A，所以电流相量图为一正三角形，如图 3.6.8 所示。

$$\dot{I}_1 = 5\angle -60^\circ\ \mathrm{A}, \quad \dot{I}_2 = 5\angle 60^\circ\ \mathrm{A}$$

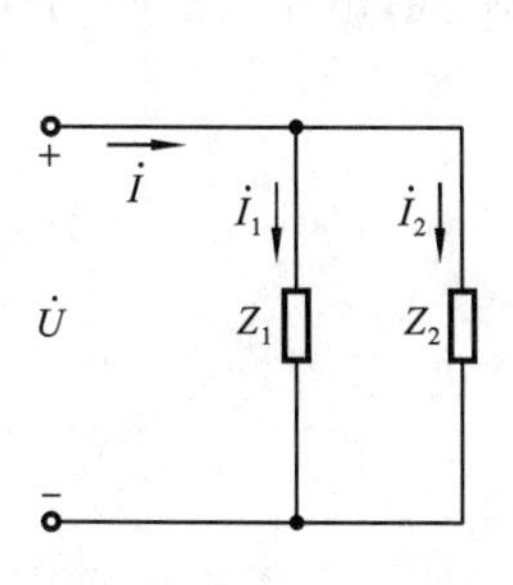

图 3.6.7 例 3.6.4 的图

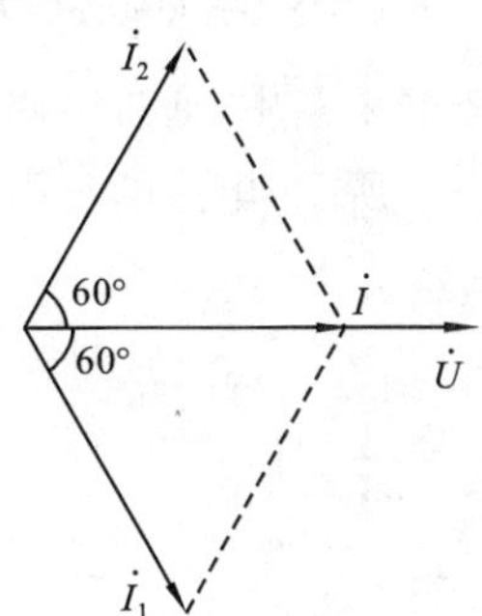

图 3.6.8 例 3.6.4 的图

$$Z_1 = \frac{\dot{U}}{\dot{I}_1} = \frac{100\angle 0^\circ}{5\angle -60^\circ}\ \Omega = 20\angle 60^\circ\ \Omega$$

$$Z_2 = \frac{\dot{U}}{\dot{I}_2} = \frac{100\angle 0^\circ}{5\angle 60^\circ}\ \Omega = 20\angle -60^\circ\ \Omega$$

思考与练习

3.6.1　如图 3.6.9 所示电路，电压、电流和电路阻抗的答案对不对？

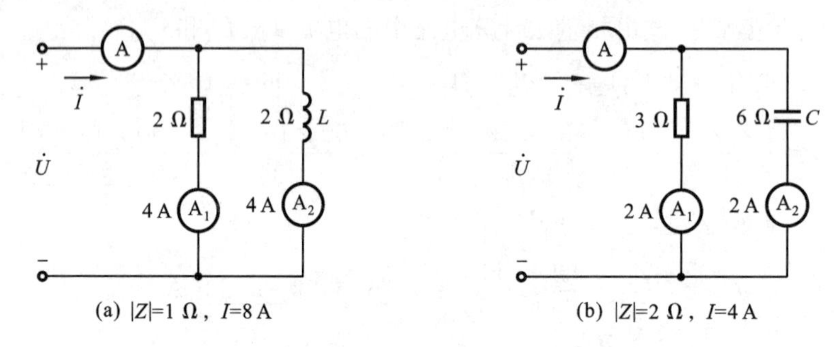

图 3.6.9　题 3.6.1 的图

3.7　串联谐振电路

在具有电感和电容元件的电路中，电路的端电压与其中的电流一般是不同相的。如果调节电源的频率或电路的参数而使它们同相，这时电路就会发生谐振现象。研究谐振的目的是要认识这种客观现象，并在生产中充分利用谐振的特征，同时也要防止其带来的危害。谐振按 L 与 C 在电路中连接的情况分为串联谐振和并联谐振。

3.7.1　串联谐振的条件

RLC 串联电路中，通过电路的电流的频率及元件参数不同，电路所反映的性质也不同。如图 3.7.1(a)所示，电路的复阻抗为

$$Z = R + \mathrm{j}(\omega L - \frac{1}{\omega C})$$

当 $\omega L = \dfrac{1}{\omega C}$ 时，

$$\varphi = \arctan \frac{X_L - X_C}{R} = 0$$

此时电路中发生谐振现象，相量图 3.7.1(b)中电源电压 $\dot{U}$ 与电路中的电流 $\dot{I}$ 同相，因

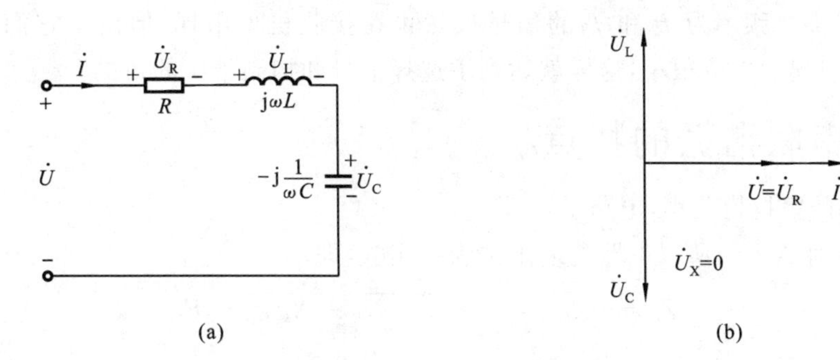

图 3.7.1　*RLC* 串联电路

为是发生在串联电路中，所以称为串联谐振。

由 $\omega L=\dfrac{1}{\omega C}$ 可知，谐振角频率和频率分别为

$$\omega_0=\frac{1}{\sqrt{LC}},\quad f_0=\frac{1}{2\pi\sqrt{LC}} \tag{3.7.1}$$

由于 ω_0 和 f_0 完全由电路的参数 L、C 决定，所以 ω_0 和 f_0 称为固有角频率和固有频率。调节 L、C 或电源频率 f 使 $\omega L=\dfrac{1}{\omega C}$，电路就会发生谐振。

当电源的频率一定时，改变 L、C，使电路的固有频率与激励的频率相同就能达到谐振。在无线电技术中，常应用串联谐振的选频特性来选择信号，收音机选台就是一个典型例子。如图 3.7.2(a)是收音机天线的调谐电路，它的作用是将需要收听的信号从天线收到的许多频率不同的信号中选出来，其他不需要的信号则加以抑制。其主要部分是天线线圈 L_1 和由电感线圈 L 与可变电容器 C 组成的串联谐振电路，收音机通过接收天线，接收到各种频率的电磁波，每一种频率的电磁波都要在 LC 谐振电路中产生相应的电动势 e_1、e_2、e_3……如图 3.7.2(b)所示，图中 R 是线圈 L 的电阻。假设现在所需的信号频率为 f_1，改变 C，使电路的谐振频率等于 f_1，那么，这时 LC 回路中 f_1 对应的电流最大，在可变电容器两端的这种频率

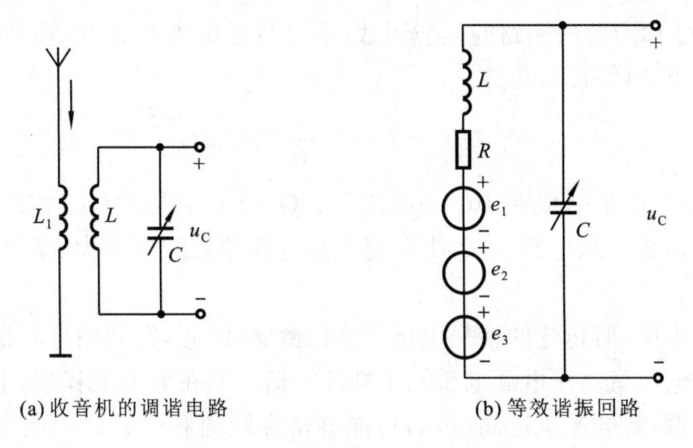

(a) 收音机的调谐电路　　(b) 等效谐振回路

图 3.7.2　串联谐振的实际应用

的电压也就最高。频率为 f_2 和 f_3 的信号虽然也在接收机里出现，但由于它们没有达到谐振，在回路中引起的电流很小，这样就达到了选择信号和抑制干扰的目的。

3.7.2 串联谐振的特点

(1) 电路的阻抗模最小，电路呈阻性。

由于谐振时 $X=0$，所以电路的复阻抗为一实数，即

$$Z_0=|Z_0|=\sqrt{R^2+(X_L-X_C)^2}=R$$

其值最小。在端口电压 U 一定时，谐振时的端口电流 $I=I_0=\dfrac{U}{R}$ 最大，称为谐振电流。

(2) 由于电源电压与电路中电流同相($\varphi=0$)，因此电路对电源呈现电阻性。电源供给电路的能量全被电阻消耗，电源与电路之间不发生能量的互换。能量的互换只发生在电感线圈与电容器之间。

(3) 串联谐振时，电路的感抗和容抗相等，为

$$\omega_0 L=\frac{1}{\omega_0 C}=\frac{1}{\sqrt{LC}}L=\sqrt{\frac{L}{C}}=\rho \tag{3.7.2}$$

ρ 只与网络的 L、C 有关，称为特性阻抗，单位为 Ω。

(4) 电感电压和电容电压大小相等、相位相反，且远大于端口电压。

串联谐振时电感电压和电容电压的有效值相等，为

$$U_{L0}=U_{C0}=\rho I_0=\frac{\rho}{R}U \tag{3.7.3}$$

$\dot{U}_{L0}$、$\dot{U}_{C0}$ 反相而相互“抵消”，所以端口电压就等于电阻电压，即

$$\dot{U}=\dot{U}_R=R\dot{I}_0,\quad U=RI_0 \tag{3.7.4}$$

$$\frac{\rho}{R}=\frac{\omega_0 L}{R}=\frac{1}{R\omega_0 C}=\frac{1}{R}\sqrt{\frac{L}{C}}=Q \tag{3.7.5}$$

式(3.7.5)中的 Q 称为谐振回路的品质因数(不要与无功功率 Q 混淆)，它只和电路中 R、L、C 的参数有关。由式(3.7.3)可知

$$U_{L0}=U_{C0}=\frac{\rho}{R}U=QU \tag{3.7.6}$$

在电子工程中，Q 值一般在 10～500 之间。$Q\gg 1$ 时，$U_{L0}=U_{C0}=QU\gg U$，所以把串联谐振又称为电压谐振。从电感、电容上获得很高电压的目的来考虑，Q 正好体现了网络品质的好坏。

在无线电技术中，所传输的信号电压往往很微弱，因此，常利用串联谐振获得较高电压，电容或电感上的电压常高于电源电压几十到几百倍。但在电力工程中，电源电压本身就高，如果发生串联谐振，就会产生过高电压，可能会击穿线圈和电容器的绝缘，因此应避免电路谐振，以保证设备和系统安全运行。

【例 3.7.1】 RLC 串联电路中,$U=25\ \mathrm{mV}$,$R=50\ \Omega$,$L=4\ \mathrm{mH}$,$C=160\ \mathrm{pF}$,电路已发生谐振。

(1) 求电路的谐振频率 f_0、电流 I_0、特性阻抗 ρ、品质因数 Q 和电容电压 U_{C0}。

(2) 当电源电压大小不变,频率增大 10%时,求电路中的电流和电容电压。

【解】 (1) 谐振频率

$$f_0=\frac{1}{2\pi\sqrt{LC}}=\frac{1}{2\pi\sqrt{4\times10^{-3}\times160\times10^{-12}}}\ \mathrm{kHz}\approx200\ \mathrm{kHz}$$

端口电流

$$I_0=\frac{U}{R}=\frac{25}{50}\ \mathrm{mA}=0.5\ \mathrm{mA}$$

特性阻抗

$$\rho=\sqrt{\frac{L}{C}}=\sqrt{\frac{4\times10^{-3}}{160\times10^{-12}}}\ \mathrm{k\Omega}=5\ \mathrm{k\Omega}$$

品质因数

$$Q=\frac{\rho}{R}=\frac{5\ 000}{50}=100$$

电容电压

$$U_{C0}=QU=100\times25\ \mathrm{mV}=2\ 500\ \mathrm{mV}=2.5\ \mathrm{V}$$

(2) 当电源电压频率增大 10%时,有

$$f=f_0(1+10\%)=220\ \mathrm{kHz}$$

$$X_L=2\pi fL=2\pi\times10^3\times220\times4\times10^{-3}\ \Omega=5\ 526.4\ \Omega$$

$$X_C=\frac{1}{2\pi fC}=\frac{1}{2\pi\times220\times10^3\times160\times10^{-12}}\ \Omega=4\ 523.7\ \Omega$$

$$|Z|=\sqrt{R^2+(X_L-X_C)^2}=\sqrt{50^2+(5\ 526.4-4\ 523.7)^2}\ \Omega\approx1\ 000\ \Omega$$

$$I=\frac{U}{|Z|}=\frac{25}{1\ 000}\ \mathrm{mA}=0.025\ \mathrm{mA}$$

$$U_C=X_CI=4\ 523.7\times0.025\ \mathrm{mV}=113\ \mathrm{mV}$$

可见,电源电压频率只要稍微偏离谐振频率,端口电流、电容电压就会迅速衰减。

3.7.3 串联谐振的谐振曲线

在学习谐振曲线之前,先看一下频率特性的概念。交流电路的电压、电流、阻抗随输入信号频率变化的关系称为频率特性。用复数表示的量,其模值随频率变化的特性称为幅频特性,其幅角随频率变化的特性称为相频特性。用来表示幅频特性、相频特性的曲线,分别称为幅频特性曲线、相频特性曲线。例如,RLC 串联电路,它的阻抗

$$Z=R+\mathrm{j}\left(\omega L-\frac{1}{\omega C}\right)=R+\mathrm{j}X=\sqrt{R^2+\left(\omega L-\frac{1}{\omega C}\right)^2}\ \angle\arctan\frac{X}{R}$$

它的幅频特性和相频特性分别为

$$|Z(\omega)|=\sqrt{R^2+\left(\omega L-\frac{1}{\omega C}\right)^2}$$

$$\varphi(\omega)=\arctan\frac{\omega L-1/\omega C}{R}$$

相应的幅频特性曲线和相频特性曲线如图 3.7.3 所示。

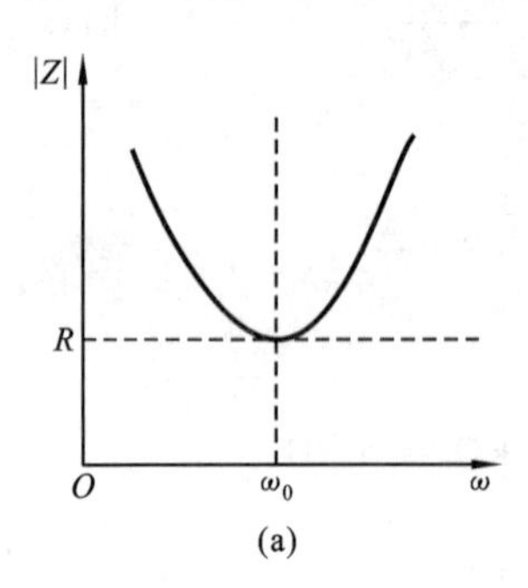

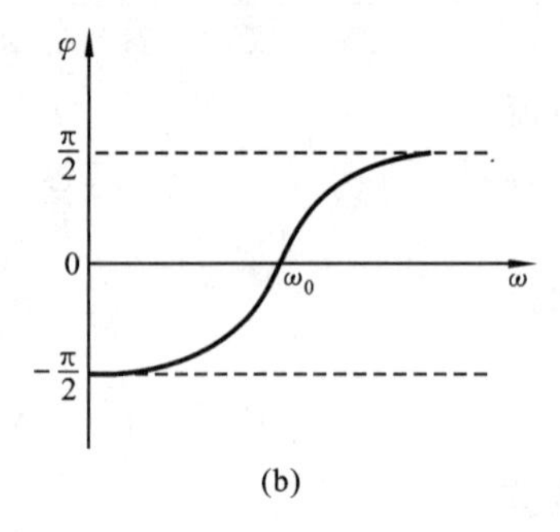

图 3.7.3　串联谐振的频率特性曲线

电流随频率变化的关系称为电流谐振曲线。如图 3.7.1 所示电路，电流

$$I=\frac{U}{\sqrt{R^2+\left(\omega L-\frac{1}{\omega C}\right)^2}}$$

若电路中的 R、L、C 参数已确定，电源电压大小不变，那么，I 就是关于角频率 ω 的函数，若以角频率 ω 为横坐标，I 的值为纵坐标，可画出 I 随 ω 变化的曲线，也称为电流谐振曲线，如图 3.7.4 所示。

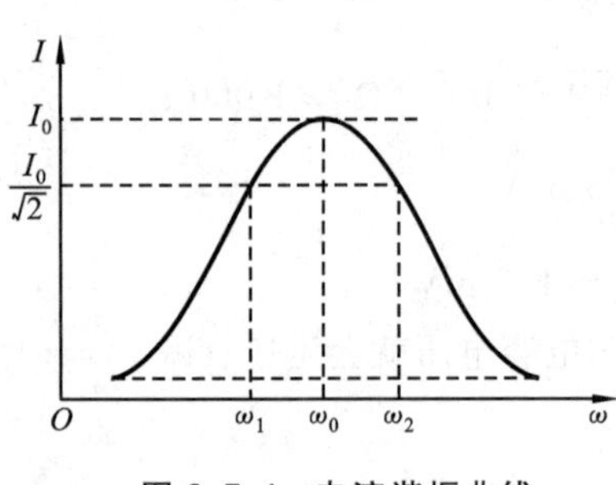

图 3.7.4　电流谐振曲线

图 3.7.4 中，ω_0 与电流的最大值 I_0 相对应，ω_0 也称为中心频率。由图可见，当谐振曲线比较尖锐时，若输入信号的角频率稍有偏离 ω_0，I 的值就会急剧下降。谐振曲线越尖锐，选择性就越强，由此引入通频带的概念。当 I 下降到 I_0 的 $\frac{1}{\sqrt{2}}\approx 0.707$ 时，对应的频率分别为 ω_1 和 ω_2，其中 ω_1 为电路的下限截止角频率，ω_2 为上限截止角频率。这两个截止角频率的差值定义为电路的通频带，即

$$B_\omega=\omega_2-\omega_1$$

通频带宽度越小，表明谐振曲线越尖锐，电路的频率选择性就越强。而谐振曲线的尖锐或平坦同 Q 值有关，Q 越大，谐振曲线越尖锐；Q 越小，则谐振曲线越平坦。由式(3.7.5)可知，在电路 L、C 一定时，只能通过减小 R 来提高 Q，从而保证电路具有较强的选择性。减小 R，也就是减小线圈导线的电阻和电路中的各种能量损耗。

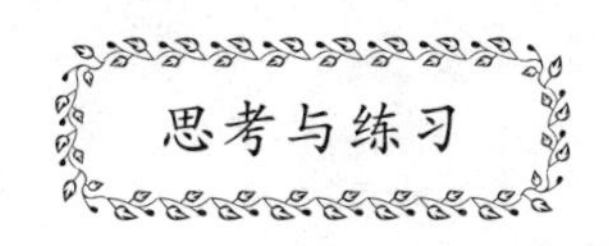

3.7.1　什么是谐振？串联电路的谐振条件是什么？其谐振频率和谐振角频率等于什么？

3.7.2　串联谐振电路有哪些基本特征？为什么串联谐振也称为电压谐振？

3.8　并联谐振电路

串联谐振电路适用于内阻抗小的信号源，如果信号源的内阻抗很大时仍然采用串联谐振电路，将使电路的品质因数严重降低，选择性变差。因此，必须改用并联谐振电路。

并联谐振电路的形式较多，它们的谐振条件和特点也有所不同，本节仅讨论实用中最常见的电感线圈与电容器并联的谐振电路，其相量模型及相量图如图 3.8.1 所示。

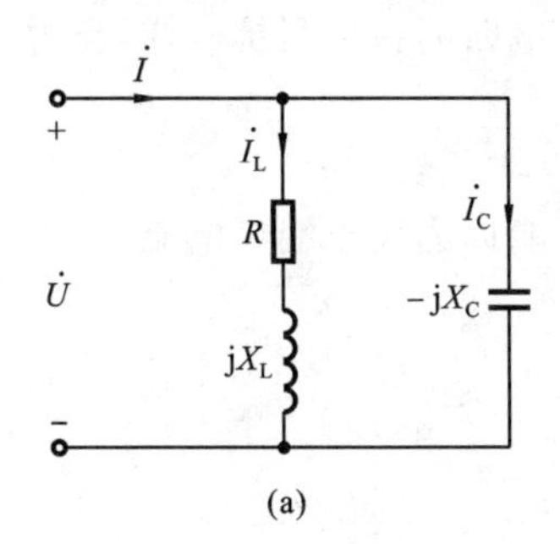

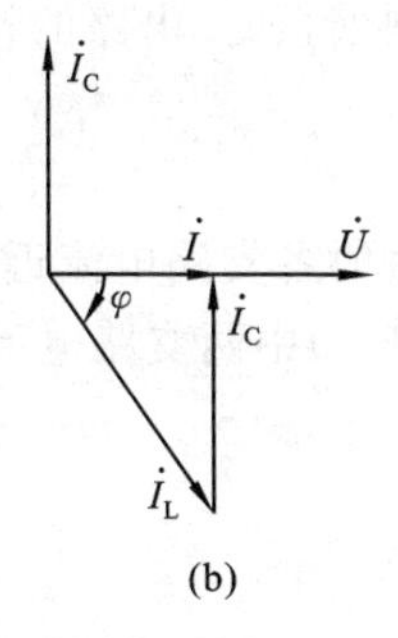

图 3.8.1　并联谐振电路

3.8.1　并联谐振的条件

由图 3.8.1(a)可知，电路的导纳

$$Y = \frac{1}{R + j\omega L} + j\omega C = \frac{R}{R^2 + (\omega L)^2} + j\left[\omega C - \frac{\omega L}{R^2 + (\omega L)^2}\right] \tag{3.8.1}$$

当式(3.8.1)虚部为零时，电路呈纯阻性，电路发生谐振，即

$$\omega C = \frac{\omega L}{R^2 + (\omega L)^2} \tag{3.8.2}$$

通常，要求电感线圈本身的电阻很小，在高频电路中，$R \ll \omega L$，

因此，式(3.8.2)可写成

$$\omega C = \frac{\omega L}{(\omega L)^2} = \frac{1}{\omega L} \tag{3.8.3}$$

式(3.8.3)就是并联电路发生谐振的条件，由此可得

$$\omega_0 = \frac{1}{\sqrt{LC}}, \quad f_0 = \frac{1}{2\pi\sqrt{LC}} \tag{3.8.4}$$

3.8.2 并联谐振的特点

(1) 电路的阻抗模最大,电路呈阻性。

由于谐振时,Y 的虚部为零,导纳模最小,所以其倒数(即阻抗模)最大。端口电压 U 与端口电流 I 同相,电路呈阻性。

谐振时的导纳

$$Y_0 = \frac{R}{R^2 + (\omega L)^2}$$

$R \ll \omega L$ 时,

$$Y_0 \approx \frac{R}{(\omega L)^2} = \frac{R}{\omega L} \cdot \frac{1}{\omega L} = \frac{R}{\omega L} \cdot \omega C = \frac{RC}{L}$$

因此阻抗

$$Z_0 = \frac{L}{RC}$$

(2) 并联谐振时,电路的特性阻抗与串联谐振电路的特性阻抗一样,也为

$$\rho = \sqrt{\frac{L}{C}} \tag{3.8.5}$$

(3) 谐振时各支路电流近似相等,支路电流可能远远大于端口电流。

图 3.8.1(a)中两支路电流为

$$I_L = \frac{U}{\sqrt{R^2 + (\omega_0 L)^2}} \approx \frac{U}{\omega_0 L}$$

$$I_C = U\omega_0 C$$

由式(3.8.3)可知,谐振时

$$I_L \approx I_C$$

I_C或 I_L与总电流 I_0的比值为电路的品质因数

$$Q = \frac{I_L}{I_0} = \frac{1}{\omega_0 CR} = \frac{\omega_0 L}{R} \tag{3.8.6}$$

即在谐振时,I_C或 I_L是总电流 I_0的 Q 倍。$Q \gg 1$ 时,支路电流要远远大于总电流。

(4) 如果电源为有效值一定的电流源,调节其频率达到并联谐振时,由于谐振阻抗最大,因此回路的端口电压也最大。这一特性常用来实现选频。

【例 3.8.1】 一电感线圈与电容器并联组成谐振电路,已知线圈的损耗电阻 $R=5\ \Omega$、$L=10\ \mu\text{H}$,电容 $C=1\ 000\ \text{pF}$。信号源为一正弦电流源,其有效值 $I_S=2\ \mu\text{A}$。试求谐振时的角频率及阻抗、端口电压、线圈电流、电容器电流。

【解】 谐振角频率为

$$\omega_0 \approx \frac{1}{\sqrt{LC}} = \frac{1}{\sqrt{10 \times 10^{-6} \times 1\ 000 \times 10^{-12}}}\ \text{rad/s} = 10^7\ \text{rad/s}$$

谐振时的阻抗为

$$Z_0 = \frac{L}{RC} = \frac{10 \times 10^{-6}}{5 \times 1\ 000 \times 10^{-12}}\ \Omega = 2\ \text{k}\Omega$$

谐振时端口电压为

$$U = Z_0 I_S = 2 \times 10^3 \times 2 \times 10^{-6}\ \text{V} = 4\ \text{mV}$$

线圈的品质因数为

$$Q = \frac{\omega_0 L}{R} = \frac{10^7 \times 10 \times 10^{-6}}{5} = 20$$

谐振时，线圈的电流和电容器的电流为

$$I_L \approx I_C = QI_S = 20 \times 2 \times 10^{-6}\ \text{A} = 40\ \mu\text{A}$$

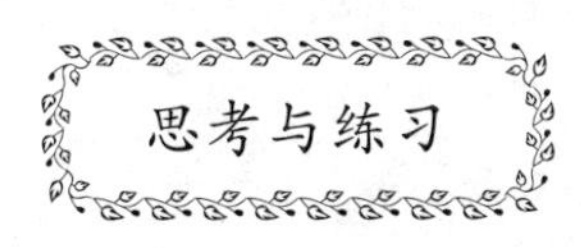

3.8.1　实际的并联谐振回路常常是电感线圈与电容器并联而成，当回路的 $Q \gg 1$ 时，其谐振频率和谐振角频率等于什么？

3.8.2　并联谐振电路有哪些基本特征？为什么并联谐振也称为电流谐振？

3.8.3　当 $\omega = \frac{1}{\sqrt{LC}}$ 时，如图 3.8.2 所示电路哪些相当于短路？哪些相当于开路？

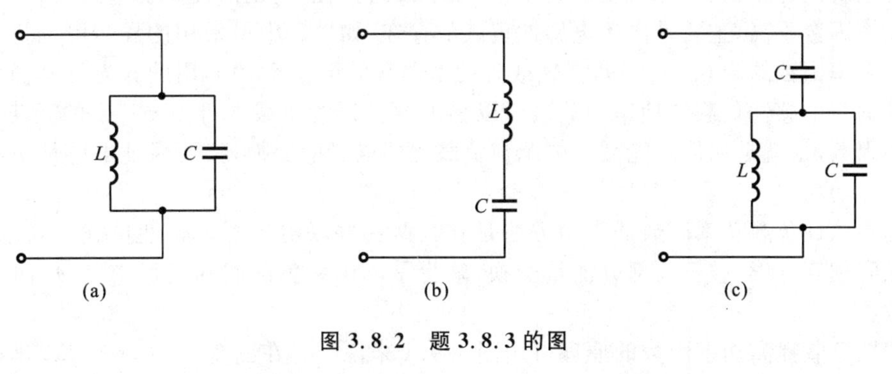

图 3.8.2　题 3.8.3 的图

3.9　功率因数的提高

前面学习过，正弦交流电路的有功功率为

$$P = UI\cos\varphi$$

式中：$\cos\varphi$ 称为交流电路的功率因数，功率因数也可以用 λ 表示，λ 体现了有功功率在视在功率中占有的比例。功率因数的大小取决于电压与电流的相位差 φ，故把 φ 角也称为功率因数角。

功率因数是电力系统很重要的经济指标，它的意义表现在以下两个方面。

(1) 功率因数关系到电源设备能否充分利用。交流电路的有功功率和无功功率分别为

$$P = UI\cos\varphi, \quad Q = UI\sin\varphi$$

当电压与电流之间有相位差时，功率因数不等于 1，电路中就会有能量交换，出现无功功

率 $Q=UI\sin\varphi$，φ 角越大，功率因数 $\cos\varphi$ 越小，发电机所发出的有功功率就越小，而无功功率就越大。无功功率越大，电路中能量交换的规模越大，发电机发出的能量不能充分被负载吸收，其中有一部分在发电机和负载之间进行能量交换，这样，发电设备的容量就不能充分利用。

例如，额定容量为 1 000 kV·A 的变压器，若在额定电压、额定电流下运行，当负载的 $\lambda=1$ 时，它传输的有功功率为 1 000 kW，得到了充分的利用。而负载的 λ 为 0.8 或 0.6 时，传输的有功功率分别是 800 kW 和 600 kW，变压器就没有得到充分的利用。

(2) 功率因数关系到输电线路中电压和功率损耗的大小。

在电源输出电压和负载的有功功率一定时，输电线的电流为

$$I=\frac{P}{U\lambda}=\frac{P}{U\cos\varphi}$$

而电路和发电机绕组上的功率损耗为

$$P_{\mathrm{L}}=I^2r=\left(\frac{P}{U\cos\varphi}\right)^2r=\frac{P^2r}{U^2}\cdot\frac{1}{\cos^2\varphi}$$

式中：r 是发电机绕组和线路的电阻。

由此可见，负载的功率因数越小，输电线的电流越大，功率损耗也就越大。

综上所述，为提高电源设备的利用率，减小线路损耗，应设法提高功率因数。

功率因数不高，主要是由于电感性负载的存在，如生产中最常用的异步电动机在额定负载时的功率因数约为 0.7～0.9，在轻载时功率因数低于 0.5，照明用的日光灯其功率因数也是较低的。电感性负载的功率因数之所以小于1，是因为负载本身需要一定的无功功率。提高功率因数，也就是如何才能减少电源与负载之间能量的交换，又要保证电感性负载能取得所需的无功功率。

提高感性负载功率因数的常用方法是在其两端并联电容器。感性负载并联电容器后，它们之间相互补偿，进行一部分能量交换，减少了电源和负载间的能量交换，从而提高了功率因数。

感性负载提高功率因数的原理可用图 3.9.1 来说明。在图 3.9.1(a)中，RL 串联电路代表一个电感性负载，电容器未接入之前，线路中的电流 $\dot{I}$ 等于感性负载的电流 $\dot{I}_1$，功率因数角为 φ_1（φ_1 也是感性负载的阻抗角）。并联电容后，负载的电流 $\dot{I}_1$、端电压 U、阻抗角 φ_1 均未变，但线路中的电流 $\dot{I}$ 变了。此时，$\dot{I}=\dot{I}_1+\dot{I}_{\mathrm{C}}$，结合图 3.9.1(b)的相量图可见，其结果使

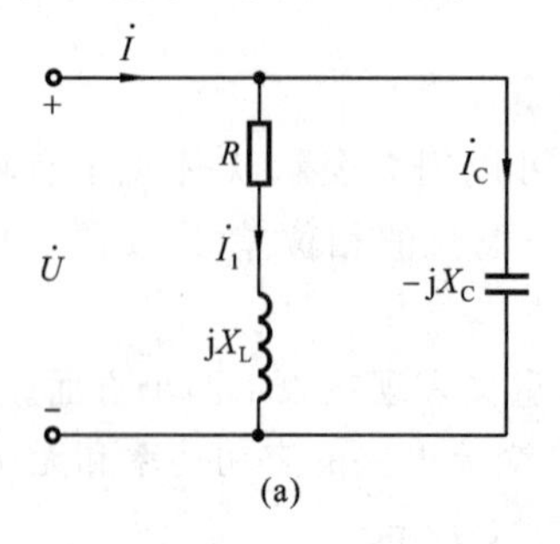

(a)

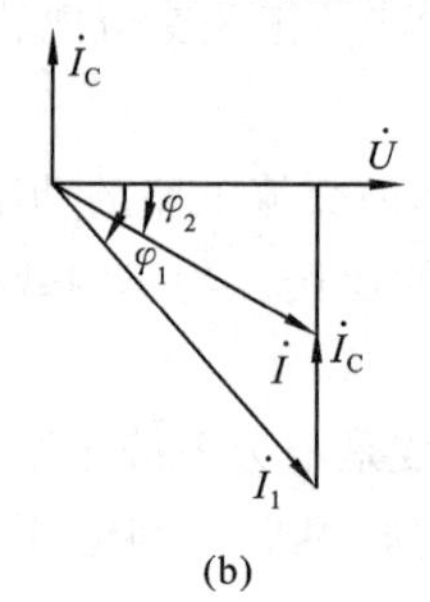

(b)

图 3.9.1　感性负载并联电容提高功率因数

得线路电流有效值 $I<I_1$，φ_1 减小到 φ_2，因此，使整个电路的功率因数从 $\cos\varphi_1$ 提高到 $\cos\varphi_2$。

由图 3.9.1(b)可知

$$I_C = I_1 \sin\varphi_1 - I\sin\varphi_2 = \frac{P}{U\cos\varphi_1}\sin\varphi_1 - \frac{P}{U\cos\varphi_2}\sin\varphi_2$$

$$= \frac{P}{U}(\tan\varphi_1 - \tan\varphi_2)$$

由于

$$I_C = \frac{U}{X_C} = U\omega C$$

$$U\omega C = \frac{P}{U}(\tan\varphi_1 - \tan\varphi_2)$$

所以

$$C = \frac{P}{\omega U^2}(\tan\varphi_1 - \tan\varphi_2) \tag{3.9.1}$$

值得注意的是，并联电容器以后，电感性负载的电流 $I_1 = \dfrac{U}{\sqrt{R^2 + X_L^2}}$ 和功率因数 $\cos\varphi_1 = \dfrac{R}{\sqrt{R^2 + X_L^2}}$ 均未变化，这是因为所加电压和负载因数没有改变。但电压 u 和线路电流 i 之间的相位差 φ 变小了，即 $\cos\varphi$ 变大了。这里所讲的提高功率因数，是指提高电源或电网的功率因数，而不是提高某个电感性负载的功率因数。

在电感性负载上并联了电容器以后，减少了电源与负载之间的能量互换。这时，电感性负载所需的无功功率，大部分或全部由电容器供给，也就是说，能量的互换现在主要发生在电感性负载与电容器之间，因而使发电机容量能得到充分利用。其次，由相量图知，并联电容器以后，线路电流也减小了，因而减小了功率损耗。需要注意的是，采用并联电容器的方法电路的有功功率未改变，因为电容器是不消耗电能的，负载的工作状态不受影响，因此该方法在实际中得到广泛应用。

【例 3.9.1】 日光灯与 220 V、50 Hz 的电源相连，已知其功率因数 $\cos\varphi_1=0.5$，消耗功率为 40 W，若要把功率因数提高到 $\cos\varphi_2=0.9$，应加接什么元件？

【解】 日光灯是感性负载，要提高功率因数，应在其两端并联电容器，由式(3.9.1)可知电容值为

$$C = \frac{P}{\omega U^2}(\tan\varphi_1 - \tan\varphi_2)$$

$$\cos\varphi_1 = 0.5,\quad \tan\varphi_1 = 1.732$$
$$\cos\varphi_2 = 0.9,\quad \tan\varphi_2 = 0.484\ 3$$

所以

$$C = \frac{40}{2\times 3.14\times 50\times 220^2}(1.732 - 0.484\ 3)\ \text{F}$$
$$= 3.28\ \mu\text{F}$$

本章小结

1. 正弦量的三要素及其表示

以正弦电流为例，在确定的参考方向下，它的解析式为

$$i = I_m \sin(\omega t + \psi_i) = \sqrt{2} I \sin(2\pi f t + \psi_i)$$

式中：振幅值 I_m 值（有效值 I）、角频率 ω（或频率 f 及周期 T）、初相 ψ_i 是决定正弦量的三要素。它们分别表示正弦量变化的范围、变化的快慢及其初始状态。

正弦量的三要素也可以用波形图来表示。

正弦量的有效值相量 $\dot{I} = I \angle \psi_i$，由于在同一个线性电路中，各正弦量频率相同，所以相量只需要体现三要素的两个要素。

2. 元件约束（伏安特性）和基尔霍夫定律（KCL 和 KVL）的相量式

（1）在关联参考方向下，有

$$\dot{U}_R = R\dot{I}_R, \quad \dot{U}_L = jX_L \dot{I}_L, \quad \dot{U}_C = -jX_C \dot{I}_C$$

（2）
$$\text{KCL}: \sum \dot{I} = 0, \quad \text{KVL}: \sum \dot{U} = 0$$

3. 复阻抗

无源二端网络或元件，在电压电流关联参考方向下，二者关系的相量形式为

$$\dot{U} = Z\dot{I}$$

网络的复阻抗为

$$Z = \frac{\dot{U}}{\dot{I}} = |Z| \angle \varphi$$

网络的复导纳为

$$Y = \frac{\dot{I}}{\dot{U}}$$

4. 功率

$$P = UI\cos\varphi$$

$$Q = UI\sin\varphi$$

$$S = \sqrt{P^2 + Q^2} = UI$$

5. 谐振

电感线圈与电容器串联和并联组成的谐振电路，谐振角频率 $\omega_0 = \dfrac{1}{\sqrt{LC}}$。

串联谐振时，阻抗最小，$Z_0 = R$，$U_{L0} = U_{C0} = QU$，当品质因数 $Q \gg 1$ 时，$U_{L0} = U_{C0} \gg U$，所以串联谐振也称为电压谐振。

并联谐振时，阻抗最大，$Z_0 = \dfrac{L}{RC}$，$I_{L0} = I_{C0} = QI_0$，当品质因数 $Q \gg 1$ 时，$I_{L0} = I_{C0} \gg I_0$，所

以并联谐振也称为电流谐振。

6. 功率因数

$\lambda=\dfrac{P}{S}=\cos\varphi$,感性负载并联电容器可提高功率因数。

习　题

3.1　已知正弦电压的振幅为 311 V,频率为 100 Hz,初相为 $\pi/4$,试写出其解析式,并绘出波形图。

3.2　已知正弦电流的初相为 60°,频率为 50 Hz,$t=\dfrac{T}{6}$时电流值为 5 A,写出它的解析式,并绘出波形图。

3.3　如图 3.1 所示为 u 和 i 的波形,问 u 和 i 的初相各为多少?相位差为多少?若将计时起点向左移 $\pi/3$,u 和 i 初相如何变化?相位差是否改变?u 和 i 哪一个超前?

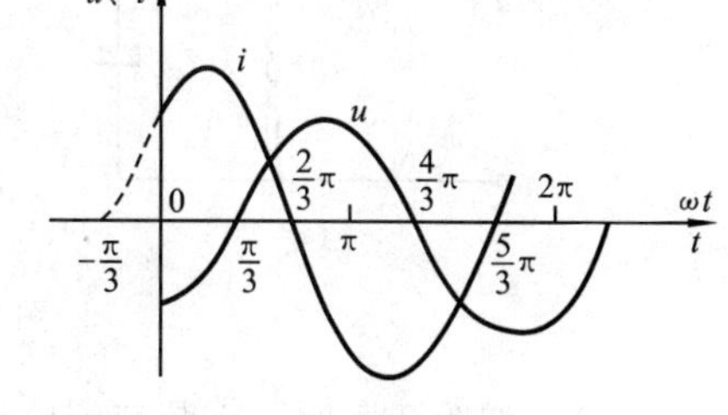

图 3.1　习题 3.3 的图

3.4　三个正弦量电压如下:

$u_1=10\sqrt{2}\sin 100\pi t$ V

$u_2=10\sqrt{2}\sin(100\pi t-120°)$ V

$u_3=10\sqrt{2}\sin(100\pi t+120°)$ V

试作相量图,并求:(1) $\dot{U}_2+\dot{U}_3$;　(2) $\dot{U}_1+\dot{U}_2+\dot{U}_3$。

3.5　已知 $i_1=10\sqrt{2}\sin(\omega t+45°)$ A,$\dot{I}_2=3-\mathrm{j}4$ A,i_1、i_2 频率相同,试写出 $\dot{I}_1$、$\dot{I}_2$ 的极坐标式和三角式,并画出相量图。

3.6　一个"220 V　100 W"的灯泡,电压 $u=220\sqrt{2}\sin(100\pi t+60°)$ V,试写出电流的解析式,并求灯泡 24 小时消耗的电能。

3.7　在图 3.2 中,电路已经稳定,试求:(1) I_L及电感的储能;(2) U_C及电容的储能。

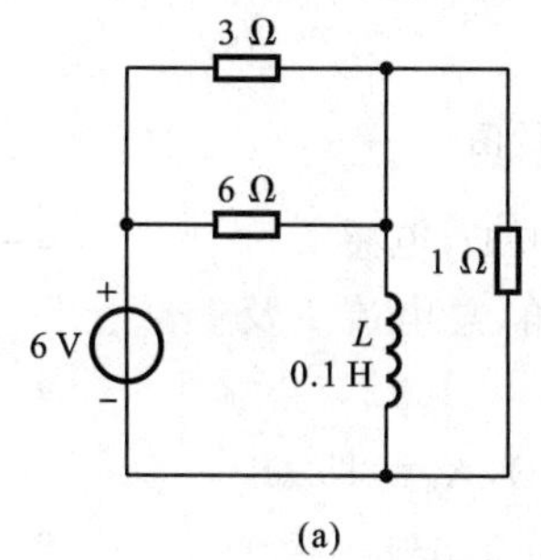

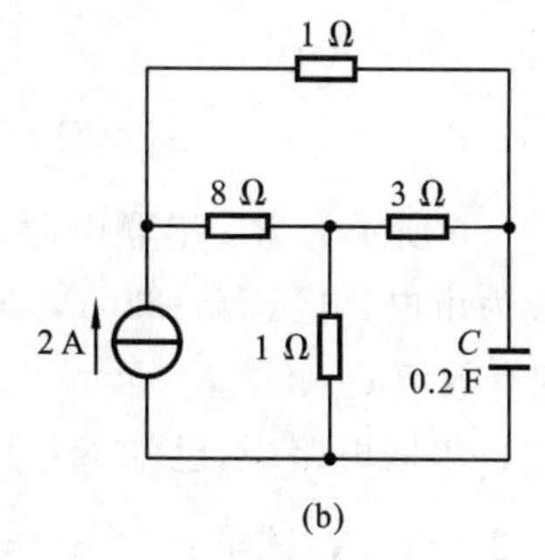

图 3.2　习题 3.7 的图

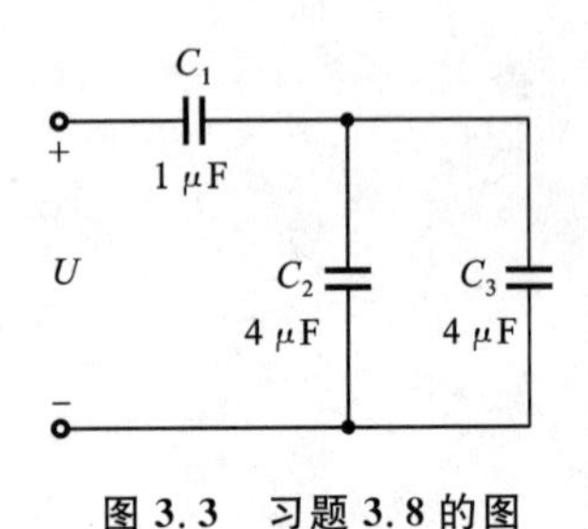

图 3.3　习题 3.8 的图

3.8　如图 3.3 所示，若 $U=15$ V，求各电容上的电压。

3.9　一交流电路中的二端元件，其端电压 u 与电流 i 取关联参考方向，已知 $u=220\sin 314t$ V。

(1) 若元件为纯电阻，$R=100\ \Omega$，求 i，并作电压、电流相量图。

(2) 若元件为纯电感，$L=319$ mH，求 i，并作电压、电流相量图。

(3) 若元件为纯电容，$C=31.8\ \mu$F，求 i，并作电压、电流相量图。

3.10　如图 3.4 所示正弦交流电路中，电流表 A_1、A_2、A_3 的读数都为 5 A，试求各电路中电流表 A 的读数。

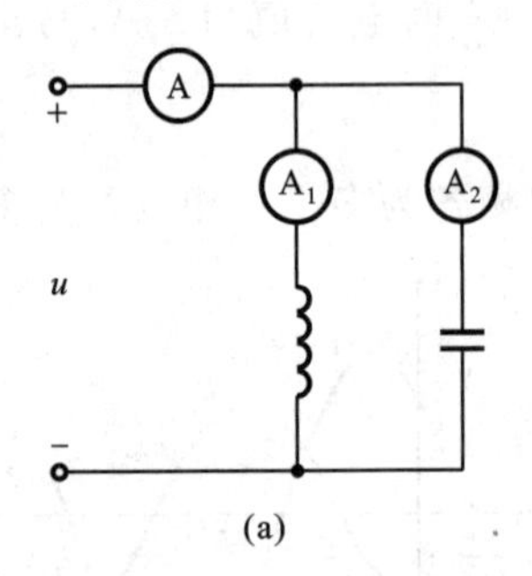

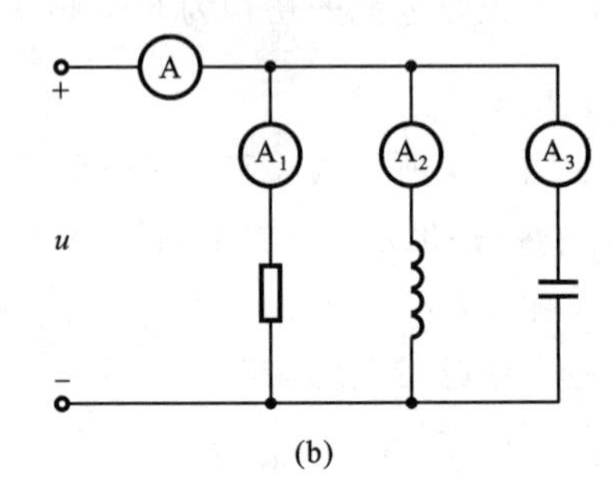

图 3.4　习题 3.10 的图

3.11　如图 3.5 所示正弦交流电路中，电压表 V_1、V_2、V_3 的读数都为 10 V，试求各电路中电压表 V 的读数。

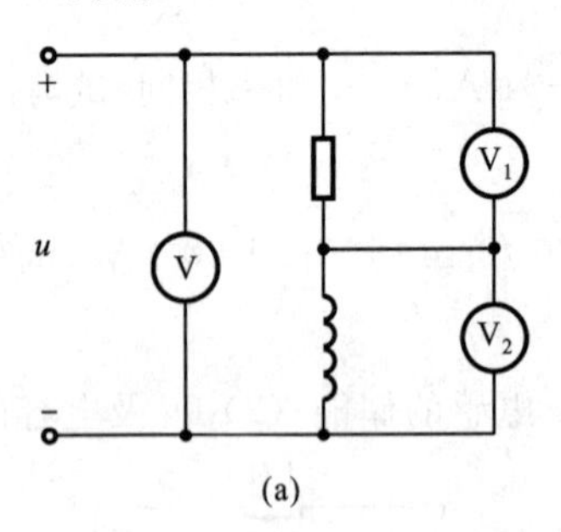

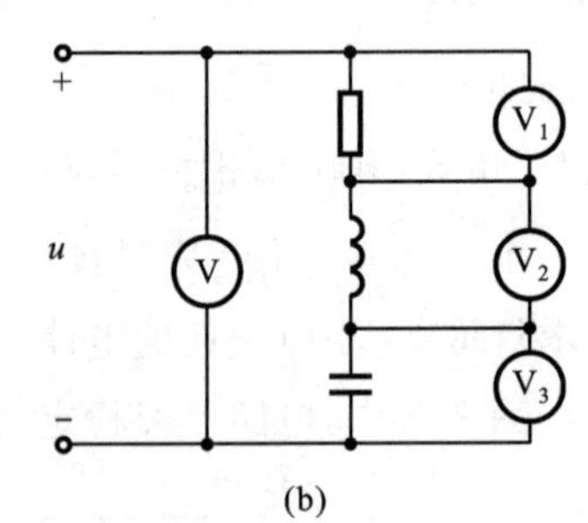

图 3.5　习题 3.11 的图

3.12　图 3.6 所示为 RL 串联电路，已知 $R=300\ \Omega$，电感 $L=1.66$ H。电源为市电，电压 $U=220$ V，求电路阻抗角、总电流 I 及各部分电压的有效值 U_R、U_L。

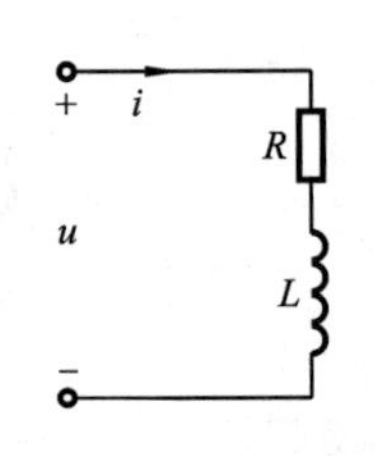

图 3.6　习题 3.12 的图

3.13　RLC 串联电路中，已知 $R=10\ \Omega$，$X_L=5\ \Omega$，$X_C=15\ \Omega$，其中电流 $\dot{I}=2\angle 60^\circ$ A，试求：(1) 总电压 $\dot{U}$；(2) 功率因数 $\cos\varphi$；(3) 该电路的功率 P、Q、S。

3.14　RLC 串联电路中，已知 $R=10\ \Omega$，$X_L=15\ \Omega$，$X_C=5\ \Omega$，电源电压 $u=100\sqrt{2}\sin(\omega t+30)^\circ$ V，试求：(1) 此电路的复阻抗 Z，并说明电路的性质；(2) 电流 $\dot{I}$ 和 $\dot{U}_R$、$\dot{U}_L$ 及 $\dot{U}_C$；(3) 绘电压、电流相量图。

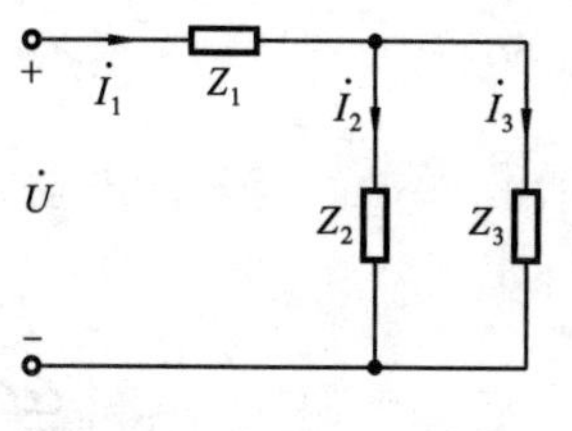

图 3.7　习题 3.15 的图

3.15　如图 3.7 所示电路，$Z_1=4+j10\ \Omega$，$Z_2=8-j6\ \Omega$，$Z_3=j10\ \Omega$，$U=60$ V。

(1) 求各支路电流 I_1、I_2、I_3；(2) 画出电压电流的相量图；(3) 求电路的 P、Q、S。

3.16　如图 3.8 所示电路，已知 $\dot{I}_C=3\angle 0^\circ$ A，求电压源 $\dot{U}_S$。

3.17　如图 3.9 所示电路，$R=3\ \Omega$，$X_L=4\ \Omega$，$X_C=8\ \Omega$，电流 $\dot{I}_C=10\angle 0^\circ$ A，试求 $\dot{U}$、$\dot{I}_R$、$\dot{I}_L$ 及总电流 $\dot{I}$。

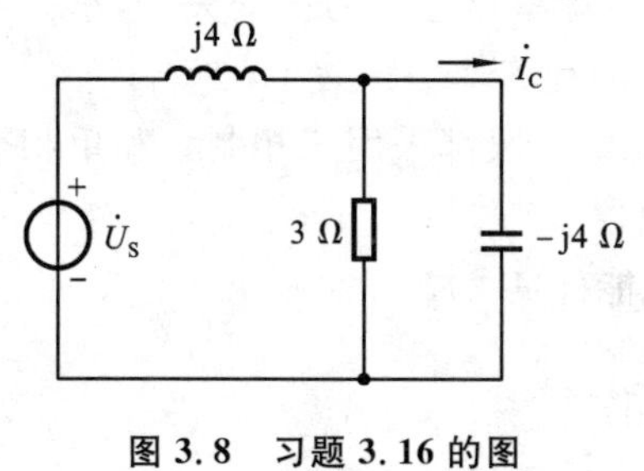

图 3.8　习题 3.16 的图

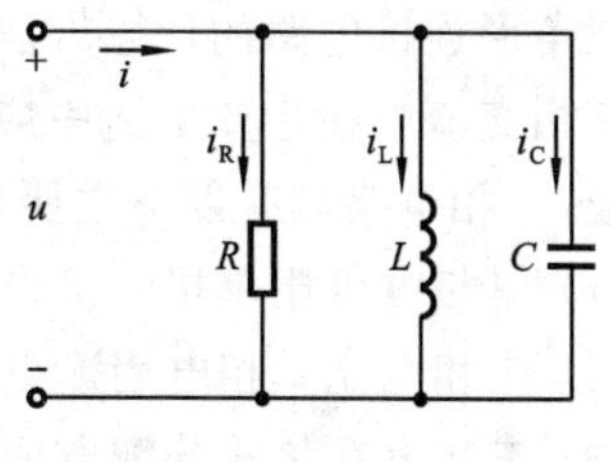

图 3.9　习题 3.17 的图

3.18　将 RLC 串联电路串接在 $f=1\ 000$ Hz，$U=10$ V 的电源上，若已知 $R=5\ \Omega$，$L=25$ mH，问 C 为何值时，电路发生谐振现象？并求各元件上的电压。

3.19　已知 RLC 串联电路中，$L=10$ mH，$C=100$ pF，$R=20\ \Omega$。信号源电压 $U_S=20$ mV。试求谐振角频率 ω_0，回路特性阻抗 ρ，回路电流 I_0，回路的品质因数 Q 和 U_{C0}。

3.20　一个 $R=12.5\ \Omega$、$L=25\ \mu$H 的线圈与 100 pF 的电容并联。求其谐振角频率和谐振阻抗。若端口电压为 100 mV，求谐振时端口电流和各支路电流。

3.21　一感性负载与 220 V、50 Hz 的电源相连，已知其功率因数 $\cos\varphi_1=0.6$，消耗功率为5 kW，若要把功率因数提高到 $\cos\varphi_2=0.9$，应加接什么元件？其元件值为多少？

第4章 三相电路

知识要点：对称三相交流电源　星形连接　三角形连接　三相四线制　三相电功率

基本要求：理解对称三相交流电源的概念，掌握电源星形连接的伏安关系；掌握负载星形和三角形连接电路的计算方法；掌握三相电路功率的计算。

三相交流电在生产生活中应用广泛，发电和输配电一般都采用三相制。和单相交流电相比较，三相电路具有以下主要优点。

(1) 三相电机比单相电机设备利用率高，工作性能优良。

(2) 三相电比单相电用途更加广泛。

(3) 三相电在传输分配方面更加优越且节省材料。

由于上述原因，所以三相电得到了广泛的应用。生活中的单相电常常是三相电中的一相。本章将重点讨论负载在三相电路中的连接使用问题。

4.1 对称三相交流电源

在电力工业中，三相电路中的电源通常是三相发电机，由它可以获得三个频率相同、幅值相等、相位互差120°的电动势，并将其称为对称三相电源。如图4.1.1所示是三相同步发电机的原理图。三相发电机中，转子上的励磁线圈内通有直流电流，使转子成为一个电磁铁。在定子内侧面、空间相隔120°的槽内装有三个完全相同的线圈 $U_1—U_2$、$V_1—V_2$、$W_1—W_2$。转子与定子间磁场被设计成正弦分布。当转子以角速度 ω 转动时，三个线圈中便感应出频率相同、幅值相等、相位互差120°的三个电动势。

以 U 相为参考量，则对称三相电源的瞬时值的表示式分别为

$$u_U = U_m \sin\omega t, \quad u_V = U_m \sin(\omega t - 120°)$$

$$u_W = U_m \sin(\omega t - 240°) = U_m \sin(\omega t + 120°)$$

若以相量形式来表示则

$$\dot{U}_U = U\angle 0°, \quad \dot{U}_V = U\angle -120°, \quad \dot{U}_W = U\angle 120°$$

它们的波形图和相量图分别如图4.1.2(a)、(b)所示。

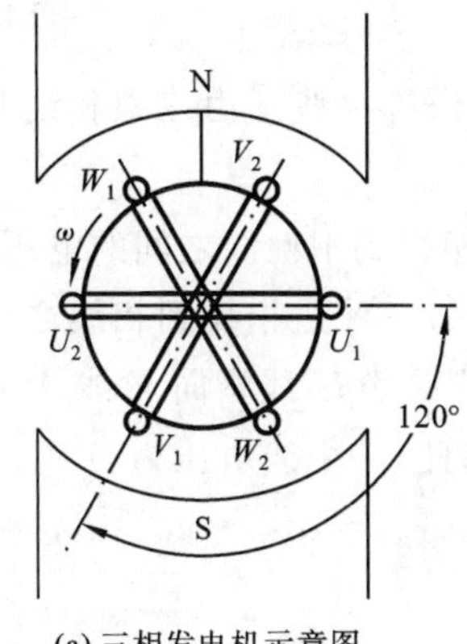

(a) 三相发电机示意图

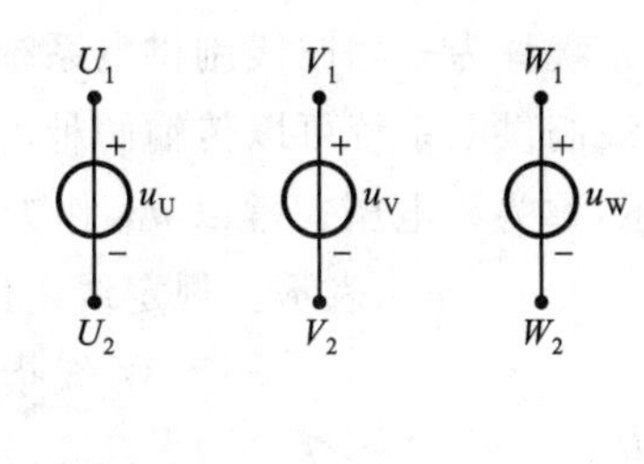

(b) 三个独立交流电压源

图 4.1.1　三相同步发电机原理图

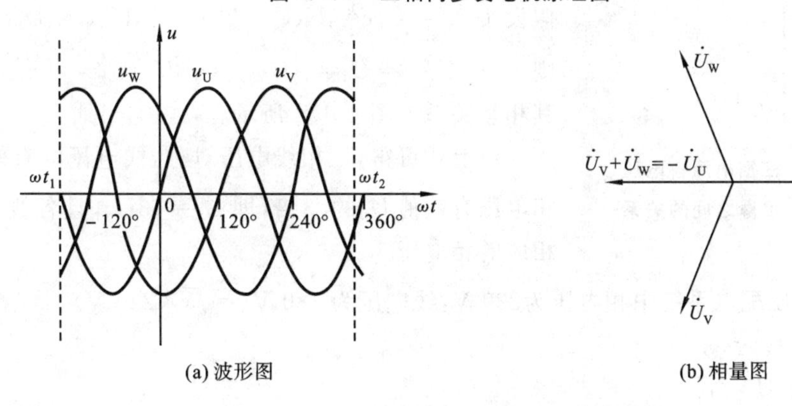

(a) 波形图　　　　(b) 相量图

图 4.1.2　三相对称电动势的波形图和相量图

如图 4.1.2(b)所示，由于对称三相电源大小相等、频率相同，相位互差 120°，故三个相电压瞬时值之和及相量和均为零，即

$$u_U + u_V + u_W = 0,\quad \dot{U}_U + \dot{U}_V + \dot{U}_W = 0$$

对称三相电压到达正或负最大值的先后次序称为相序，如上述的三相电动势 u_U、u_V、u_W 依次达到最大值，将 $U \to V \to W \to U$ 称为顺序，反之 $U \to W \to V \to U$ 或 $W—V—U$、$V—U—W$，则为逆序。本章若无特殊说明，三相电源的相序均为顺序。

通常将对称三相电源的三个绕组的相尾（末端）U_2、V_2、W_2 连在一起，相头（首端）U_1、V_1、W_1 引出作输出线，这种连接称为三相电源的星形连接，如图 4.1.3 所示。

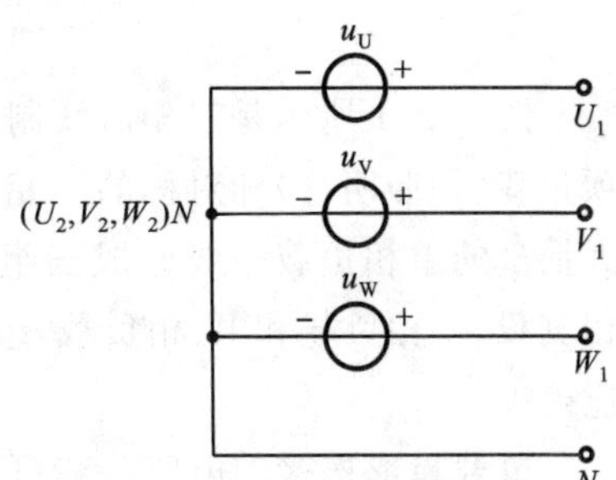

图 4.1.3　三相四线制电源

将 U_2、V_2、W_2 连接在一起的点称为三相电源的中性点，用 N 表示，当中性点接地时称为零点。从中性点引出的线称为中性线，当中性点接地时称为零线，俗称地

线。

从三个电源首端 U_1、V_1、W_1 引出的线称为相线，俗称火线。由三根相线和一根中性线构成的供电系统称为三相四线制供电系统。

三相四线制供电系统可以传输两种电压：一种是相线到中性线之间的电压，用符号 u_{UN}、u_{VN}、u_{WN} 表示，称为相电压。常以 u_{UN} 作为参考电压。另一种是相线到相线之间的电压称为线电压，用 u_{UV}、u_{VW}、u_{WU} 表示。规定线电压的方向分别是由 U 线指向 V 线，V 线指向 W 线，W 线指向 U 线。因此，三个线电压为

$$u_{UV}=u_{UN}-u_{VN},u_{VW}=u_{VN}-u_{WN},u_{WU}=u_{WN}-u_{UN}$$

用相量形式表示为

$$\dot{U}_{UV}=\dot{U}_{UN}-\dot{U}_{VN},\dot{U}_{VW}=\dot{U}_{VN}-\dot{U}_{WN},\dot{U}_{WU}=\dot{U}_{WN}-\dot{U}_{UN}$$

假设 $\dot{U}_{UN}=U_p e^{j0^\circ},\dot{U}_{VN}=U_p e^{j-120^\circ},\dot{U}_{WN}=U_p e^{j120^\circ}$

则 $\dot{U}_{UV}=\dot{U}_{UN}-\dot{U}_{VN}=\sqrt{3}U_p e^{j30^\circ}=U_l e^{j30^\circ}$

其相量关系如图 4.1.4 所示。

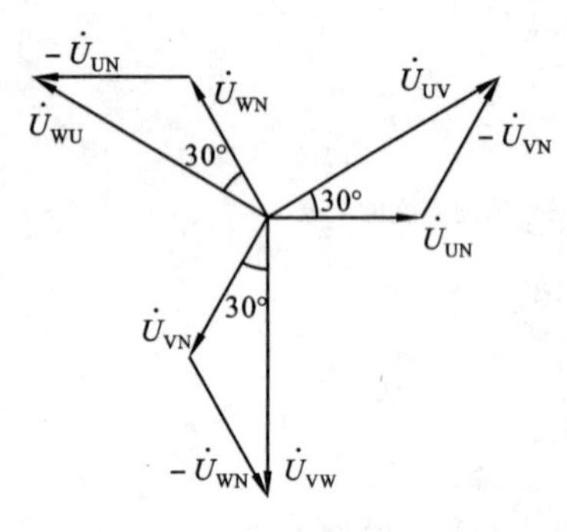

图 4.1.4 三相电源各电压相量之间的关系

由上式可得，三相线电压对称，线电压的有效值 U_l 是相电压有效值 U_p 的 $\sqrt{3}$ 倍，即 $U_l=\sqrt{3}U_p$，且各线电压超前相应的相电压 30°。

通常在低压配电系统中相电压为220 V，线电压为 380 V（$=\sqrt{3}\times 220$ V）。

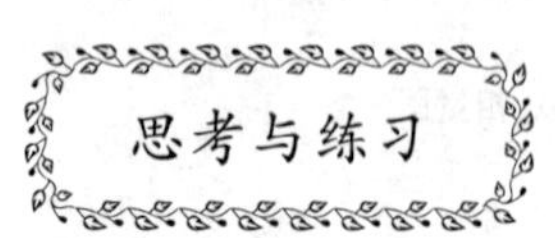

4.1.1 已知星形连接的三相电源 $u_{VW}=\sqrt{2}\ 220\sin(\omega t-90^\circ)$ V，相序为顺序。试写出其他线、相电压的瞬时值的表达式，并画出相量图。

4.1.2 简述线电压的特点。

4.2 三相负载的星形连接

图 4.2.1 所示是三相四线制供电系统中常见的照明电路和动力电路，包括大批量的单项负载（如照明灯）和对称的三相负载（如三相电动机）。为了使三相电源的负载比较均衡，大批量的单相负载一般分成三组，分别接于电源的 L_1—N、L_2—N 和 L_3—N 之间，各为 U 相负载、V 相负载和 W 相负载，组成不对称的三相负载，如图 4.2.1(a)所示，为负载的星形连接。

负载星形连接的电路一般可用图 4.2.2 表示。

将流过每相负载的电流 $\dot{I}_{U'N'}$、$\dot{I}_{V'N'}$、$\dot{I}_{W'N'}$，称为相电流，其有效值记为 I_p。将流过端线

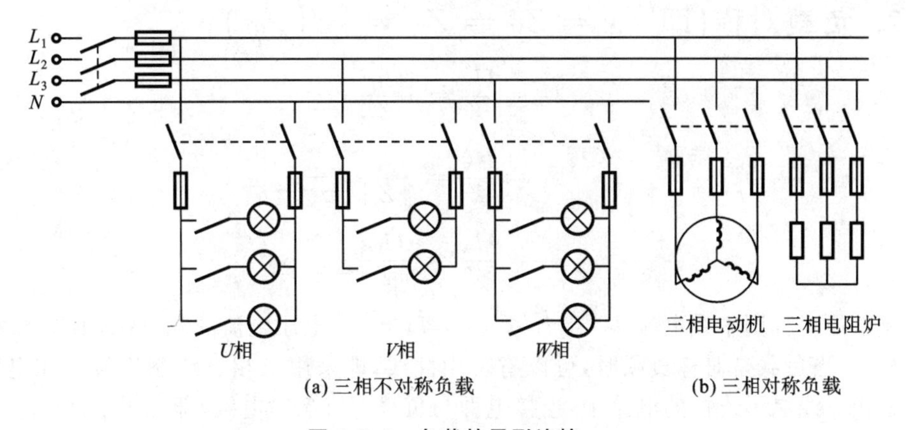

图 4.2.1 负载的星形连接

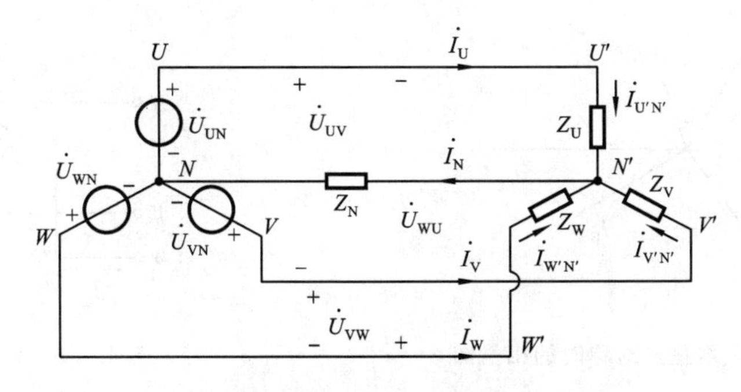

图 4.2.2 负载星形连接的三相四线制电路

的电流 $\dot{I}_U$、$\dot{I}_V$、$\dot{I}_W$，称为线电流，其有效值记为 I_l。而流过中性线的电流 $\dot{I}_N$ 为中线电流。

三相四线制负载星形连接时，负载的伏安关系如下。

1. 负载不对称(即三个负载不两两相等)

(1) 各相负载电压为相电压，这是由于 N 和 N' 为等电位点，故电路图可以改成图 4.2.3 的形式。

(2) 线电流有效值等于相应的相电流有效值，即 $I_l = I_p$。

(3) 各相电流可按三个单相电路分别计算，即

$$\dot{I}_U = \frac{\dot{U}_U}{Z_U}, \quad \dot{I}_V = \frac{\dot{U}_V}{Z_V}, \quad \dot{I}_W = \frac{\dot{U}_W}{Z_W}$$

所以中性线电流等于各相电流相量和，即

$$\dot{I}_N = \dot{I}_U + \dot{I}_V + \dot{I}_W$$

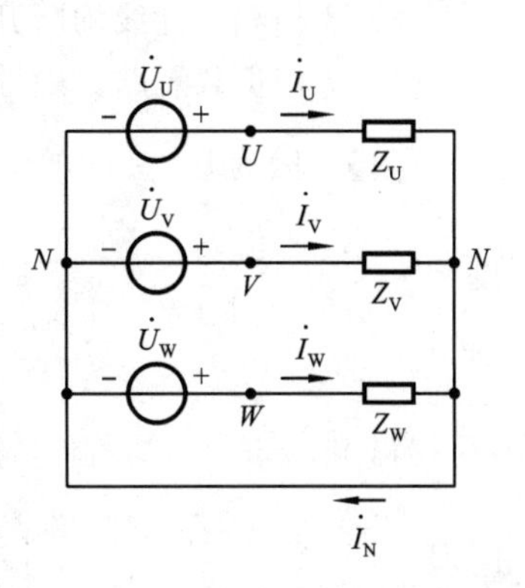

图 4.2.3 不对称负载的星形连接

2. 负载对称(即 $Z_U = Z_V = Z_W = |Z|\angle\varphi$)

$$\dot{I}_U = \frac{\dot{U}_U}{Z} = \frac{\dot{U}_U}{|Z|}\angle -\varphi$$

$$\dot{I}_V = \frac{\dot{U}_V}{Z} = \frac{\dot{U}_V}{|Z|}\angle -\varphi$$

$$\dot{I}_W = \frac{\dot{U}_W}{Z} = \frac{\dot{U}_W}{|Z|}\angle -\varphi$$

故三相电流对称则中线电流 $\dot{I}_N = \dot{I}_U + \dot{I}_V + \dot{I}_W = 0$。电压电流的相量图,如图 4.2.4 所示。

显然,当负载是对称负载时,可以省略中性线,即采用三相三线制连接。在电源与负载都是三相三线星形连接的电路中,连接电源与负载有三条输电线,即三根端线。

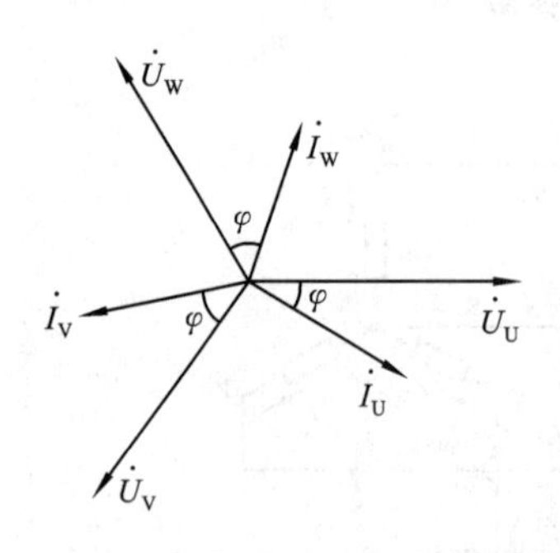

图 4.2.4 负载星形对称时的相量图

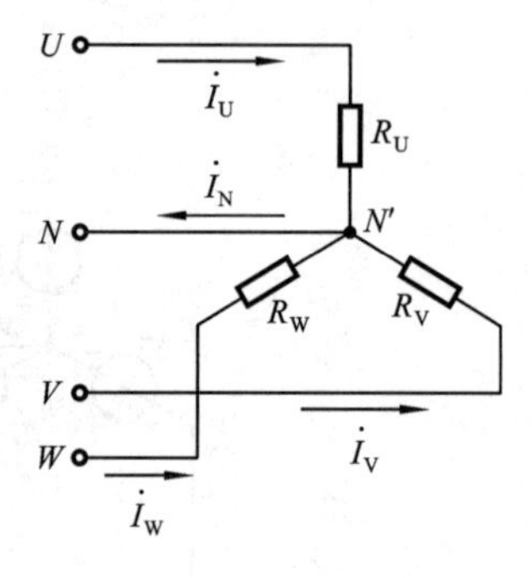

图 4.2.5 例 4.2.1 的图

【例 4.2.1】 如图 4.2.5 所示电路是供给白炽灯负载的照明电路,电源电压对称,线电压 $U_L=380$ V,每相负载的电阻值 $R_U=5\ \Omega$,$R_V=10\ \Omega$,$R_W=20\ \Omega$。试求:

(1) 各相电流及中性线电流;

(2) U 相断路时,各相负载所承受的电压和通过的电流;

(3) U 相和中性线均断开时,各相负载的电压和电流;

(4) U 相负载短路。中性线断开时,各相负载的电压和电流。

【解】 因为 $U_L=380$ V,所以 $U_P = \dfrac{380^\circ}{\sqrt{3}} = 220$ V

设
$$\dot{U}_U = 220\angle 0^\circ \text{ V}$$

则
$$\dot{U}_W = 220\angle 120^\circ \text{ V},\quad \dot{U}_V = 220\angle -120^\circ \text{ V}$$

(1)
$$\dot{I}_U = \frac{\dot{U}_U}{R} = \frac{220}{5}\angle 0^\circ = 44\angle 0^\circ \text{ A}$$

同理
$$\dot{I}_W = 22\angle 120^\circ = (-11 + 19\text{ j})\text{A}$$

$$\dot{I}_V = 11\angle -120^\circ = (-5.5 - 9.5\text{ j})\text{A}$$

$$\dot{I} = \dot{I}_U + \dot{I}_W + \dot{I}_V$$

所以 $$\dot{I} = 27.5 + 9.5\mathrm{j} = (29.1 + \angle 19.1^\circ)\ \mathrm{A}$$

(2) U 相断路时，$\dot{I}_{\mathrm{U}} = 0$,其余各相负载所承受的电压和通过的电流不变。

(3) U 相和中性线均断开时，$\dot{U}_{\mathrm{VW}} = 380\ \mathrm{V}$

$$\dot{I}_{\mathrm{VW}} = \frac{\dot{U}_{\mathrm{VW}}}{Z_{\mathrm{VW}}} \quad \text{而}\ Z_{\mathrm{VW}} = R_{\mathrm{W}} + R_{\mathrm{V}} = 30\ \Omega$$

所以 $$\dot{I}_{\mathrm{VW}} = \frac{38}{3}\ \mathrm{A} = 12.67\ \mathrm{A} \quad U_{\mathrm{VW}} = R_{\mathrm{V}} I_{\mathrm{VW}} = 126.7\ \mathrm{V}$$

$$U_{\mathrm{W}} = 12.67 \times 20\ \mathrm{V} = 253.4\ \mathrm{V}$$

(4) $$U_{\mathrm{W}} = 380\ \mathrm{V} \quad U_{\mathrm{V}} = 380\ \mathrm{V}$$

$$I_{\mathrm{W}} = \frac{380}{20}\ \mathrm{A} = 19\ \mathrm{A} \quad I_{\mathrm{V}} = \frac{380}{10}\ \mathrm{A} = 38\ \mathrm{A}$$

由上例可知，不对称星形三相负载，必须连接中性线。三相四线制供电时，中性线的作用是很重要的，中性线使三相负载成为三个互不影响的独立回路，甚至在某一相发生故障时，其余两相仍能正常工作。中性线的作用在于，使星形连接的不对称负载得到对称的相电压。为了保证负载正常工作，规定中性线上不能安装开关和熔丝，而且中性线本身的机械强度要好，接头处必须连接牢固，以防断开。

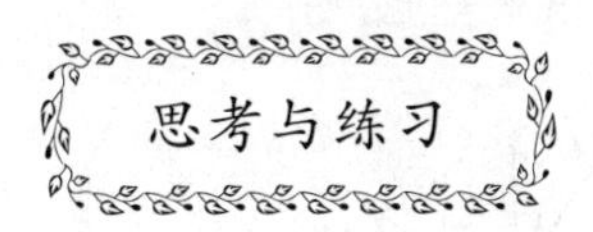

4.2.1 试述负载星形连接三相四线制电路和三相三线制电路的异同。

4.2.2 举例并画出三相三线星形负载不对称时的相量图。

4.3 三相负载的三角形连接

如果负载的额定电压等于三相电源的线电压，则必须把负载接在两根相线之间。可将这类负载分成三组接在电源上，如图 4.3.1(a)所示。这类由若干个单相负载组成的三相负

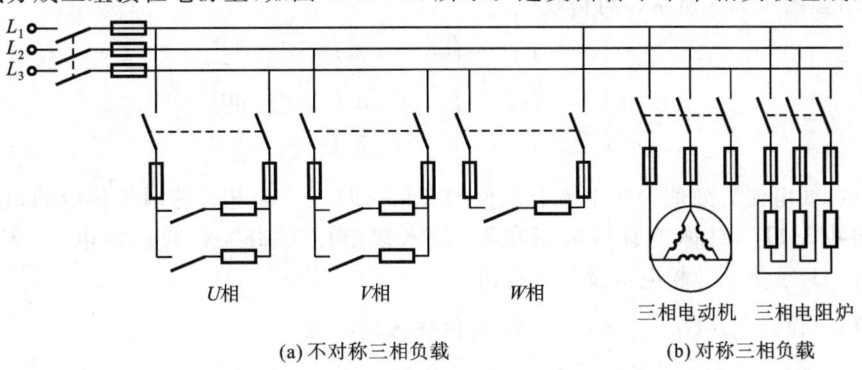

(a) 不对称三相负载　　(b) 对称三相负载

图 4.3.1 负载的三角形连接

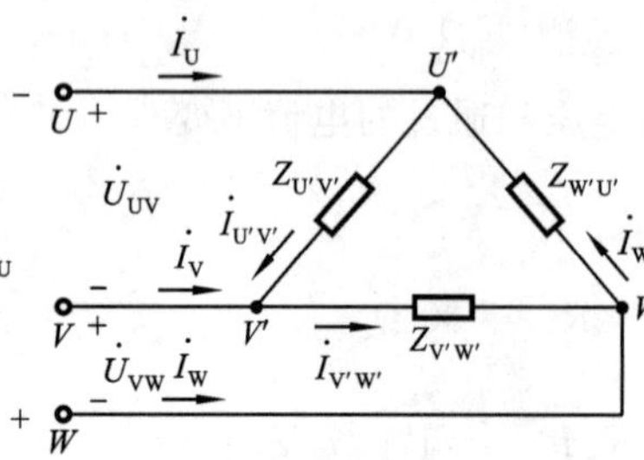

图 4.3.2　负载三角形连接的电路

载通常是不对称的，而另一类对称的三相负载，常将它们首尾相连，再将三个连接点与三相电源相线 L_1、L_2 和 L_3 相接，即构成负载的三角形连接，如图 4.3.1(b)及图 4.3.2 所示。

用图 4.3.2 来表示负载的三角形连接。

三角形连接各相负载的伏安关系如下。

1. 负载不对称

(1) 各相负载承受电源线电压，即 Z_{WU} 两端的电压为 $\dot{U}_{WU}$。

(2) 各相电流可分成三个单相电路分别计算，即

$$\dot{I}_{UV}=\frac{\dot{U}_{UV}}{Z_{UV}},\quad \dot{I}_{VW}=\frac{\dot{U}_{VW}}{Z_{VW}},\quad \dot{I}_{WU}=\frac{\dot{U}_{WU}}{Z_{WU}}$$

(3) 各线电流则由相邻的相电流决定，即

$$\dot{I}_{U}=\dot{I}_{UV}-\dot{I}_{WU}$$
$$\dot{I}_{V}=\dot{I}_{VW}-\dot{I}_{UV}$$
$$\dot{I}_{W}=\dot{I}_{WU}-\dot{I}_{VW}$$

2. 负载对称

设　　$Z_{UV}=Z_{VW}=Z_{WU}=Z$

$$\dot{I}_{UV}=\frac{\dot{U}_{UV}}{Z_{UV}}=\frac{\dot{U}_{UV}}{Z}$$

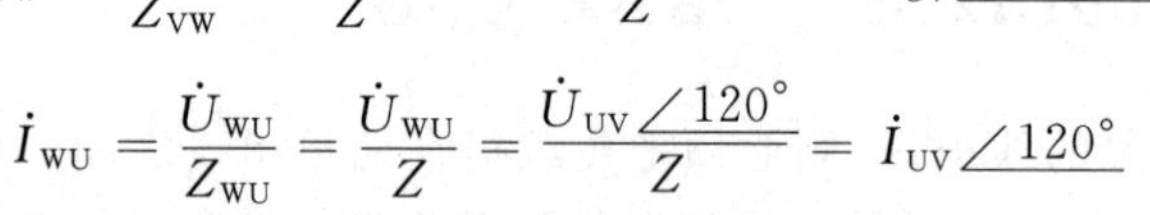

$$\dot{I}_{VW}=\frac{\dot{U}}{Z_{VW}}=\frac{\dot{U}_{VW}}{Z}=\frac{\dot{U}_{UV}\angle-120^\circ}{Z}=\dot{I}_{UV}\angle-120^\circ$$

$$\dot{I}_{WU}=\frac{\dot{U}_{WU}}{Z_{WU}}=\frac{\dot{U}_{WU}}{Z}=\frac{\dot{U}_{UV}\angle120^\circ}{Z}=\dot{I}_{UV}\angle120^\circ$$

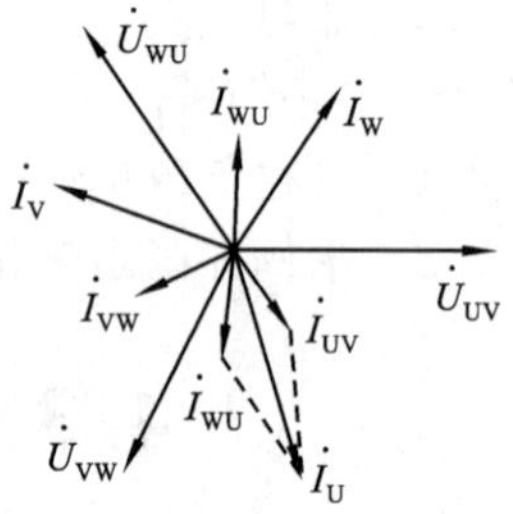

图 4.3.3　对称负载三角形连接时线电流与相电流之间的关系

其相量图如图 4.3.3 所示。可得线电流

$$\dot{I}_{U}=\dot{I}_{UV}-\dot{I}_{WU}=\sqrt{3}\,\dot{I}_{UV}\angle-30^\circ$$
$$\dot{I}_{V}=\dot{I}_{VW}-\dot{I}_{UV}=\sqrt{3}\,\dot{I}_{VW}\angle-30^\circ$$
$$\dot{I}_{W}=\dot{I}_{WU}-\dot{I}_{VW}=\sqrt{3}\,\dot{I}_{WU}\angle-30^\circ$$

显然，线电流有效值为相电流有效值的 $\sqrt{3}$ 倍，即 $I_l=\sqrt{3}I_p$ 相位滞后于相应的相电流 30°。

【例 4.3.1】　对称负载接成三角形，接入线电压为 380 V 的三相电源，若每相阻抗 $Z=6+j8\ \Omega$，求负载各相电流及各线电流。

【解】　设线电压 $\dot{U}_{UV}=380\angle0^\circ$ V，则负载各相电流

$$\dot{I}_{UV}=\frac{\dot{U}_{UV}}{Z}=\frac{380\angle0^\circ}{6+j8}=\frac{380\angle0^\circ}{10\angle53.1^\circ}\ \text{A}=38\angle-53.1^\circ\ \text{A}$$

$$\dot{I}_{VW} = \frac{\dot{U}_{VW}}{Z} = \dot{I}_{UV}\angle{-120^\circ} = 38\angle{-53.1^\circ - 120^\circ}\ \text{A} = 38\angle{-173.1^\circ}\ \text{A}$$

$$\dot{I}_{WU} = \frac{\dot{U}_{WU}}{Z} = \dot{I}_{UV}\angle{120^\circ} = 38\angle{-53.1^\circ + 120^\circ}\ \text{A} = 38\angle{66.9^\circ}\ \text{A}$$

故

$$I_p = 38\text{A},\quad I_l = \sqrt{3}I_p = \sqrt{3}\times 38\ \text{A} = 65.8\ \text{A}$$

思考与练习

4.3.1　将如图 4.3.4 所示的各相负载分别接成星形或三角形，设电源的线电压为 380 V，相电压为 220 V，每台电动机的额定电压为 380 V。

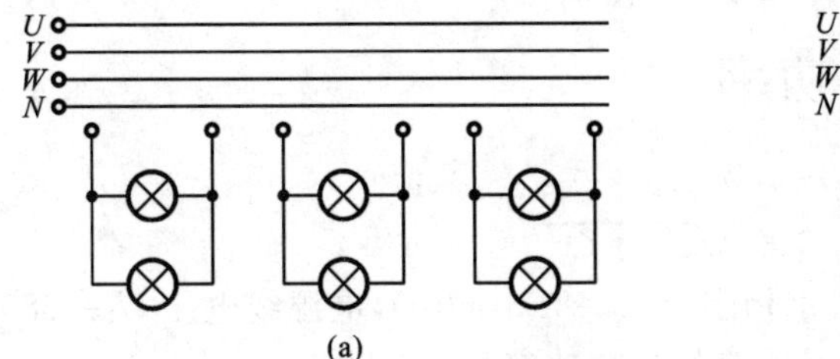

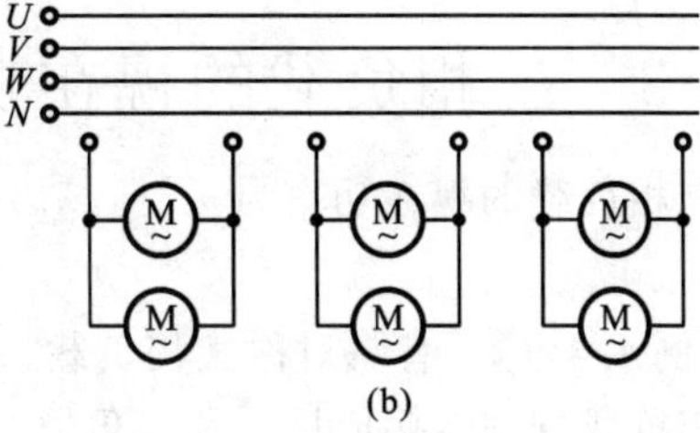

图 4.3.4　题 4.3.1 的图

4.3.2　画出负载不对称时的相量图。

4.4　三相电路的功率

4.4.1　有功功率

三相负载的有功功率为三个相功率之和，即

$$P = P_U + P_V + P_W = U_U I_U \cos\varphi_U + U_V I_V \cos\varphi_V + U_W I_W \cos\varphi_W$$

式中：φ_U、φ_V、φ_W 分别是所在相的相电压与相电流的相位差。若三相负载是对称的，则

$$U_U I_U \cos\varphi_U = U_V I_V \cos\varphi_V = U_W I_W \cos\varphi_W = U_p I_p \cos\varphi_p$$

式中：φ_p 为相电压与相电流的相位差角，即每相负载的阻抗角；U_p、I_p 代表负载上的相电压和相电流。

故三相总有功功率为

$$P = P_U + P_V + P_W = 3U_p I_p \cos\varphi_p$$

当负载为星形连接时

$$U_p = \frac{U_l}{\sqrt{3}},\quad I_p = I_l,\quad P = \sqrt{3}U_l I_l \cos\varphi_p$$

当负载为三角形连接时

$$U_p = U_l,\quad I_p = \frac{I_l}{\sqrt{3}},\quad P = \sqrt{3}U_l I_l \cos\varphi_p$$

故对称三相电路的有功功率的计算公式为 $P = \sqrt{3}U_l I_l \cos\varphi_p$，与负载的连接方式无关，但 φ_p 仍然是相电压与相电流之间的相位差，由负载的阻抗角决定。

4.4.2 无功功率

三相负载的无功功率为三个相功率之和，即

$$Q = Q_U + Q_V + Q_W = U_U I_U \sin\varphi_U + U_V I_V \sin\varphi_V + U_W I_W \sin\varphi_W$$

若三相负载是对称的，无论负载接成星形还是三角形，均有

$$Q = \sqrt{3}U_l I_l \sin\varphi_p$$

4.4.3 三相负载的视在功率

三相负载的视在功率为

$$S = \sqrt{P^2 + Q^2}$$

【例 4.4.1】 有一对称三相负载，每相阻抗 $Z=80+\mathrm{j}60\ \Omega$，电源线电压 $U_l=380$ V。求当三相负载分别连接成星形和三角形时电路的有功功率和无功功率。

【解】 (1) 负载为星形连接时。

$$U_p = \frac{U_l}{\sqrt{3}} = \frac{380}{\sqrt{3}}\ \mathrm{V} = 220\ \mathrm{V},\quad I_p = I_l = \frac{U_p}{|Z|} = \frac{220}{\sqrt{80^2+60^2}}\ \mathrm{A} = 2.2\ \mathrm{A}$$

$$\cos\varphi_p = \frac{80}{\sqrt{80^2+60^2}} = 0.8,\quad \sin\varphi_p = 0.6$$

$$P = \sqrt{3}U_l I_l \cos\varphi_p = \sqrt{3}\times 380\times 2.2\times 0.8\ \mathrm{W} = 1.16\ \mathrm{kW}$$

$$Q = \sqrt{3}U_l I_l \sin\varphi_p = \sqrt{3}\times 380\times 2.2\times 0.6\ \mathrm{var} = 0.87\ \mathrm{kvar}$$

(2) 负载为三角形连接时。

$$U_p = U_l = 380\ \mathrm{V},\quad I_l = \sqrt{3}I_p = \sqrt{3}\times\frac{380}{\sqrt{80^2+60^2}}\ \mathrm{A} = 6.6\ \mathrm{A}$$

$$P = \sqrt{3}U_l I_l \cos\varphi_p = \sqrt{3}\times 380\times 6.6\times 0.8\ \mathrm{W} = 3.48\ \mathrm{kW}$$

$$Q = \sqrt{3}U_l I_l \sin\varphi_p = \sqrt{3}\times 380\times 6.6\times 0.6\ \mathrm{var} = 2.61\ \mathrm{kvar}$$

由上例可知，当电源线电压不变，同一负载由星形改为三角形时，功率增加为原来的 3 倍。这就告诉我们，若要负载正常工作，则负载的接法必须正确，一定要明确负载工作的额定电压。

本章小结

(1) 三相电源一般可提供两组对称的三相电压，一组为线电压，另一组为相电压。三相

对称电压即三个正弦电压的幅值相同、频率相同、彼此之间相位互差 120°的一组电压。

(2) 三相负载应根据电源电压和负载的额定电压确定连接方式(星形或三角形),构成三相四线制(有中线)或三相三线制(无中线)电路。

对称负载接成星形时,线电压(线电流)与相电压(相电流)的关系是

$$I_l = I_p,\quad U_l = \sqrt{3}U_p$$

且线电压在相位上超前于相应相电压 30°。

对称负载接成三角形时,线电压(线电流)与相电压(相电流)的关系是

$$I_l = \sqrt{3}I_p,\quad U_l = U_p$$

且线电流在相位上滞后于相应相电流 30°。

(3) 不论三相负载是星形还是三角形连接,只要负载对称,三相功率的计算均表示为

$$P = \sqrt{3}U_l I_l \cos\varphi_p$$

$$Q = \sqrt{3}U_l I_l \sin\varphi_p$$

$$S = \sqrt{P^2 + Q^2}$$

(4) 在三相四线制的供电系统中,无论负载对称与否,负载的相电压都是对称的,使之工作正常。

习　　题

4.1　已知某星形连接的三相电源 V 相电压为 $u_{VN}=240\cos(\omega t-165°)$ V,求其他两相的电压及线电压瞬时值表达式,并作相量图。

4.2　一对称三相三线制系统中,星形接法负载各相 $Z=(12+j3)$ Ω,线路阻抗 $Z_l=(2+j1)$ Ω,电源线电压 $U_l=380$ V,求负载端的电流和线电压,并作电路相量图。若加一中线,且中线阻抗 $Z_l=(2+j1)$ Ω,以上所求各量分别为多少?

4.3　一对称三相三线制系统中,电源为 $U_l=450$ V、60 Hz,三角形负载各相由一个 10 μV电容、一个 100 Ω 电阻及一个 0.5 H 电感串联组成,线路阻抗 $Z_l=(2+j1.5)$ Ω,求负载线路电流及相电流。

4.4　三相四线制系统中,三相负载为照明设备,各相取用的功率为 U 相 4 kW,V 相 10 kW,W 相 20 kW,电源线电压对称,为 380 V,试问:若中线断开,将会出现什么后果?

4.5　三相对称负载星形连接,每相阻抗 $Z=(30+j40)$ Ω,各相输电线的复阻抗 $Z_l=(1+j2)$ Ω,三相对称星形连接电源的线电压为 220 V。

(1) 画出电路图,并在图中标出各电压、电流的参考方向。

(2) 求各相负载的相电压、相电流。

(3) 画出相量图。

4.6 三相电动机三角形连接，输入功率为 6 kW，功率因数为 0.88，星形连接的电阻加热负载，输入功率为 50 kW，负载线电压为 460 V，线路阻抗 $Z_l=(2+j2)\ \Omega$，求电源侧线电压。

4.7 已知三角形连接的对称三相负载，$Z=(10+j10)\ \Omega$，其对称线电压 $\dot{U}_{UV}=450\angle 30^\circ$，求其他两相电压、线电压、线电流、相电流相量，并作向量图。

4.8 如图 4.1 所示三相电路中，A 表的读数为 10 A，则 A_1、A_2、A_3 表的读数为多少？若 U'、V'之间发生断路，则 A_1、A_2、A_3 表的读数又为多少？

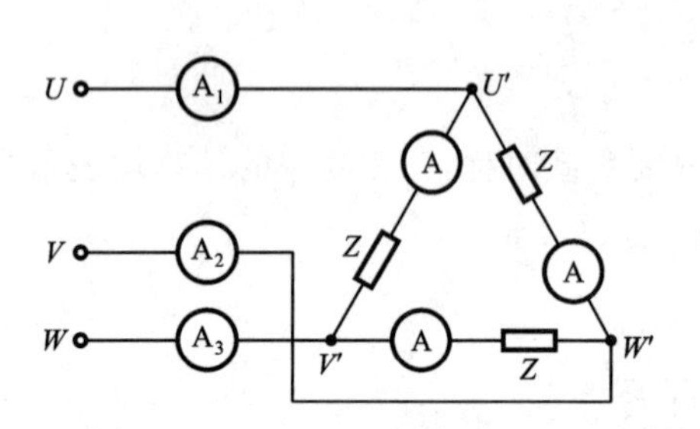

图 4.1 习题 4.8 的图

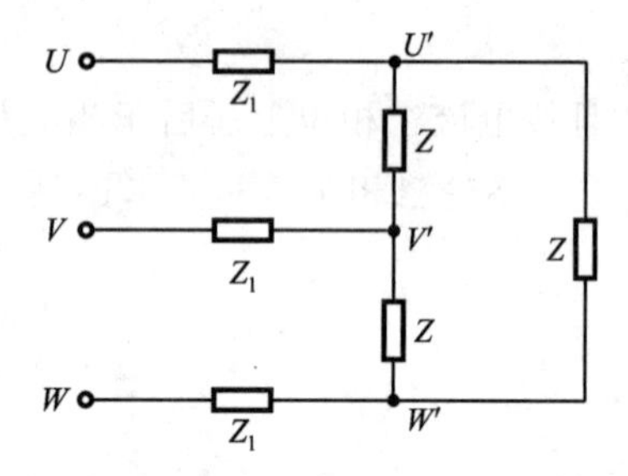

图 4.2 习题 4.9 的图

4.9 如图 4.2 所示电路中，三相对称电源的线电压为 380 V，三相对称三角形连接负载复阻抗 $Z=(90+j90)\ \Omega$，输电线复阻抗各相 $Z_l=(3+j4)\ \Omega$。求：

(1) 三相电流；

(2) 各相负载的相电流；

(3) 各相负载的相电压。

4.10 三相对称电路如图 4.3 所示，已知 $Z_1=(3+j4)\ \Omega$，$Z_2=(10+j10)\ \Omega$，$Z_l=(2+j2)\ \Omega$，对称电源星形连接，相电压为 127 V。求：

(1) 输电线上的三相电流；

(2) 两组负载的相电压；

(3) 负载侧的线电压；

(4) 三相电路的 P、Q、S。

4.11 如图 4.4 所示三相四线制电路中，三相电源对称，线电压为 380 V，$X_L=X_C=R=40\ \Omega$。求：

(1) 三相相电压、相电流；

(2) 中线电流；

(3) 三相功率 P、Q、S。

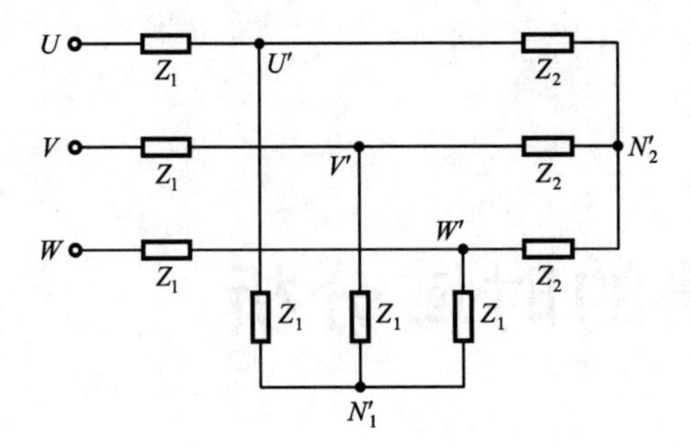

图 4.3　习题 4.10 的图

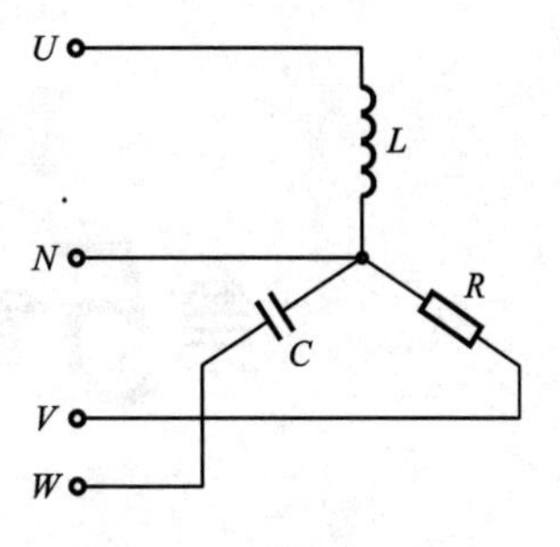

图 4.4　习题 4.11 的图

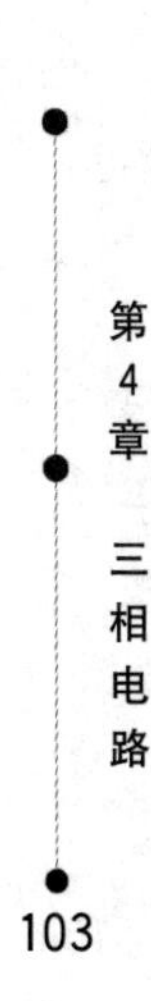

第5章　电路的时域分析

知识要点：暂态　换路　换路定律　一阶 RC、RL 电路的响应　三要素法

基本要求：理解电路的暂态和稳态及电路时间常数的物理意义；掌握一阶线性电路的零输入响应、零状态响应和全响应的分析方法。

5.1　过渡过程和换路定律

5.1.1　过渡过程

如果电路经历了长时间的运行，其中的电压、电流等量处于稳定值时，这种状态称为稳定状态，简称稳态。如果电路的条件发生改变，如电源电压或负载参数发生改变时，电路将从一种稳态变化到另一种稳态。在线性电阻电路中，由于没有能量存储，这种变化是瞬时完成的。

实际电路中，除电阻元件之外，常含有储能元件电感和电容。由于它们的电压和电流只能是微分和积分关系，因此，电感元件和电容元件称为动态元件。含动态元件的电路称为动态电路。在动态电路中，电路从一种稳态变化到另一种稳态时必须经历一个过程，这个过程称为过渡过程，也称为动态过程。

5.1.2　换路定律

在电路分析中，常将电路的接通、切断、短路、电路接线方式的突然改变，电源的突然变化及电路参数的突然改变等，称为换路。动态电路换路时，一般需经历一个动态过程，这是由于能量不能突变所引起的。

电感中的电流和电容两端的电压不能突变，而只能逐渐地变化。也就是说，换路前一瞬间电感中的电流值应等于换路后一瞬间的值，同理，换路前后两相邻瞬间的电容电压也是相等的。在电路理论中，常以换路发生瞬间作为计时起点，即认为换路发生在 $t=0$ 时刻，并且用符号(0_-)表示换路前的末了瞬间，符号(0_+)表示换路后的初始瞬间，则有

$$i_L(0_+) = i_L(0_-)$$
$$u_C(0_+) = u_C(0_-)$$

这两个关系式称为换路定律。该定律反映了换路时电路中的能量守恒关系。电路动态过程的初始瞬间是 $t=0_+$ 时刻。

对电路方程而言，初始状态 $u_C(0_+)$ 和 $i_L(0_+)$ 也就是电路的初始条件。或者说，电路的初始条件是动态过程的初始瞬间（$t=0_+$ 时刻），电路中各电压和电流及其各阶导数的值。

在直流稳态电路中，电感元件相当于短路，电容元件相当于开路。在直流动态电路中，若储能元件在换路前没有储能，则 $i_L(0_+) = i_L(0_-) = 0$，$u_C(0_+) = u_C(0_-) = 0$，则可将电感元件视为开路，而将电容元件视为短路。

下面举例说明电路初始条件的确定方法。

【例 5.1.1】 在如图 5.1.1 所示的电路中，开关 S 长时间断开，在 $t=0$ 瞬时迅速闭合开关 S，求 $t=0_+$ 时的电容电压和电感电流。

【解】 由于 S 闭合前，图 5.1.1 中左、右两侧的两部分电路是独立的，因此

$$u_C(0_-) = 5 \times 2\ \text{V} = 10\ \text{V}$$
$$i_L(0_-) = 10/2\ \text{A} = 5\ \text{A}$$

当开关 S 突然闭合时，由换路定律可得

$$u_C(0_+) = u_C(0_-) = 10\ \text{V}$$
$$i_L(0_+) = i_L(0_-) = 5\ \text{A}$$

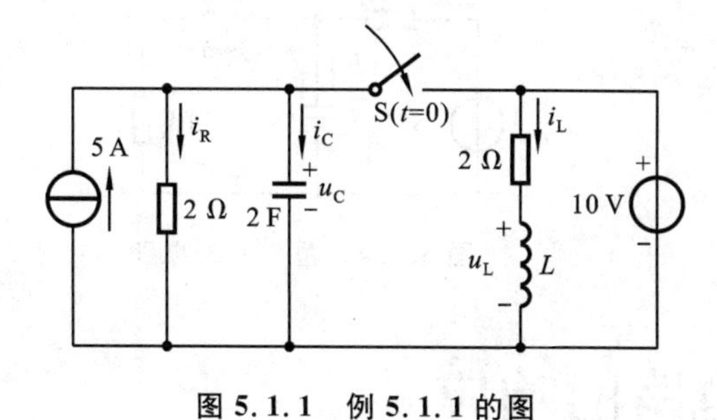

图 5.1.1　例 5.1.1 的图

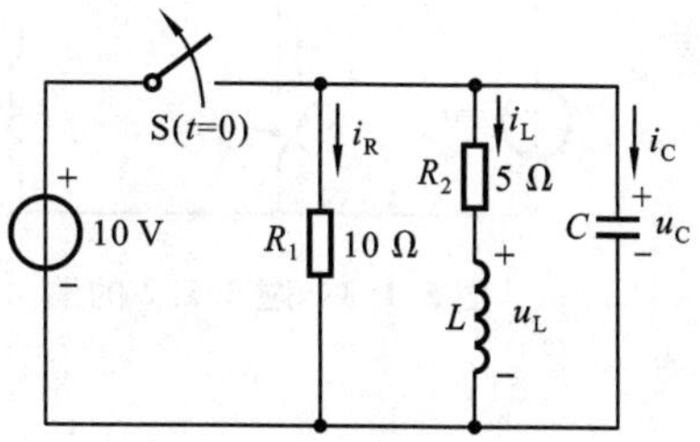

图 5.1.2　例 5.1.2 的图

【例 5.1.2】 在图 5.1.2 所示的电路中，开关 S 长时间闭合，$t=0$ 时突然断开，求 $t=0_+$ 时电路的电流、电容电压和电感电压。设 $u_C(0_-)=10\ V$，$i_L(0_-)=2\ A$

【解】 根据换路定律，有

$$u_C(0_+) = u_C(0_-) = 10\ \text{V}$$
$$i_L(0_+) = i_L(0_-) = 2\ \text{A}$$

因为 10 Ω 电阻上的电压等于电容电压 $u_C(0_+)$，所以

$$i_R(0_+) = 1\ \text{A}$$

根据基尔霍夫电压定律，有

$$u_C(0_+) - u_L(0_+) - R_2 i_L(0_+) = 0$$

则 $$u_L(0_+) = u_C(0_+) - R_2 i_L(0_+) = 0$$

根据基尔霍夫电流定律，有

$$i_R(0_+) + i_L(0_+) + i_C(0_+) = 0$$

所以 $$i_C(0_+) = -i_R(0_+) - i_L(0_+) = -3\ \text{A}$$

由以上两例可见，动态电路中的电容电压和电感电流是不能突变的。但是，电容电流、电感电压以及电阻电压、电阻电流是可以突变的。

在电路分析中，通常把电路中引起电压和电流的电源或储能元件称为激励。由激励在电路中引起的电流和电压称为响应。激励和响应有时亦称为输入和输出。

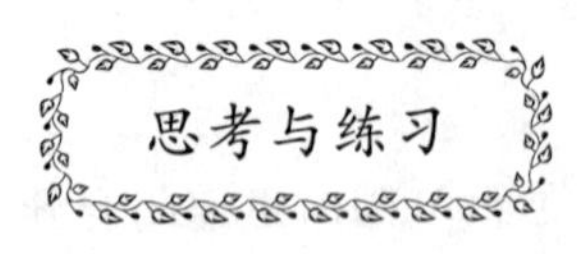

5.1.1　在含有储能元件的电路中，电容和电感什么时候可看成开路？什么时候可看成短路？

5.1.2　在如图 5.1.3 所示的电路中，开关 S 闭合前电路已处于稳定状态，试确定在开关 S 闭合后瞬间电路中各电流的初始值。

5.1.3　在如图 5.1.4 所示电路中，开关 S 断开前电路已处于稳态，试确定开关 S 断开后瞬间的电压 u_C 和电流 i_C、i_1、i_2 的值。

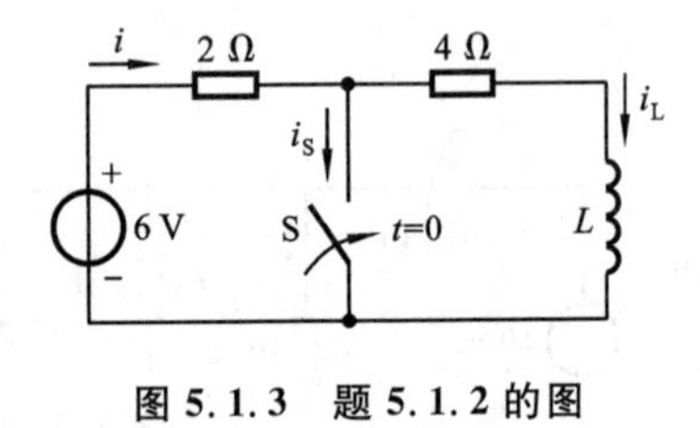

图 5.1.3　题 5.1.2 的图

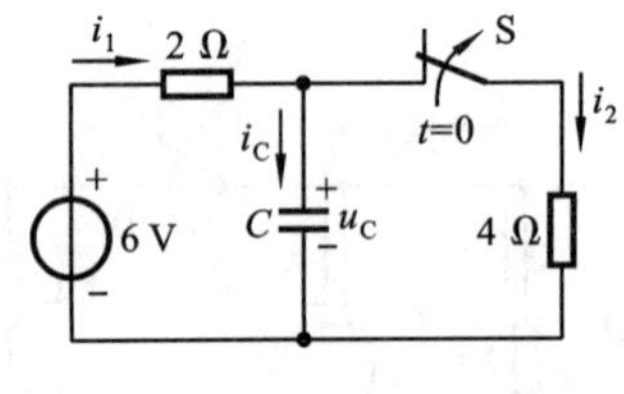

图 5.1.4　题 5.1.3 的图

5.2　*RC* 电路的响应

5.2.1　零输入响应

如果电路中没有外加输入，即外施激励为零时，仅有储能元件原来储存的能量，在电路中产生的电压和电流，称为电路的零输入响应。*RC* 电路的零输入响应是由电容储存电场能量引起的。

如图 5.2.1 所示是 *RC* 串联电路，当开关 S 与点 1 接通时，使电容 C 经电阻 R 充电到 $u_C = U_0$，设在计时起点（$t=0$），把开关 S 突然投向点 2，则电容 C 经电阻 R 放电。此时，电路中的输入信号为零，称为零输入。因为电路中的响应电压和电流不是由外加输入引起的，而是由初始条件 $u_C(0_+)$ 引起的，所以属于零输入响应。

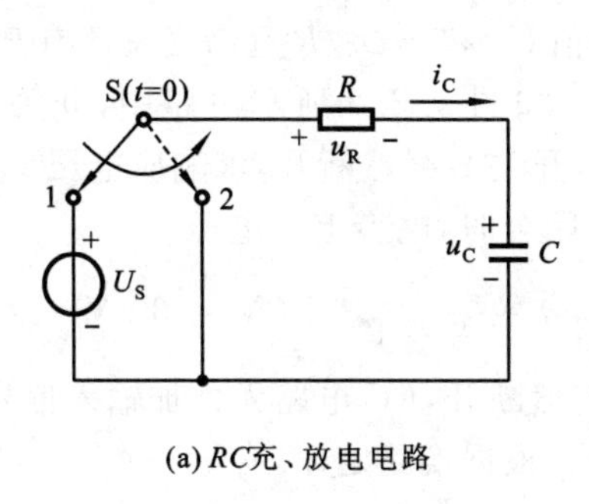

(a) RC充、放电电路

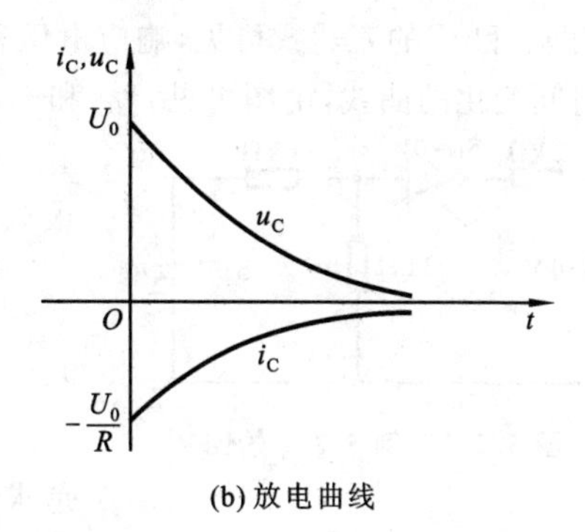

(b) 放电曲线

图 5.2.1　RC 串联电路零输入响应

根据基尔霍夫电压定律,列出换路后($t\geqslant0$)电路的电压方程为

$$u_R+u_C=0$$

因为

$$i_C=C\frac{du_C}{dt},\quad u_R=Ri_C$$

所以

$$RC\frac{du_C}{dt}+u_C=0 \tag{5.2.1}$$

这是一个一阶线性齐次常微分方程。其解为

$$u_C=u'_C+u''_C \tag{5.2.2}$$

式中:u'_C 称为特解,u''_C 称为通解,u'_C 常取稳态值,称为稳态分量,它等于 $t=\infty$ 时的值,即

$$u'_C=u_C(\infty)=0$$

而 u''_C 属于过渡过程中出现的,称为自由分量或暂态分量,即

$$u''_C=Ae^{pt}$$

式中:p 是特征方程式的根,可以由式(5.2.1)的特征方程求得,即

$$RCp+1=0$$

特征根为

$$p=-\frac{1}{RC}=-\frac{1}{\tau}$$

式中:$\tau=RC$,单位为 $\Omega F=\Omega C/V=\Omega As/V=s$,与时间同量纲,称为时间常数。因此

$$u_C=u'_C+u''_C=Ae^{-t/\tau} \tag{5.2.3}$$

式中:积分常数 A 需由初始条件确定。由于开关 S 是在 $t=0$ 瞬间突然投入点 2 的,因此,电容上的电压 $u_C(0_-)=U_0$,由换路定律可知,电容电压不能突变,即

$$u_C(0_+)=u_C(0_-)=U_0$$

将此值代入式(5.2.3),可得 $A=U_0$,所以微分方程的解为

$$u_C=U_0e^{-t/\tau}$$

这就是 RC 电路零输入响应电压 u_C,其响应电流为

$$i_C=C\frac{du_C}{dt}=-\frac{U_0}{R}e^{-t/\tau}$$

由 u_C 和 i_C 的表达式可见，响应电压和电流是按指数规律变化的，图 5.2.1(b)画出了 u_C 和 i_C 随时间变化的曲线，由图可见，u_C 和 i_C 分别由初始值 U_0 和 $-U_0/R$ 逐渐衰减且趋于零。

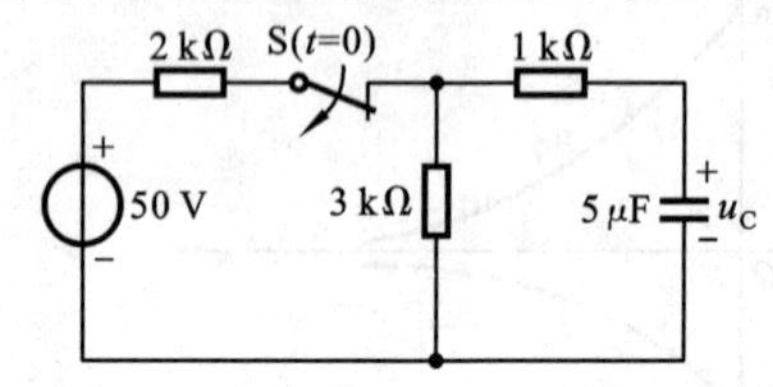

图 5.2.2　例 5.2.1 的图

【例 5.2.1】　如图 5.2.2 所示电路中，开关 S 闭合很久，当 $t=0$ 时，开关 S 突然断开，求响应电压 u_C。

【解】　在 S 闭合时，电容上的电压

$$u_C(0_-) = \frac{3}{2+3} \times 50 \text{ V} = 30 \text{ V}$$

$t=0$ 时，S 突然断开，RC 电路无外加输入信号，所以是求零输入响应。根据换路定律，有

$$u_C(0_+) = u_C(0_-) = U_0 = 30 \text{ V}$$

时间常数

$$\tau = RC = (1+3) \times 10^3 \times 5 \times 10^{-6} \text{ s} = 20 \text{ ms}$$

所以

$$u_C = U_0 e^{-t/\tau} = 30e^{-\frac{t}{20\times10^{-3}}} \text{ V} = 30e^{-50t} \text{ V}$$

5.2.2　零状态响应

如图 5.2.3(a)所示电路，开关 S 在 $t=0$ 时突然闭合，RC 电路与直流电压 U_S 接通，如果电容 C 原来没有充电，即初始条件 $u_C(0_-)=0$，则 RC 电路处于零状态。这时，电路中的电压和电流是仅由外施激励引起的。这种响应，称为 RC 电路的零状态响应。

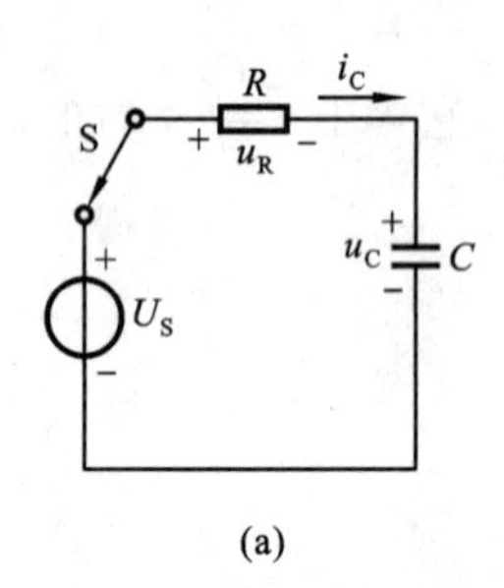

(a)

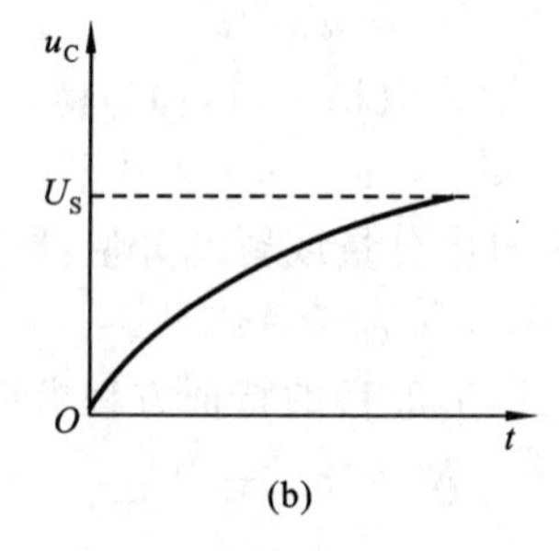

(b)

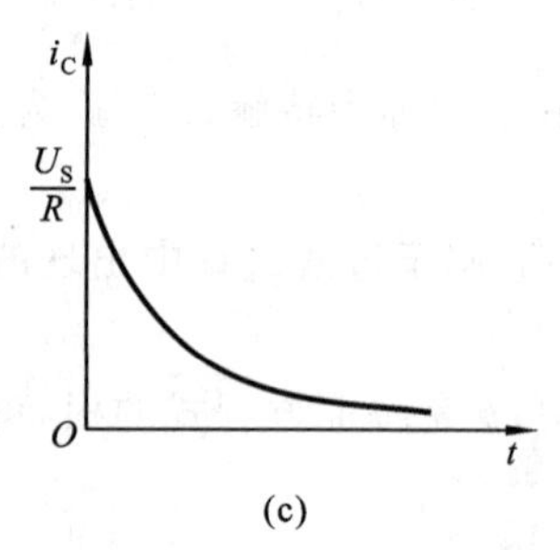

(c)

图 5.2.3　RC 电路的零状态响应和 u_C、i_C 的变化曲线

开关闭合后，由基尔霍夫电压定律，有

$$u_R + u_C = U_S$$

又因为

$$i_C = C\frac{du_C}{dt}, \quad u_R = Ri_C$$

所以

$$RC\frac{du_C}{dt} + u_C = U_S$$

这是一个一阶线性非齐次常微分方程，解为

$$u_C = U_S + Ae^{-t/\tau} \tag{5.2.4}$$

由于电容上电压不能突变，因此 u_C 的初始值为

$$u_C(0_+) = u_C(0_-) = 0$$

代入式(5.2.4)得 $A=-U_S$。因此，响应电压 u_C 和响应电流 i_C 分别为

$$u_C = U_S - U_S e^{-t/\tau} = U_S(1 - e^{-t/\tau})$$

$$i_C = C\frac{du_C}{dt} = \frac{U_S}{R}e^{-t/\tau}$$

u_C 和 i_C 随时间变化的曲线分别如图 5.2.3(b)、(c)所示。由图可见，u_C 是由初始值 0 开始按指数规律增加，而 i_C 则是由初始值 U_S/R 开始按指数规律衰减的。

【例 5.2.2】 如图 5.2.4(a)所示电路，开关 S 在 $t=0$ 时突然闭合。设 S 闭合前，电容 C 未充过电。试求：(1) 电路的时间常数；(2) 充电电流的最大值；(3) 响应电压 u_C 和电流 i_C 。

【解】 如图 5.2.4(a)中，a、b 两端子的左侧是一个有源一端口网络，首先将其化简，得其等效电路如图 5.2.4(b)所示。

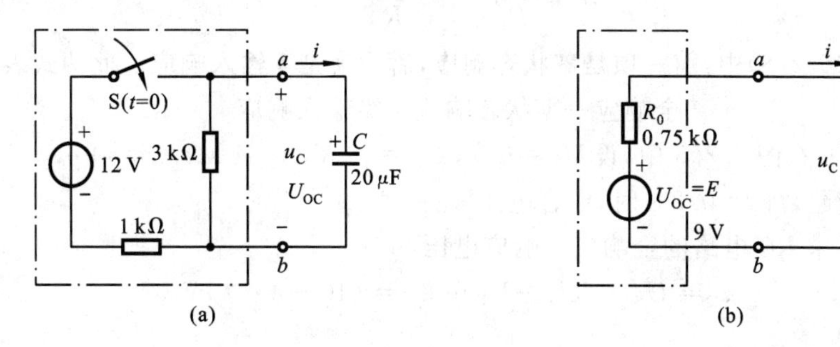

图 5.2.4 例 5.2.2 的图

(1) 电路的时间常数。

$$\tau = R_0 C = 0.75 \times 10^3 \times 20 \times 10^{-6}\ \text{s} = 15\ \text{ms}$$

(2) 因为开关 S 合上瞬间，$u_C = 0$，所以充电电流为最大值，即

$$i_{\max} = \frac{E}{R_0} = \frac{9}{0.75} = 12\ \text{mA}$$

(3) 响应电压。

$$u_C = E(1 - e^{-t/\tau}) = 9(1 - e^{-\frac{t}{15\times10^{-3}}})\ \text{V}$$

电流
$$i = \frac{E}{R_0}e^{-t/\tau} = \frac{9}{0.75}e^{-\frac{t}{15\times10^{-3}}}\ \text{mA} = 12e^{-\frac{t}{15\times10^{-3}}}\ \text{mA}$$

5.2.3 全响应

如果 RC 电路处于非零初始状态，且同时受到外施激励情况下，那么，电路的响应称为 RC 电路的全响应。如图 5.2.5 所示的电路，开关 S 处于位置 a 时，u_C 充电到 U_0 。当 $t=0$ 时，将开关 S 改接到位置 b，RC 电路与 U_0 断开，同时接通激励源 U_S。此种情况下，求电路的电压和电流是求电路的全响应。

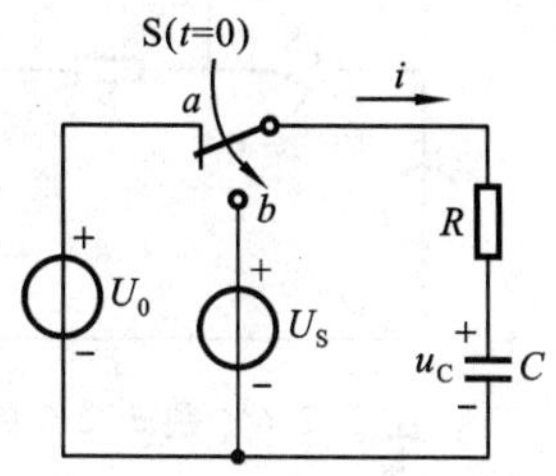

图 5.2.5 RC 电路的全响应

开关 S 转接到位置 b 时，由基尔霍夫电压定律列出方程

$$RC\frac{du_C}{dt} + u_C = U_S$$

解为 $$u_C = U_S + A e^{-t/\tau}$$

将初始条件 $u_C(0_+) = u_C(0_-) = U_0$ 代入上式，得

$$A = U_0 - U_S$$

所以
$$u_C = U_S + (U_0 - U_S) e^{-t/\tau} \tag{5.2.5}$$

响应电流为
$$i = C\frac{du_C}{dt} = \frac{U_S - U_0}{R} e^{-t/\tau} \tag{5.2.6}$$

式(5.2.5)和式(5.2.6)可以分别改写为

$$u_C = U_S(1 - e^{-t/\tau}) + U_0 e^{-t/\tau} \tag{5.2.7}$$

$$i = \frac{U_S}{R} e^{-t/\tau} - \frac{U_0}{R} e^{-t/\tau} \tag{5.2.8}$$

式(5.2.7)和式(5.2.8)中，前一项是零状态响应，后一项是零输入响应。此两式表明

全响应＝零状态响应＋零输入响应

【例 5.2.3】 在图 5.2.5 中，设 $U_0 = 6$ V，$U_S = 10$ V，$R = 4$ kΩ，$C = 50$ μF。试求开关 S 换接到位置 b 算起，待 $t = 0.2$ s 时，电容电压 u_C 的值。

【解】 这是求 RC 电路的全响应。响应电压

$$u_C = U_S + (U_0 - U_S) e^{-t/\tau} = (10 - 4e^{-t/\tau}) \text{V}$$

由图 5.2.5 求得

$$\tau = RC = 4 \times 10^3 \times 50 \times 10^{-6} \text{ s} = 0.2 \text{ s}$$

$$u_C(0.2) = (10 - 4e^{-0.2/0.2}) \text{ V} = 8.53 \text{ V}$$

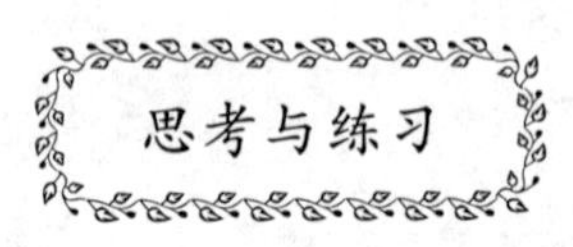

5.2.1 对于同一个 RC 电路，用不同的电压源对它充电，问电容达到稳态值所需的时间是否相等？

5.2.2 电路如图 5.2.6 所示，电容初始状态未储能，且电容量较大，当开关 S 闭合时，灯泡的亮度将如何变化？

5.2.3 在如图 5.2.7 所示电路中，开关 S 闭合时电容器充电，S 再打开时电容器放电，试分别求充电和放电的时间常数。

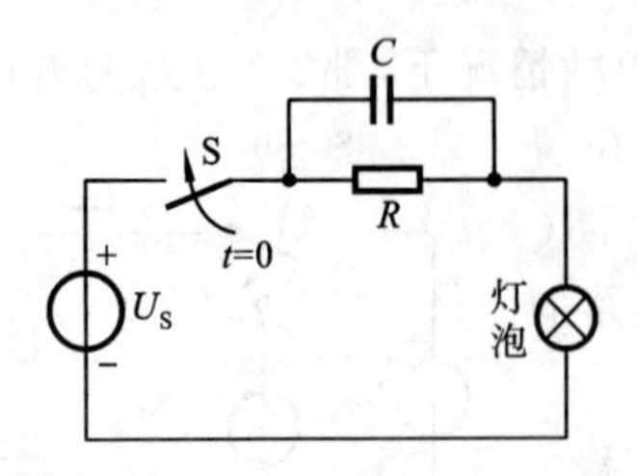

图 5.2.6 题 5.2.2 的图

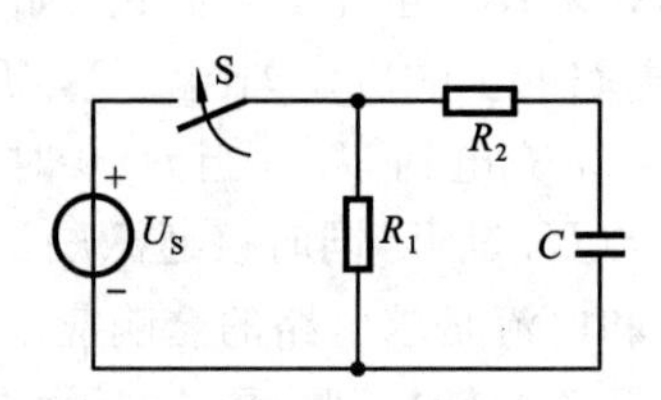

图 5.2.7 题 5.2.3 的图

5.3 RL 电路的响应

5.3.1 零输入响应

在如图 5.3.1(a)所示电路中，换路前(即开关 S 断开)电路已处于稳态，电感中流过的电流为

$$i(0_-) = I_0 = \frac{U_S}{r+R}$$

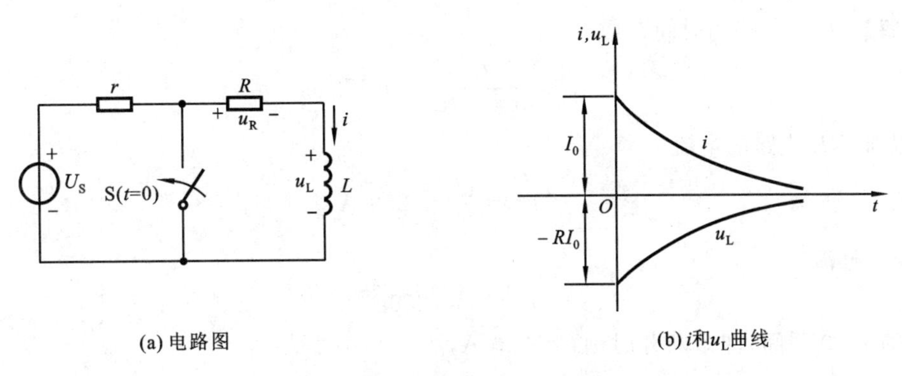

(a) 电路图　　(b) i和u_L曲线

图 5.3.1　RL 电路的零输入响应

当 $t=0$ 时，S 突然闭合，则 RL 电路被突然短接，求换路后的响应电流 i 和 u_L 就是求 RL 电路的零输入响应。由基尔霍夫第二定律列出 $t \geqslant 0$ 时电路的微分方程为

$$L\frac{\mathrm{d}i}{\mathrm{d}t} + Ri = 0 \tag{5.3.1}$$

所以
$$i = A\mathrm{e}^{pt}$$

由式(5.3.1)的特征方程 $Lp + R = 0$ 得 $p = -R/L$，故

$$i = A\mathrm{e}^{-Rt/L}$$

根据初始条件
$$i(0_+) = i(0_-) = I_0$$

代入上式
$$i(0_+) = A = I_0$$

则有
$$i = I_0\mathrm{e}^{-Rt/L} = I_0\mathrm{e}^{-t/\tau} \tag{5.3.2}$$

$$u_L = L\frac{\mathrm{d}i}{\mathrm{d}t} = -RI_0\mathrm{e}^{-Rt/L} = -RI_0\mathrm{e}^{-t/\tau} \tag{5.3.3}$$

i 和 u_L 随时间变动的曲线如图 5.3.1(b)所示。式(5.3.2)和式(5.3.3)中，$\tau = L/R$，称为 RL 电路的时间常数，它与 RC 电路中的 $\tau = RC$ 意义相同，其单位也是 s。

【例 5.3.1】 某发电机的励磁回路如图 5.3.2(a)所示。已知 $R=0.2\ \Omega$，$L=0.45\ \mathrm{H}$，$U=50\ \mathrm{V}$。电压表的内阻为 $R_V = 3\ \mathrm{k\Omega}$，量程为 100 V。开关合上时，电路已经稳定。$t=0$ 时，开关 S 断开。试求：(1)响应电流 i；(2)$t=0$ 瞬间电压表两端的电压。

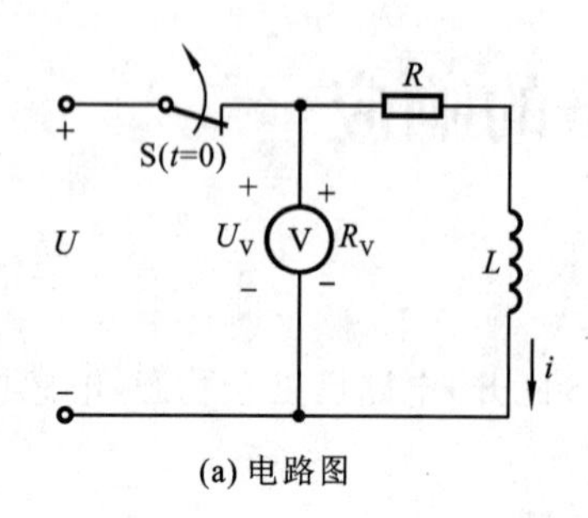

(a) 电路图

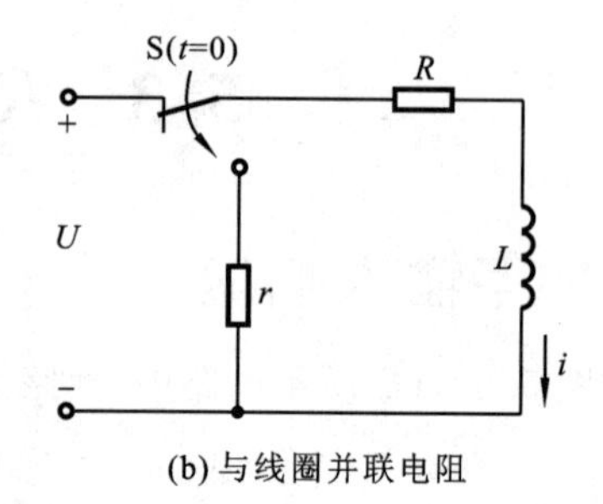

(b) 与线圈并联电阻

图 5.3.2　例 5.3.1 的图

【解】（1）电路的时间常数

$$\tau = \frac{L}{R_V + R} = 0.15\ \text{ms}$$

$t=0$ 以前，RL 支路的电流

$$I_0 = \frac{U}{R} = 250\ \text{A}$$

所以响应电流

$$i = I_0 e^{-t/\tau} = 250e^{-6\,667t}\ \text{A}$$

（2）$t=0$ 瞬间，即 S 断开时刻，$i=250$ A，故

$$u_V = -250 \times 3 \times 10^3\ \text{V} = -750\ \text{kV}$$

如此高的电压加在电压表上，虽然时间短，但也有可能损坏电压表，所以通常在 S 断开前，将电压表从电路中断开。同时用一个低阻 r（泄放电阻）与线圈并联，如图 5.3.2(b)所示，以释放线圈所储存的能量。

5.3.2　零状态响应

RL 电路在初始状态为零时对外施激励的响应，称为 RL 电路的零状态响应。如图 5.3.3(a)所示电路中，设 $i_L(0_-)=0$，开关 S 在 $t=0$ 时突然闭合，RL 电路与恒定电压 U_S 接通，求此时电路中的电流 i 和电压 u_L，就是求 RL 电路对直流电压 U_S 的零状态响应。

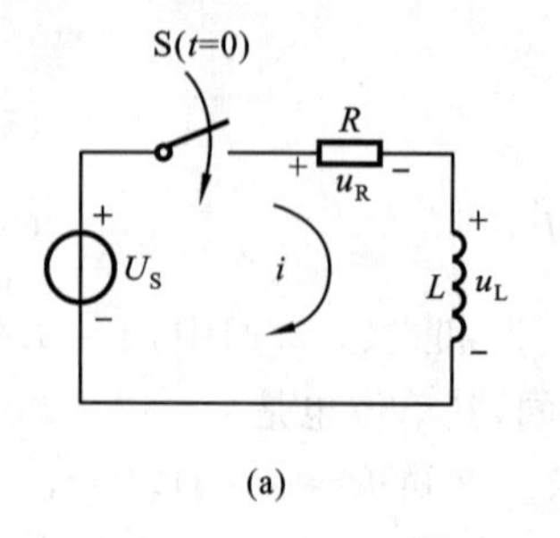

(a)

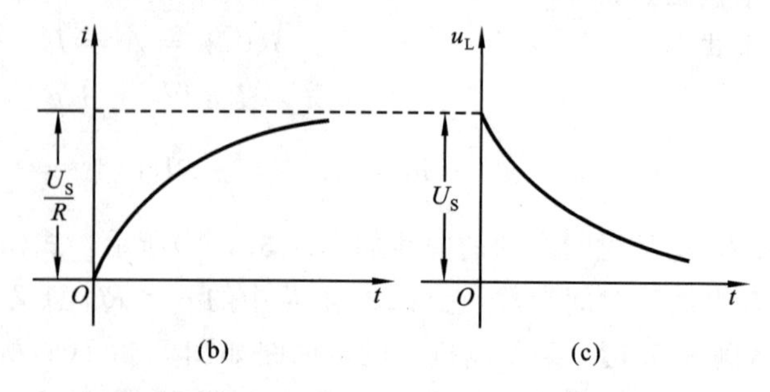

(b)　(c)

图 5.3.3　RL 电路的零状态响应

回路电压方程为

$$L\frac{\mathrm{d}i}{\mathrm{d}t}+Ri=U_{\mathrm{S}}$$

通解为
$$i=\frac{U_{\mathrm{S}}}{R}+A\mathrm{e}^{-t/\tau} \tag{5.3.4}$$

由换路定律得 $i(0_+)=i(0_-)=0$，代入上式，有

$$A=-\frac{U_{\mathrm{S}}}{R}$$

因此
$$\left.\begin{aligned} i&=\frac{U_{\mathrm{S}}}{R}-\frac{U_{\mathrm{S}}}{R}\mathrm{e}^{-t/\tau}=\frac{U_{\mathrm{S}}}{R}(1-\mathrm{e}^{-t/\tau}) \\ u_{\mathrm{L}}&=L\frac{\mathrm{d}i}{\mathrm{d}t}=U_{\mathrm{S}}\mathrm{e}^{-t/\tau} \end{aligned}\right\} \tag{5.3.5}$$

图 5.3.3(b)和(c)绘出了 i 和 u_{L} 随时间变化的曲线。

【例 5.3.2】 在如图 5.3.4(a)所示电路中，已知 $U_{\mathrm{S}}=50\ \mathrm{V}$，$R=20\ \Omega$，$L_1=200\ \mathrm{mH}$，$L_2=L_3=600\ \mathrm{mH}$。试问：(1)该电路是否属于一阶电路，为什么？(2)零状态响应电流 i 和电压 u_{L} 的变化规律如何？

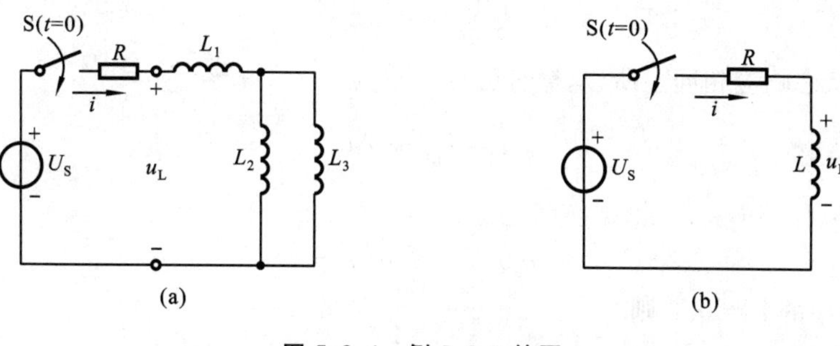

图 5.3.4 例 5.3.2 的图

【解】 (1) 该电路仍属于一阶电路，因为 L_1、L_2、L_3 可以等效为一个电感，如图 5.3.4(b)所示，所以电路为含有一个电阻和一个等效电感的一阶电路。

(2) 电路的等效电感和时间常数分别为

$$L=L_1+\frac{L_2L_3}{L_2+L_3}=\left(200+\frac{600\times 600}{600+600}\right)\ \mathrm{mH}=500\ \mathrm{mH}$$

$$\tau=\frac{L}{R}=\frac{500\times 10^{-3}}{20}\ \mathrm{s}=25\ \mathrm{ms}$$

由式(5.3.5)可得

$$i=\frac{50}{20}(1-\mathrm{e}^{-\frac{t}{25\times 10^{-3}}})=2.5(1-\mathrm{e}^{-40t})\ \mathrm{A}$$

$$u_{\mathrm{L}}=50\mathrm{e}^{-40t}\ \mathrm{V}$$

5.3.3 全响应

RL 电路的全响应可以用如图 5.3.5(a)所示电路来说明。当开关 S 与 1 点闭合长时间以后,在 $t=0$ 瞬间,迅速将 S 投向 2 点,使 RL 串联电路又与电压 U_S 接通,这就是 RL 电路的全响应。

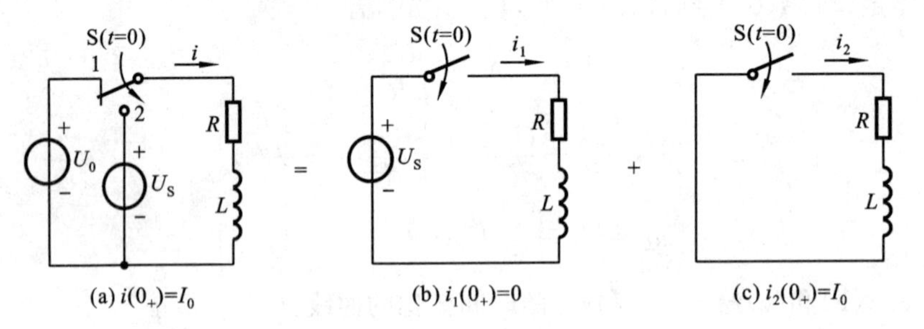

图 5.3.5 RL 电路的全响应

首先,列出 $t \geqslant 0$ 时的电压方程为

$$L\frac{\mathrm{d}i}{\mathrm{d}t} + Ri = U_S$$

其形式与零状态响应相同。所以,微分方程的解为

$$i = \frac{U_S}{R} + A\mathrm{e}^{-t/\tau} \tag{5.3.6}$$

因为 $i(0_-) = I_0 = U_0/R$,根据换路定律有

$$i(0_+) = i(0_-) = I_0$$

令式(5.3.6)中的 $t = 0_+$,则

$$i(0_+) = \frac{U_S}{R} + A = I_0$$

或

$$A = I_0 - \frac{U_S}{R}$$

由此可见,与零状态响应相比,初始状态不相同,则积分常数 A 也不同。将 A 的值代入式(5.3.6),得

$$i = \frac{U_S}{R} + \left(I_0 - \frac{U_S}{R}\right)\mathrm{e}^{-t/\tau} = \frac{U_S}{R}(1 - \mathrm{e}^{-t/\tau}) + I_0\mathrm{e}^{-t/\tau}$$

这表明

全响应=零状态响应+零输入响应

图解如图 5.3.5(b)、(c)所示。

表 5.3.1 列出了一阶电路的响应,以供比较。

表 5.3.1 一阶电路的响应

响 应	电路 ($t\geqslant 0$)	稳态值 ($t\geqslant 0$)	时间常数 ($t\geqslant 0$)	响应电压和电流表达式($t\geqslant 0$)	变动曲线
零输入	R, i, $+\ u_R\ -$, $+\ u_C\ -$, $+U_0$, C	$u_C(\infty)=0$ $i(\infty)=0$	$\tau=RC$	$u_C=U_0\mathrm{e}^{-t/\tau}$ $i=-\dfrac{U_0}{R}\mathrm{e}^{-t/\tau}$	u_C,i; U_0; u_C; 0; t; i; $\dfrac{U_0}{R}$
零状态	R, i, $+\ u_R\ -$, $+\ U_S\ -$, $+\ u_C\ -$, C	$u_C(\infty)=U_S$ $i(\infty)=0$		$u_C=U_S(1-\mathrm{e}^{-t/\tau})$ $i=\dfrac{U_S}{R}\mathrm{e}^{-t/\tau}$	u_C,i; U_S; $\dfrac{U_S}{R}$; u_C; i; 0; t
零输入	R, i, u_R, $+\ u_L\ -$, 1, 2, I_0, L	$i(\infty)=0$	$\tau=\dfrac{L}{R}$	$i=I_0\mathrm{e}^{-t/\tau}$ $u_L=-RI_0\mathrm{e}^{-t/\tau}$	u_L,i; I_0; i; 0; t; u_L; $-RI_0$
零状态	R, i, u_R, $+\ U_S\ -$, $+\ u_L\ -$, L	$i(\infty)=\dfrac{U_S}{R}$		$i=\dfrac{U_S}{R}(1-\mathrm{e}^{t/\tau})$ $u_L=U_S\mathrm{e}^{-t/\tau}$	u_L,i; U_S; $\dfrac{U_S}{R}$; i; u_L; 0; t
全响应=零状态响应+零输入响应					

【例 5.3.3】 如图 5.3.5(a)所示电路中,设 $U_0=6$ V,$U_S=12$ V,$R=4\ \Omega$,$L=0.6$ H。试求 $t=0.3$ s 时,i 和 u_L 的值。

【解】 全响应电流

$$i=\frac{U_S}{R}(1-\mathrm{e}^{-t/\tau})+I_0\mathrm{e}^{-t/\tau}$$

其中

$$\tau=\frac{L}{R}=\frac{0.6}{4}\ \mathrm{s}=0.15\ \mathrm{s}$$

故

$$i=\frac{12}{4}(1-\mathrm{e}^{-t/\tau})+\frac{6}{4}\mathrm{e}^{-t/\tau}=[3(1-\mathrm{e}^{-t/0.15})+1.5\ \mathrm{e}^{-t/0.15}]\ \mathrm{A}$$

则

$$i_{(t=0.3)}=3(1-\mathrm{e}^{-2})+1.5\mathrm{e}^{-2}=2.8\ \mathrm{A}$$

又

$$u_L=L\frac{\mathrm{d}i}{\mathrm{d}t}=0.6(20\mathrm{e}^{-t/0.15}-10\mathrm{e}^{-t/0.15})=6\mathrm{e}^{-t/0.15}\ \mathrm{V}$$

则

$$u_{L_{(t=0.3)}}=6\mathrm{e}^{-2}=0.81\ \mathrm{V}$$

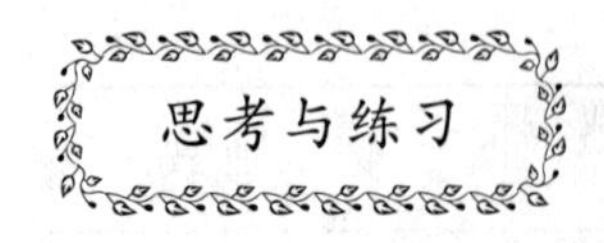

5.3.1　RL 电路与 RC 电路相比，时间常数 τ 有什么异同？

5.3.2　在图 5.3.6 所示电路中，开关 S 闭合前 $i_L(0_-)=0$，在 $t=0$ 时，将开关 S 闭合，求电流 i。

5.3.3　何谓一阶电路？图 5.3.7 所示的电路是否为一阶电路？为什么？

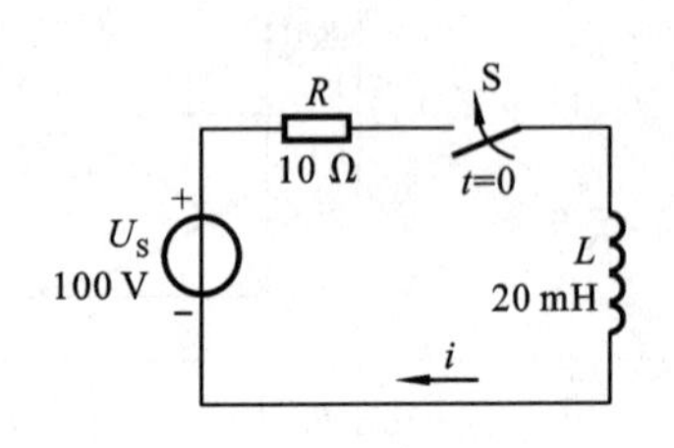

图 5.3.6　题 5.3.2 的图

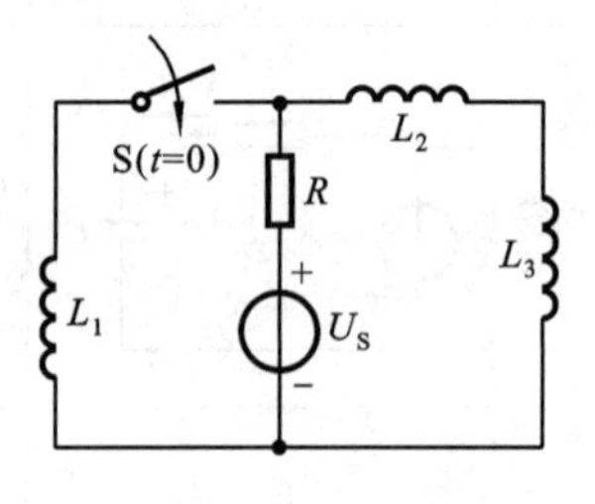

图 5.3.7　题 5.3.3 的图

5.4　微分电路和积分电路

5.4.1　微分电路

如图 5.4.1(a)所示电路中，输入 u_i 为矩形脉冲。脉冲宽度为 t_p，幅度为 U。选取电路的时间常数 $\tau = RC \ll t_p$ 时，分析输出电压 u_o 与输入电压 u_i 之间的关系如下。

当矩形脉冲 $u_i = U$ 时，设 $u_C(0_-)=0$，此时相当于 RC 电路的零状态响应。响应电流 i

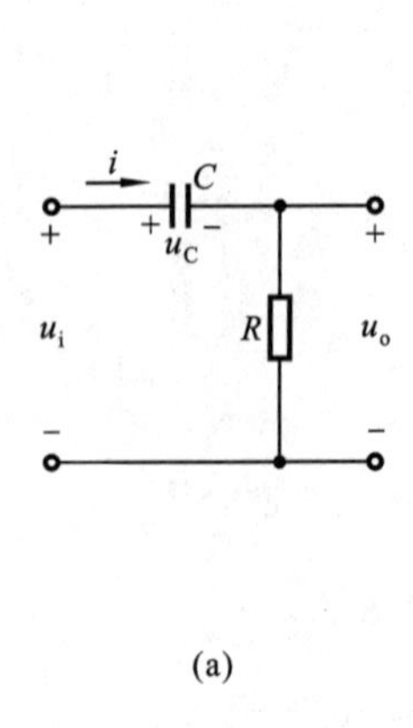

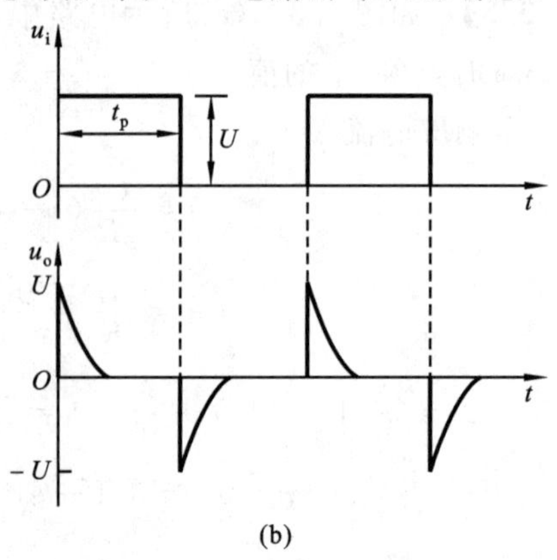

(a)　(b)

图 5.4.1　微分电路及其波形

和响应电压 u_o（u_R）分别为

$$i = \frac{U}{R}e^{-t/\tau}$$

$$u_o = Ri = Ue^{-t/\tau}$$

充电电流 i 在 R 上形成的波形如图 5.4.1(b)所示的正尖脉冲，是因为 $\tau \ll t_p$，动态过程进行得很快的缘故。

由于 τ 很小，即 R 和 C 很小，电阻 R 上的电压就远小于电容 C 上的电压 u_C，因此

$$u_i = u_C + u_o \approx u_C$$

则
$$u_o = Ri = RC\frac{du_C}{dt} \approx RC\frac{du_i}{dt}$$

上式表明，输出电压 u_o 与输入电压 u_i 之间近似存在着微分关系，所以如图 5.4.1(a)所示的电路称为微分电路。

5.4.2 积分电路

如果将微分电路的两个元件位置对调，即输出电压取自电容器 C；同时调整参数 R 和 C，使 $\tau \gg t_p$，就组成了积分电路，如图 5.4.2(a)所示。

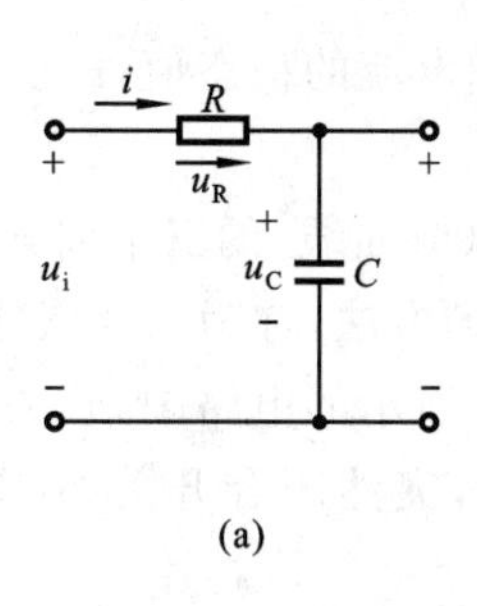

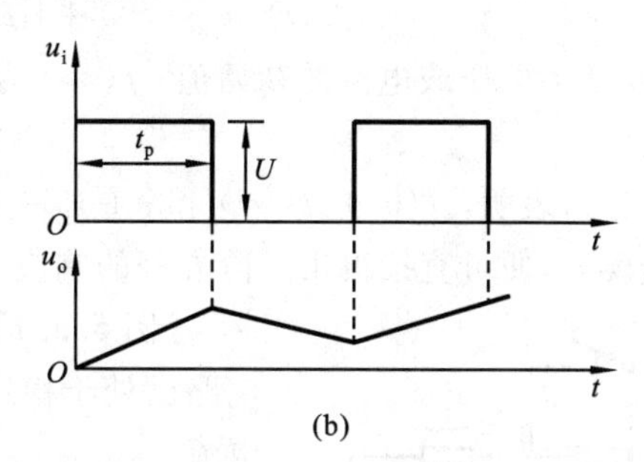

图 5.4.2 积分电路及其波形

由于 $\tau \gg t_p$，电容 C 的充放电进行很缓慢，在 $u_i = U$ 期间，电容 C 未能充满电荷时，u_i 又由 U 突然下降到零，电容 C 通过电阻 R 放电，放电也非常缓慢。u_o 和 u_i 波形如图 5.4.2(b)所示，

因为 τ 很大，$u_C \ll u_R$（R 很大），故

$$u_i = u_R + u_o \approx u_R = Ri$$

则
$$i \approx \frac{u_i}{R}$$

所以
$$u_o = u_C = \frac{1}{C}\int i\mathrm{d}t \approx \frac{1}{C}\int \frac{u_i}{R}\mathrm{d}t = \frac{1}{RC}\int u_i\mathrm{d}t$$

上式表明，输出电压 u_o 与输入电压 u_i 对时间的积分近似成正比，故称如图 5.4.2(a)所示电路为积分电路。

思考与练习

5.4.1　在如图5.4.1(a)所示电路中，为什么要取$\tau \ll t_p$，才构成微分电路？

5.4.2　在如图5.4.2(a)所示电路中，为什么要取$\tau \gg t_p$，才构成积分电路？

5.5　三要素法

如果所列动态电路的微分方程是一阶方程，则将该电路称为一阶电路。求解一阶电路，除了列微分方程的方法（常称解析法或经典法）以外，还有一种简单有效的方法，就是三要素法。

设$f(t)$是待求变量，由经典法求得全解为

$$f(t) = f(\infty) + Ae^{-t/\tau}$$

$t = 0_+$时，　　$f(0_+) = f(\infty) + A,\quad A = f(0_+) - f(\infty)$

所以

$$f(t) = f(\infty) + [f(0_+) - f(\infty)]e^{-t/\tau}$$

式中：$f(0_+)$为电压或电流的初始值；$f(\infty)$为换路后电压和电流的稳态值；τ为电路的时间常数。

上述分析表明，$f(0_+)$、$f(\infty)$和τ是唯一确定指数函数（或曲线）的三个要素，只要求出了这三个要素，便可直接得出一阶方程的响应。这种获得解的方法，称为三要素法。

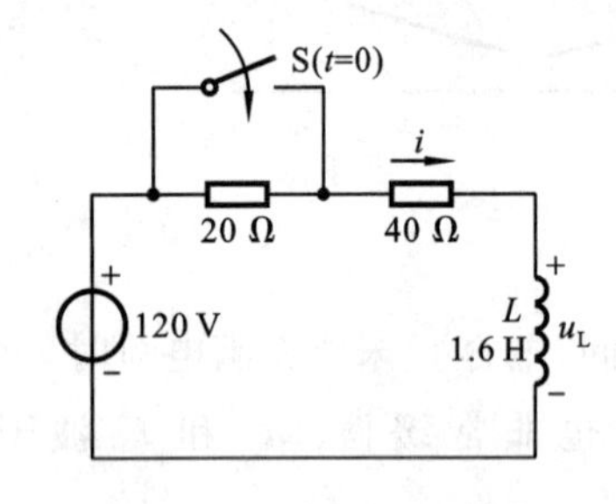

图5.5.1　例5.5.1的图

【例5.5.1】　如图5.5.1所示的电路中，开关S断开时，电路已处于稳定。在$t=0$时，突然闭合开关S，求电路中的电流i。

【解】　这是求RL电路的全响应。

由开关S闭合前的电路求得电流的初始值

$$I_0 = i(0_+) = i(0_-) = \left(\frac{120}{20+40}\right)\text{ A} = 2\text{ A}$$

由开关闭合后的电路，求得电路的时间常数和电流的稳态值分别为

$$\tau = \frac{1.6}{40}\text{ s} = 0.04\text{ s}$$

$$i(\infty) = \frac{120}{40}\text{ A} = 3\text{ A}$$

所以$i = i(\infty) + [i(0_+) - i(\infty)]e^{-t/\tau} = 3 + (2-3)e^{-t/0.04} = (3 - e^{-25t})\text{ A}$

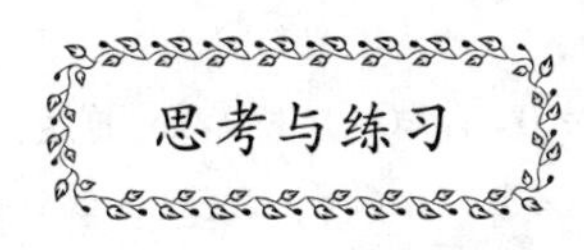

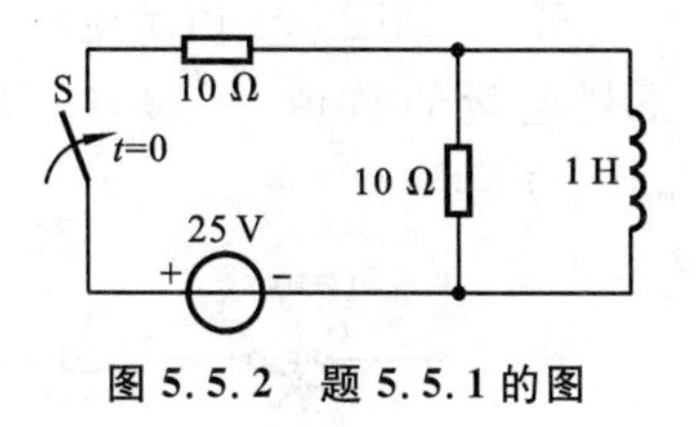

图 5.5.2　题 5.5.1 的图

5.5.1　求如图 5.5.2 所示电路在 S 闭合后的时间常数 τ。

5.5.2　在一阶电路中，当 R 一定时，C 或 L 越大，换路时的过渡过程进行得越快还是越慢？

本章小结

本章介绍了电路的时域分析方法。在电路分析中，常将电路的接通、切断、短路、电路接线方式的突然改变，电源的突然变化及电路参数的突然改变等，称为换路。电感中的电流和电容两端的电压不能突变，而只能逐渐变化。但是，电容电流、电感电压以及电阻电压、电阻电流是可以突变的。

如果电路中没有外加输入，即外施激励为零时，仅有储能元件原来储存的能量，在电路中产生的电压和电流，称为电路的零输入响应。电路中的电压和电流是仅由外施激励引起的，这种响应称为电路的零状态响应。如果电路处于非零初始状态，且同时受到外施激励情况下，那么，电路的响应称为电路的全响应。全响应等于零状态响应与零输入响应的共同作用。常用三要素法求解一阶电路。

输出电压与输入电压之间近似存在着微分关系的电路称为微分电路；输出电压与输入电压对时间的积分近似成正比的电路称为积分电路。

习　　题

5.1　在如图 5.1 所示的两个电路中，开关 S 原来闭合，且电路已处于稳态。试确定开关 S 在 $t=0$ 断开时刻的电流 $i(0_+)$ 和电压 $u(0_+)$ 。

5.2　当如图 5.2 所示电路中的开关 S 突然从点 1 转到点 2 时，试确定电容 C 上的电压

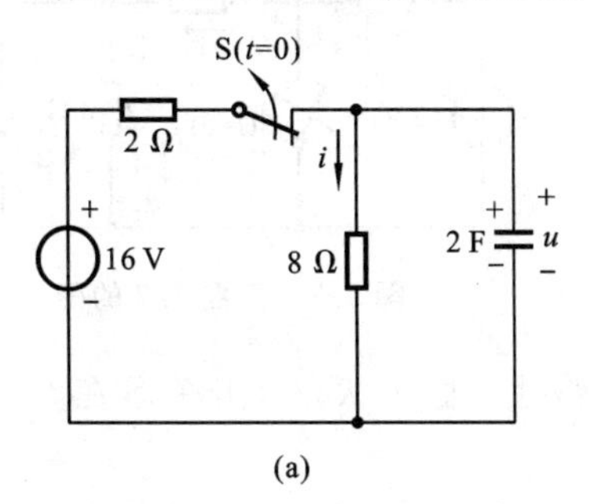

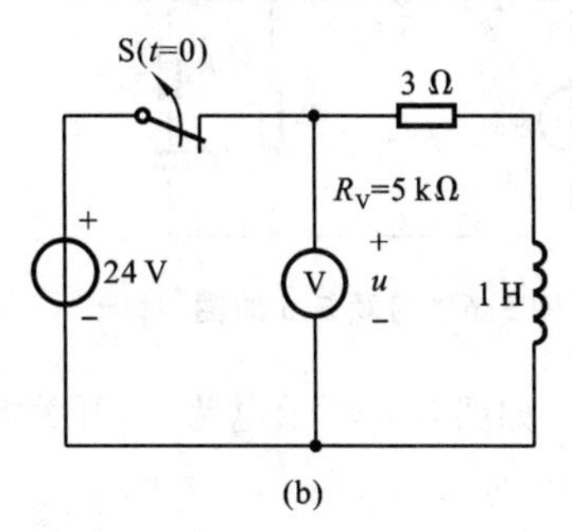

图 5.1　习题 5.1 的图

$u_C(0_+)$ 和电流 $i(0_+)$。设 S 转换前已经稳定。

5.3　如图 5.3 所示电路中，开关 S 在 $t=0$ 时闭合，设 $u_C(0_-)=0$，$i_L(0_-)=0$，试确定下列电量的数值。(1) $i(0_+)$，$i_L(0_+)$，$i_C(0_+)$，$u_C(0_+)$；(2) $i(\infty)$，$i_L(\infty)$，$i_C(\infty)$，$u_C(\infty)$。

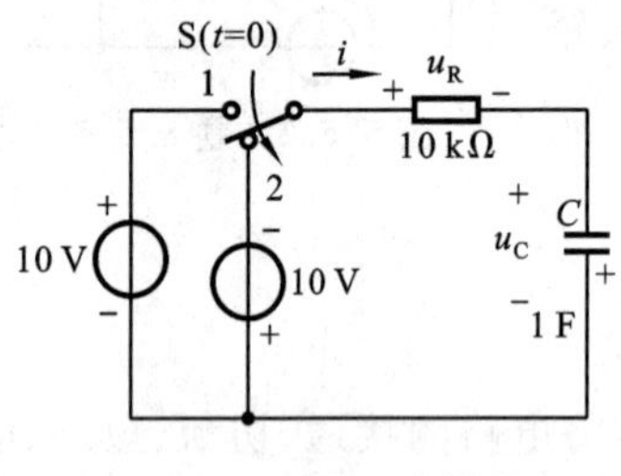

图 5.2　习题 5.2 的图

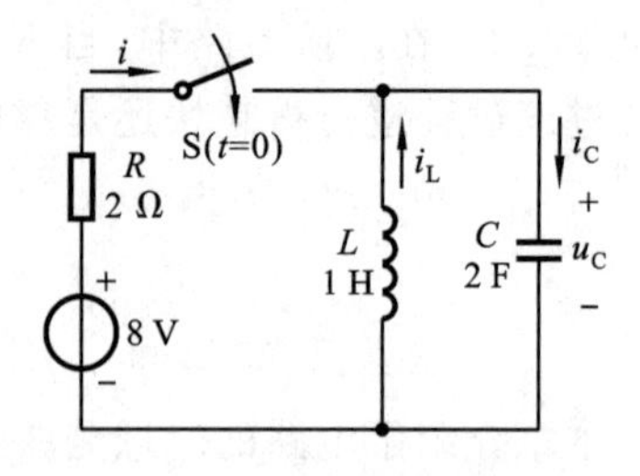

图 5.3　习题 5.3 的图

5.4　如图 5.4 所示电路，开关 S 闭合前已工作了很长时间。求开关闭合后电容电压初始值 $u_C(0_+)$ 及各电流初始值 $i_1(0_+)$、$i_2(0_+)$、$i_C(0_+)$。

5.5　如图 5.5 所示的电路在换路前已经稳定，求开关 S 闭合后各电流的初始值 $i(0_+)$、$i_L(0_+)$、$i_S(0_+)$ 及电感电压初始值 $u_L(0_+)$。

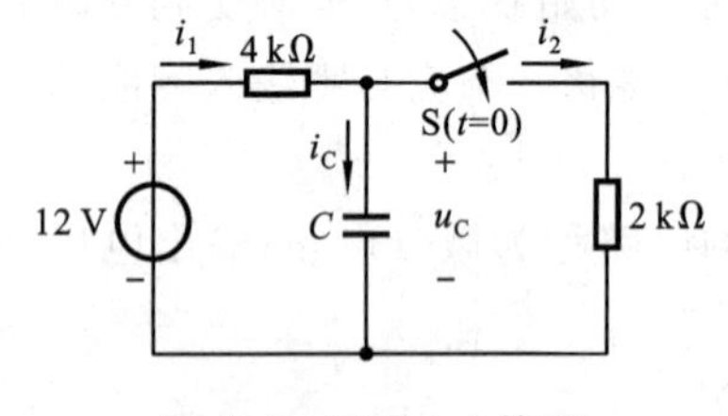

图 5.4　习题 5.4 的图

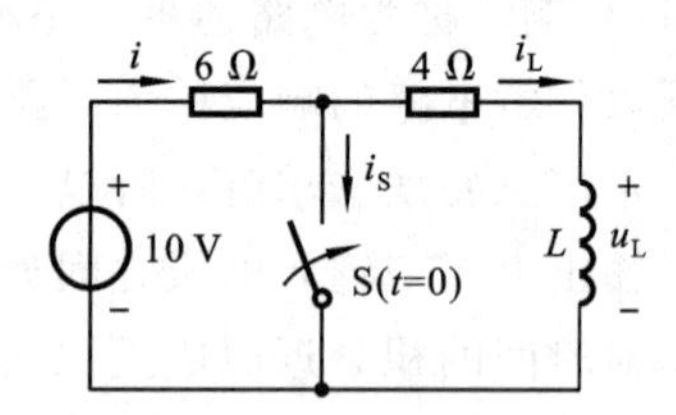

图 5.5　习题 5.5 的图

5.6　分别求出如图 5.6 所示 RC 电路在零输入响应和零状态响应时，电路的时间常数 τ。

5.7　电路如图 5.7 所示，开关 S 在 $t=0$ 时闭合。设闭合一瞬间电容已充电到 8 V，试求 $t\geqslant0$ 时电流 i_1 随时间的变化规律。

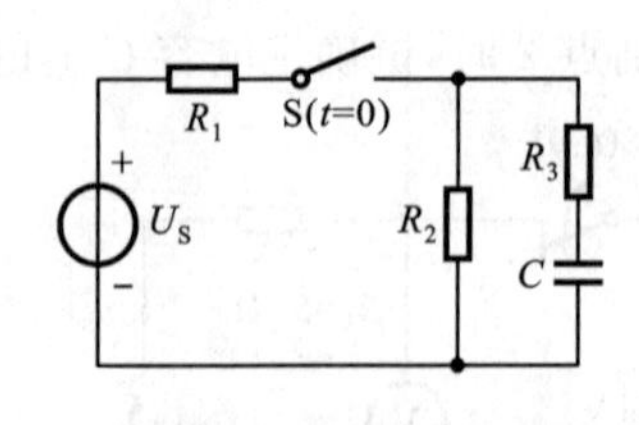

图 5.6　习题 5.6 的图

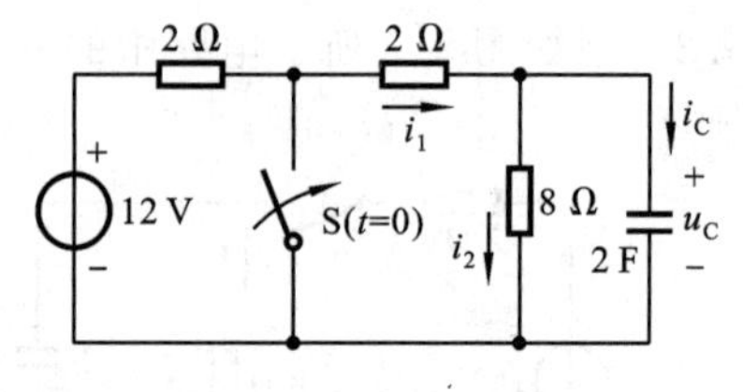

图 5.7　习题 5.7 的图

5.8　如图 5.8 所示电路中，开关 S 断开前电路处于稳定状态。开关 S 在 $t=0$ 时断开，求 $t\geqslant0$ 时的 u_C、i_C、i_1、i_2 及 u_S。

5.9　如图 5.9 所示电路中，开关 S 长时间打开，在 $t=0$ 瞬时关闭。试求 $t<0$ 和 $t>0$

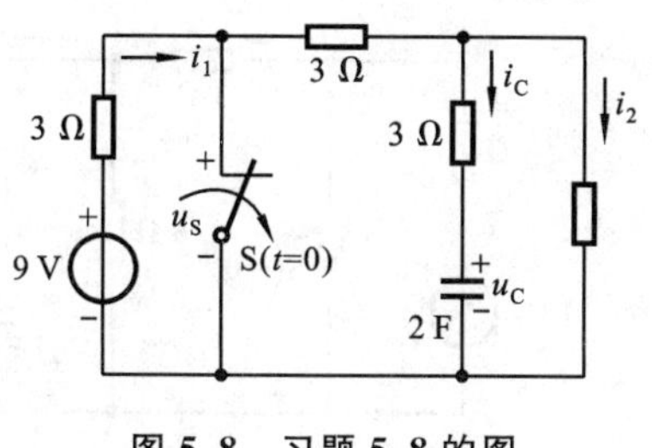

图 5.8　习题 5.8 的图

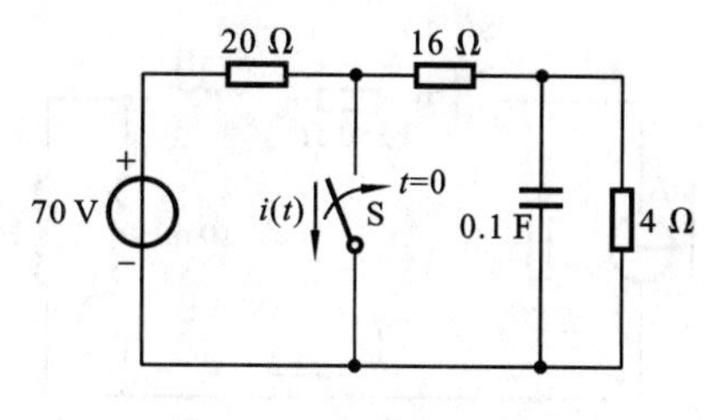

图 5.9　习题 5.9 的图

时的电容电压 $u_C(t)$ 。

5.10　如图 5.10 所示电路，开关 S 与点 1 接通很久以后，在 $t=0$ 瞬时迅速将开关投向点 2，试确定 $t>0$ 时 u_C 的变化规律。

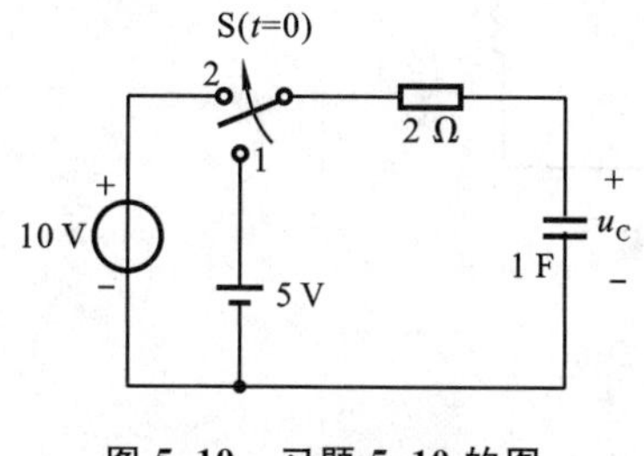

图 5.10　习题 5.10 的图

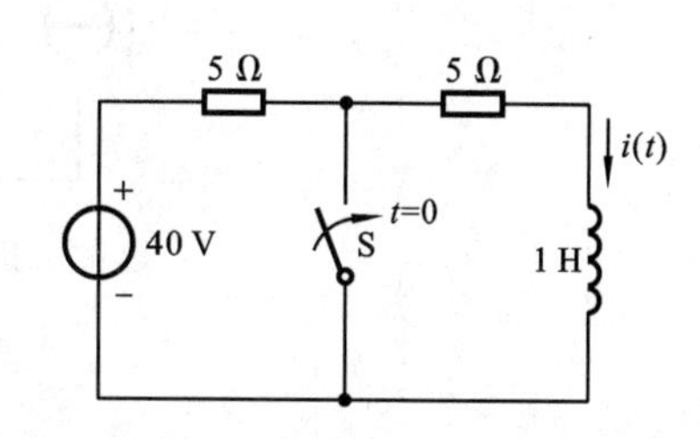

图 5.11　习题 5.11 的图

5.11　如图 5.11 所示电路，长期断开的开关 S 在 $t=0$ 时关闭，试求 $t<0$ 和 $t>0$ 时 $i(t)$ 的表达式。

5.12　如图 5.12 所示电路，$t=0$ 时开关 S 断开，求电路中的电流 i_L 的变化规律。

5.13　如图 5.13 所示电路，开关 S 长期打开，在 $t=0$ 瞬时关闭，试确定 $t<0$ 和 $t>0$ 时该电路中的电流 i_L 。

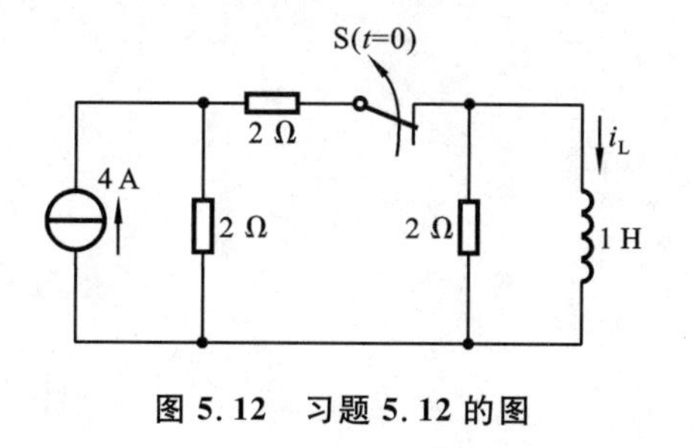

图 5.12　习题 5.12 的图

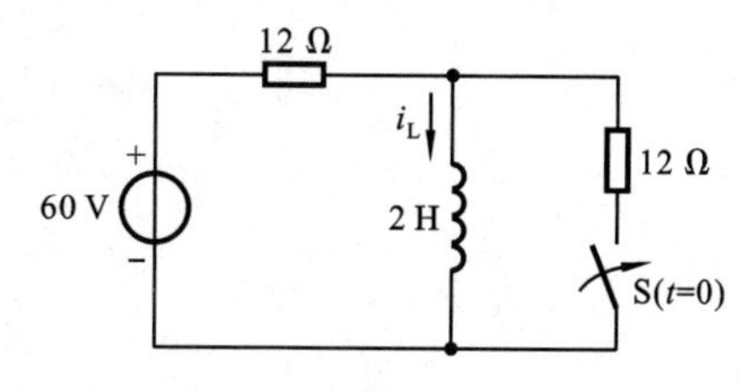

图 5.13　习题 5.13 的图

5.14　用三要素法求如图 5.14 所示电路中，开关 S 在 $t=0$ 时刻闭合的电流 i。

5.15　如图 5.15 所示电路，开关 S 原来是打开的，电路处于稳定状态。在 $t=0$ 瞬时将 S 闭合，用三要素法求 $t\geqslant 0$ 时的 u_C 、i_C 及 i。

5.16　如图 5.16 所示电路原已稳定，开关 S 在 $t=0$ 时闭合，用三要素法求 $t\geqslant 0$ 时各支路电流及电感的端电压。

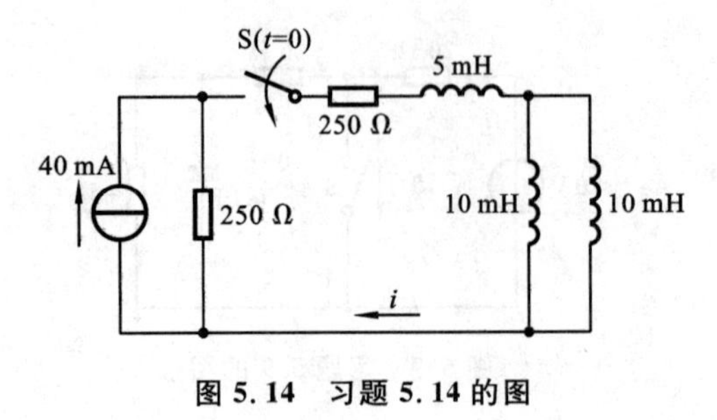

图 5.14　习题 5.14 的图

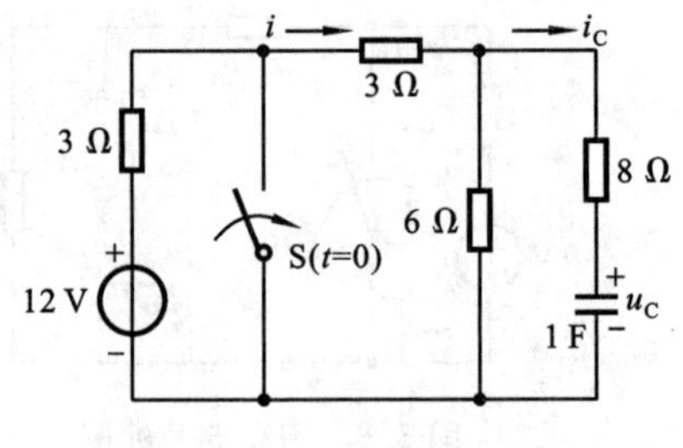

图 5.15　习题 5.15 的图

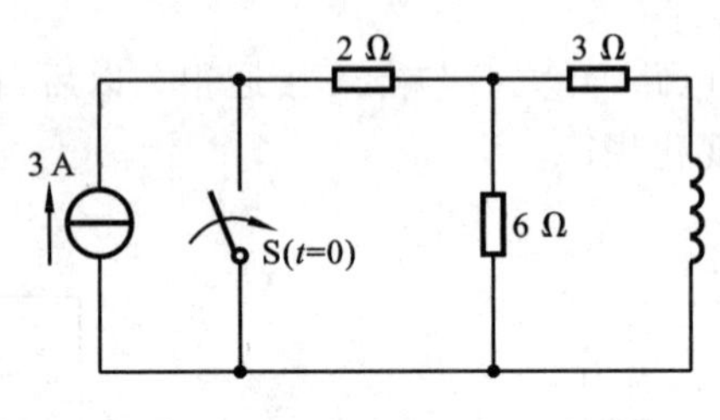

图 5.16　习题 5.16 的图

第6章 磁路和变压器

知识要点：磁路　磁性材料　交流铁心线圈　变压器　变压器的工作原理

基本要求：理解磁路的基本物理量、磁性材料的性能、感应电动势的意义；交流铁心线圈电路中的电磁关系、电压电流关系及功率损耗、变压器的工作原理；了解变压器的使用方法；了解电磁铁的工作原理。

在电力系统和电气设备中常用电磁转换来实现能量的转换，如工程上实际应用的一些常用的电气设备，如电磁铁、变压器、电动机等。学习这些电气设备时，不仅会遇到电路的问题，而且会遇到磁路的问题。为此本章先介绍磁路的基本知识，并对交流铁心线圈进行分析，在此基础上再讲述变压器、电动机的结构原理和使用，以及电动机的继电接触基本控制。

6.1 磁路的基本概念

常用的电气设备，如变压器、电动机和电工仪表等，在工作时都要有磁场参与作用，因此必须把磁场聚集在一定的空间范围内，以便加以利用。为此，在电气设备中常用高导磁率的铁磁材料做成一定形状的铁心，使之形成一个磁通的路径，使磁通的绝大部分通过这一路径而闭合，这种磁通的路径称为磁路。图 6.1.1 所示为变压器、继电器的原理图。

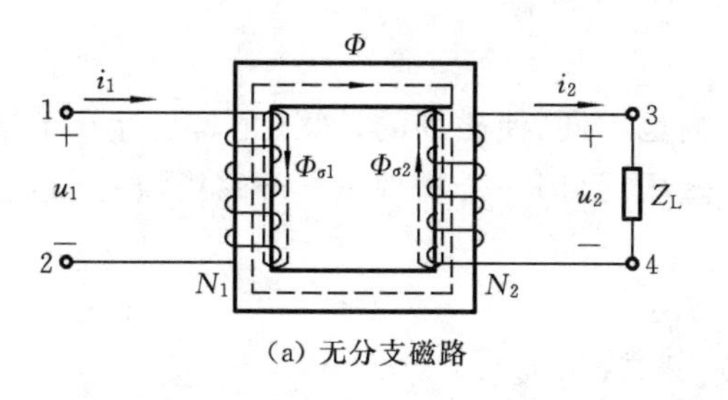

(a) 无分支磁路

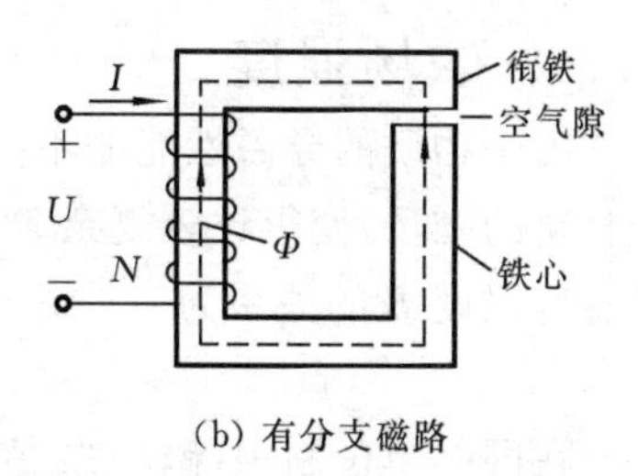

(b) 有分支磁路

图 6.1.1　变压器、继电器原理图

6.1.1 磁路的基本物理量

1. 磁感应强度 B

磁感应强度 $\boldsymbol{B}$ 是表示磁场内某点的磁场强弱和方向的物理量。它是一个矢量,它与电流(电流产生磁场)之间的方向关系可用右手螺旋定则来确定,其大小可用 $B=\frac{F}{lI}$ 来衡量。如果磁场内各点的磁感应强度的大小相等、方向相同,则这样的磁场称为均匀磁场。

在国际单位制中,磁感应强度的单位是特[斯拉](T),特[斯拉]也就是韦[伯]每平方米(Wb/m^2)。以前也常用电磁制单位高斯(Gs)作为磁感应强度的单位。两者的关系是 1 T 相当于 10^4Gs。

2. 磁通 Φ

磁感应强度 $\boldsymbol{B}$(如果不是均匀磁场,则取 B 的平均值)与垂直于磁场方向的面积 S 的乘积,称为通过该面积的磁通 Φ,即

$$\Phi = \boldsymbol{B}S \quad 或 \quad \boldsymbol{B} = \frac{\Phi}{S}$$

由上式可见,磁感应强度在数值上可以看成与磁场方向相垂直的单位面积所通过的磁通,故又称为磁通密度。

在国际单位制中,磁通的单位是伏·秒,通常称为韦[伯](Wb)。以前在工程上有时用电磁制单位麦克斯韦(Mx)作为磁通的单位。两者的关系是 1Wb 相当于 10^8Mx。

3. 磁导率 μ

用来表示物质导磁能力大小的物理量称为磁导率。μ_0 为真空中的磁导率,是一个常数,$\mu_0=4\pi\times10^{-7}$ H/m。任一种物质的磁导率 μ 和真空的磁导率 μ_0 的比值 μ_r,称为该物质的相对磁导率,即 $\mu_r=\frac{\mu}{\mu_0}$。

在国际单位制中,磁导率 μ 的单位为亨/米(H/m)。

4. 磁场强度

由于物质的导磁性能的不同,对磁场的影响也不同,使磁场的计算(尤其是计算不同铁磁材料的磁场)变得比较复杂。为了方便计算磁场,引用一个物理量——磁场强度 H,它与磁感应强度 $\boldsymbol{B}$ 的关系为

$$\boldsymbol{B} = \boldsymbol{H}\mu$$

在国际单位制中,磁场强度 $\boldsymbol{H}$ 的单位为安/米(A/m)。

6.1.2 磁性材料的主要性能

按导磁性能不同,物质大体上分为铁磁材料和非铁磁性材料两大类。非铁磁性材料对磁场强弱的影响很小,它们的导磁率与真空的导磁率近似相等,为一常数。只有铁、钴、镍以

及这些金属的合金具有很高的导磁率，通常把这一类物质称为铁磁材料。

铁磁材料具有以下特点。

1. 磁导率高

铁磁性材料的磁导率很高，$\mu_r \gg 1$，可达数百、数千乃至数万之值。这就使它们具有被强烈磁化（呈现磁性）的特性。这是因为铁磁性材料的晶体形成所谓的“磁畴”结构，具有较强的磁化强度。在没有外磁场的作用时，各个磁畴排列混乱，磁场互相抵消，对外就显示不出磁性来，如图 6.1.2(a)所示。在外磁场作用下，其中的磁畴就顺外磁场方向转向，显示出磁性来。随着外磁场的增强，磁畴就逐渐转到与外磁场相同的方向上。这样，便产生了一个很强的与外磁场同方向的磁化磁场，从而使磁性物质内的磁感应强度大大增加，如图 6.1.2(b)所示。这就是说磁性物质被强烈地磁化了。

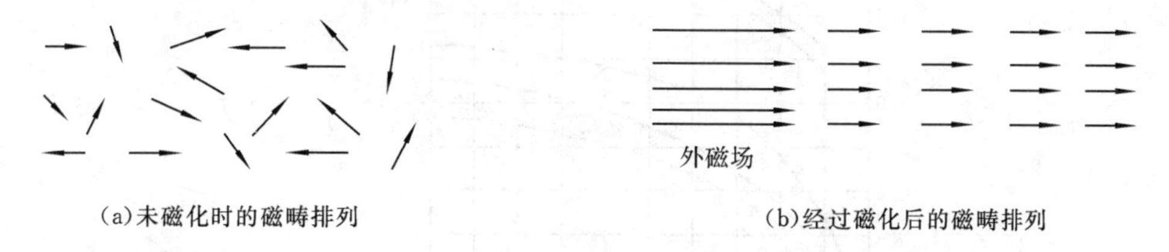

图 6.1.2　磁性与磁化示意图

2. 磁饱和性

磁性材料磁化所产生的磁场不会随外磁场的增强而无限增强，当外磁场增大到一定的值时，全部磁畴的磁场方向都转到与外磁场方向一致，这时磁性材料内的磁感应强度将达到饱和值，这一点充分反映在磁化曲线（B—H 曲线）上，如图 6.1.3 所示 b 点到 d 点的范围。

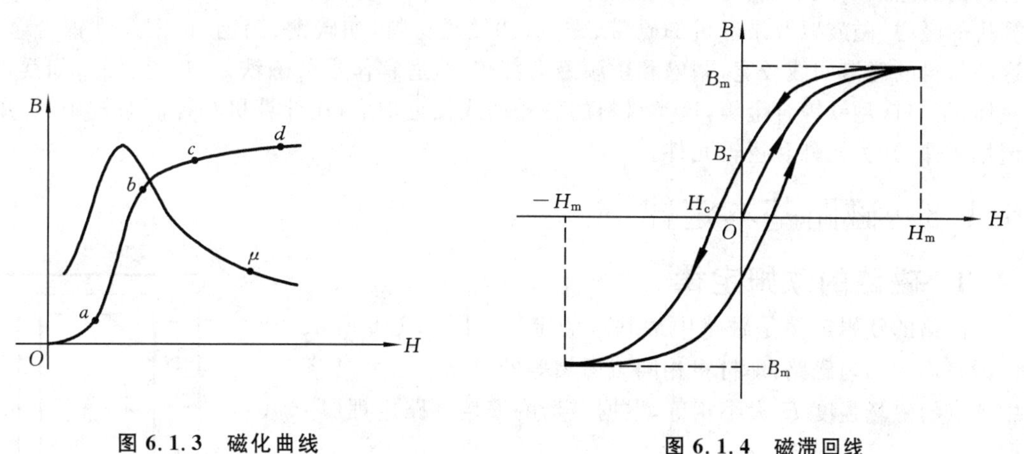

图 6.1.3　磁化曲线

图 6.1.4　磁滞回线

3. 磁滞性

所谓磁滞，就是在外磁场 H 作正负变化（如线圈中通以交变电流）的反复磁化过程中，磁性材料中磁感应强度 B 的变化总是落后于外磁场的变化，磁性材料反复磁化后，可得到如

图 6.1.4 所示的磁滞回线。

当外磁场 $H=0$ 时，铁磁材料的磁感应强度 B 并不为零，而为某一特定值 B_r，把这时的磁感应强度值称为剩磁 B_r。永久磁铁的磁性由剩磁产生。但有时又需要去掉剩磁，如工作在平面磨床上的工件加工完毕后，由于电磁吸盘有剩磁，能将工件吸附，为此，应加反方向的外磁场，即通过反向去磁电流，去掉剩磁，才能将工件取下，使 $B=0$。当加反向外磁场 H_c 时，铁磁材料的 $B_r=0$，把这个反向外磁场 H_c 的大小称为矫顽磁力 H_c，如图 6.1.4 所示。

磁性物质不同，其磁滞回线和磁化曲线也不同，图 6.1.5 为几种磁性材料的磁化曲线。

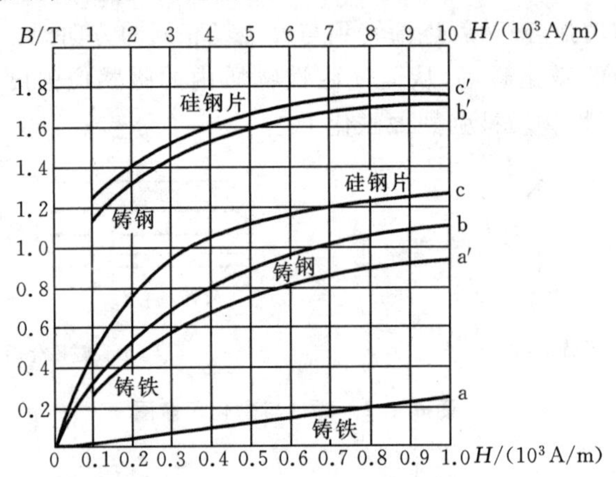

图 6.1.5　磁性材料的磁化曲线

磁性材料按其磁滞回线的形状不同，可分为三类：①软磁材料，如纯铁、铸铁、硅钢，这类材料的磁滞回线狭窄，剩磁和矫顽磁力均较小，可用来制作电动机、变压器的铁心，也可做计算机的磁心、磁鼓以及录音机的磁带、磁点；②硬磁材料，如碳钢、钨钢、钴钢及铁镍合金等，这类材料的磁滞回线较宽，剩磁和矫顽磁力都较大，适宜作永久磁铁；③矩磁材料，如镁锰铁氧体、某些铁型铁镍合金等，这类材料的磁滞回线接近矩形，在计算机和控制系统中，可用做记忆元件、开关元件和逻辑元件。

6.1.3　磁路基本定律

1. 磁路的欧姆定律

磁路的欧姆定律是磁路中最基本的定律。图 6.1.6 所示的磁路称为均匀磁路，即材料相同截面相等的磁路。这种磁路中各点的磁场强度 H 大小相等，根据磁场的安培环路定理（环路 l 如图 6.1.6 所示），有

$$\oint H \cdot \mathrm{d}l = H\oint \mathrm{d}l = NI$$

即

$$H = \frac{NI}{l}$$

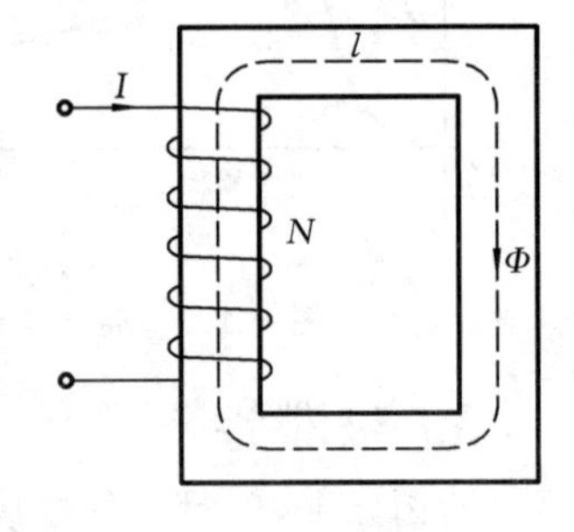

图 6.1.6　均匀磁路

而
$$\Phi = BS = \mu HS = \mu S\,\frac{NI}{l} = \frac{NI}{l/(\mu S)}$$

令
$$R_{\mathrm{m}} = \frac{l}{\mu S}$$

则
$$\Phi = \frac{NI}{R_{\mathrm{m}}} = \frac{F}{R_{\mathrm{m}}} \tag{6.1.1}$$

式中：R_{m}与Φ成反比，反映对磁通的阻碍作用，称为磁阻，单位为H^{-1}。$F=IN$是产生Φ的原因，称为磁通势，单位为安[培](A)。因此，仿电路欧姆定律的含义，可将Φ称为磁流。式(6.1.1)便称为磁路的欧姆定律。

磁路的欧姆定律与电路的欧姆定律相比较，两者形式相似，如表6.1.1所示。$\Phi/S=B$又称为磁流密度。但有一点需说明的是，电路中的电阻是消耗电能的，而磁阻R_{m}是不耗能的。

表 6.1.1　磁路与电路对照

磁　　路	电　　路
磁通势 F	电动势 E
磁通 Φ	电流 I
磁感应强度 B	电流密度 J
磁阻 $R_{\mathrm{m}}=\frac{1}{\mu S}$	电阻 $R=\frac{l}{\gamma S}$
$\Phi=\frac{F}{R_{\mathrm{m}}}=\frac{NI}{\frac{l}{\mu S}}$	$I=\frac{E}{R}=\frac{E}{\frac{l}{\gamma S}}$

2. 磁路的基尔霍夫定律(非均匀磁路的环路磁压定律)

一般形式的磁路，材料不一定相同、截面不等，有的还具有极小的空气隙，如电动机的磁路、继电器的磁路等，这样的磁路称为非均匀磁路。图6.1.7所示便可看成是一个串联的非均匀磁路，它具有继电器磁路的基本结构特点。

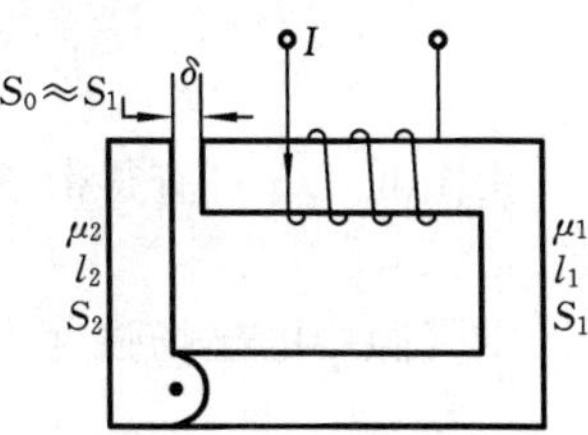

图 6.1.7　串联的非均匀磁路

对于这样的磁路，H分段计算，则
$$\oint H\cdot \mathrm{d}l = \sum (H_{\mathrm{i}} l_{\mathrm{i}}) = NI \tag{6.1.2}$$

可写作
$$NI = H_1 l_1 + H_2 l_2 + H_0 \delta \tag{6.1.3}$$

式中：$H_{\mathrm{i}} l_{\mathrm{i}}$又常称为磁路的磁压降，所以式(6.1.2)便为非均

匀磁路的环路磁压定律，类似于电路的基尔霍夫电压定律。

当磁路中含有空气隙时，称为有分支磁路；当磁路中不含有空气隙时，称为无分支磁路。

3. 磁路的分析与计算

在计算电动机、电器等的磁路中，一般预先给定铁心的磁通密度（即磁感应强度）B，然后按照所给的磁通及磁路各段的尺寸和材料来求出产生预定磁通所需的磁通势 $F=IN$。

从形式上看，磁路的欧姆定律可以解决磁路的计算问题，但由于磁导率 μ_r 一般并非常数，它随励磁电流的改变而变化，所以不能直接用磁路的欧姆定律去计算。

下面以非均匀磁路（见图 6.1.7）的分析与计算为例，介绍求解磁通势的一般步骤。

（1）由于各段磁路的截面不同，而磁通 Φ 相同，因此各段磁路中的磁感应强度 $B_i=\Phi/S_i$ 不同，由此求得 B_1、B_2 及 B_0，其中计算 B_0 截面 S_0 时，因 δ 很小，可以也取铁心截面 S_1。

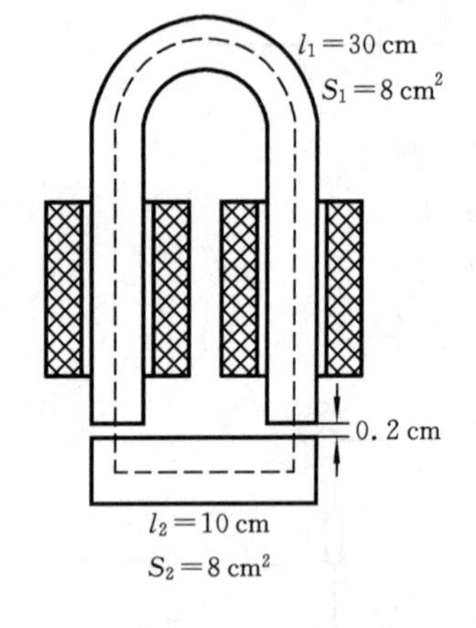

图 6.1.8　例 6.1.1 的图

（2）据各段磁路材料的磁化曲线 $B=f(H)$，查得与上述 B_i 对应的磁场强度 H_i。其中空气隙和其他非铁磁材料的磁场强度 $H_0=B_0/\mu_0=B_0/4\pi\times10^{-7}$(A/m) 可以直接计算。

（3）计算各段磁路的磁压 H_il_i，即 H_1l_1、H_2l_2、$H_0\delta$。

（4）利用式(6.1.2)求出磁通势 IN。

【例 6.1.1】 有一直流电磁铁如图 6.1.8 所示，它的铁心上绕有 4 000 匝线圈，铁心和衔铁的材料是铸钢。由于漏磁，通过衔铁横截面的磁通只有铁心中磁通的 90%。如果衔铁正处在图中所示位置时，铁心中磁感应强度为 1.6 T，试求此时线圈中的电流。

【解】 由磁化曲线查出，与铁心中的磁感应强度 $B_1=1.6$ T 相对应的磁场强度为 $H_1=5\times10^3$ A/m，则电磁铁铁心中的磁通为

$$\Phi_1=B_1S_1=1.6\times8\times10^{-4}\ \text{Wb}=12.8\times10^{-4}\ \text{Wb}$$

空气隙中和衔铁中的磁通为

$$\Phi_0=\Phi_2=90\%\Phi_1=0.9\times12.8\times10^{-4}\ \text{Wb}=11.52\times10^{-4}\ \text{Wb}$$

如果空气隙的横截面积与衔铁的横截面积相等，则空气隙中的磁感应强度和衔铁中的磁感应强度也相等，即

$$B_0=B_2=\frac{\Phi_2}{S_2}=\frac{11.52\times10^{-4}}{8\times10^{-4}}\ \text{T}=1.44\ \text{T}$$

由图 6.1.5 可查得衔铁中的磁场强度为

$$H_2=3.3\times10^3\ \text{A/m}$$

空气隙中的磁场强度为

$$H_0=\frac{B_0}{\mu_0}=\frac{1.44}{4\pi\times10^{-7}}\ \text{A/m}=1.15\times10^6\ \text{A/m}$$

因此，由式(6.1.2)可列出

$$4\,000I = 5\times10^3\times30\times10^{-2}+3.3\times10^3\times10\times10^{-2}$$
$$+1.15\times10^6\times0.2\times10^{-2}\times2$$
$$=1\,500+330+4\,600$$

解之，可得 $I=1.61$ A。

思考与练习

6.1.1　磁路的基本物理量有哪些？

6.1.2　磁性材料的磁导率为什么不是常数？

6.1.3　磁性材料按其磁滞回线的形状不同，可分为几类？各有什么用途？

6.2　交流铁心线圈电路

6.2.1　交流铁心线圈中的电磁关系

铁心线圈分为两种：直流铁心线圈通直流来励磁，交流铁心线圈通交流来励磁。分析直流铁心线圈比较简单。因为励磁电流是直流，产生的磁通是恒定的，在线圈和铁心中不会感应出电动势来，在一定电压 U 下，线圈中的电流 I 只与线圈本向的电阻 R 有关；功率损耗也只有 RI^2。而交流铁心线圈存在电磁关系，则电压、电流关系及功率损耗等几个方面和直流铁心线圈有所不同。

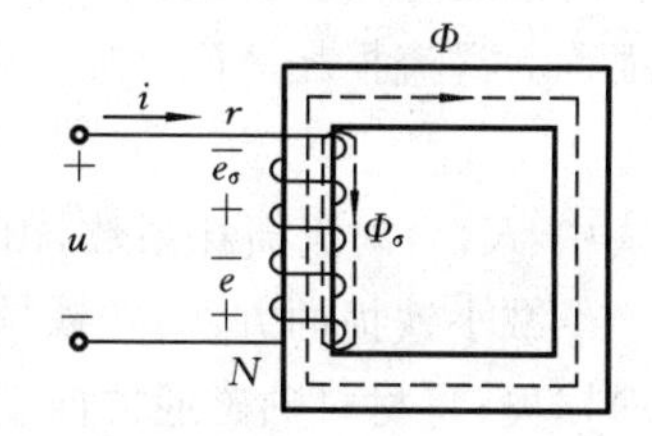

图 6.2.1　交流铁心线圈

如图 6.2.1 所示，铁心线圈中通入交流电流 i 时，在铁心线圈中产生交变磁通，其参考方向可用右手螺旋定则确定，绝大部分磁通穿过铁心中闭合，称为主磁通 Φ，少量磁通由空气中穿过，称为漏磁通 Φ_σ。这两部分交变磁通分别产生电动势 e 和 e_σ，其大小和方向可用法拉第-楞茨电磁感应定律和右手螺旋定则确定，即

$$u=-e-e_\sigma+Ri \tag{6.2.1}$$

由于 Ri 和 e_σ 比 e 小很多，因此式(6.2.1)可近似地表达为

$$u=-e=N\frac{\mathrm{d}\Phi}{\mathrm{d}t}$$

设主磁通为正弦交变磁通为 $\Phi=\Phi_\mathrm{m}\sin\omega t$，则

$$e=-N\frac{\mathrm{d}\Phi}{\mathrm{d}t}=-N\frac{\mathrm{d}\Phi_\mathrm{m}\sin\omega t}{\mathrm{d}t}=N\Phi_\mathrm{m}\omega\sin\left(\omega t-\frac{\pi}{2}\right)=E_\mathrm{m}\sin\left(\omega t-\frac{\pi}{2}\right) \tag{6.2.2}$$

式中：N 是励磁绕组的匝数，E_m 是 e 的最大值。E 的有效值为

$$E=\frac{E_\mathrm{m}}{\sqrt{2}}=\frac{1}{\sqrt{2}}\omega N\Phi_\mathrm{m}=\frac{1}{\sqrt{2}}2\pi fN\Phi_\mathrm{m}=4.44fN\Phi_\mathrm{m}$$

$$E = 4.44 fN\Phi_m$$

$$U \approx E = 4.44 fN\Phi_m \tag{6.2.3}$$

式(6.2.3)说明，当外加电压 U 及其频率 f 不变时，主磁通的最大值 Φ_m 基本上保持不变。这样，当交流磁路中的空气隙大小发生变化时，只要 U、f 不变，Φ_m 仍基本恒定。这是交流磁路的一个重要特点，式(6.2.3)称为恒磁通公式。

另一方面，当空气隙大小改变时其磁阻 R_m 会随之变化，根据磁路欧姆定律，磁动势 iN 必然会发生变化。也就是说，当 U、f 保持一定时，交流磁路中空气隙大小的改变会引起励磁绕组中电流 i 的变化。这是交流磁路的另一个重要特点。

6.2.2 功率损耗

在交流铁心线圈中功率损失有两部分：一部分为铜损 ΔP_{Cu}；另一部分为铁损 ΔP_{Fe}。

(1) 铜损 ΔP_{Cu}：$\Delta P_{Cu} = RI^2$，即线圈电阻功率损失。

(2) 铁损 ΔP_{Fe}：即 $\Delta P_{Fe} = \Delta P_h + \Delta P_e$，磁滞损耗 ΔP_h 和涡流损耗 ΔP_e 的总和。由磁滞所产生的铁损称为磁滞损耗 ΔP_h，有

$$\Delta P_h = K_h f B_m^n$$

式中：K_h 为磁滞损耗系数，与材料性质和磁路体积有关；$n=1.6\sim2.3$。交变磁化一周在铁心的单位体积内所产生的磁滞损耗能量与磁滞回线所包围的面积成正比。在交变磁通下，在与磁通方向垂直的截面中产生漩涡状的感应电动势和电流，称为涡流，由涡流所产生的铁损称为涡流损耗 ΔP_e，有

$$\Delta P_e = K_e d^2 f^2 B_m^2$$

式中：K_e 为涡流损耗系数，由材料性质决定；d 为磁路厚度(mm)。

减小铁损的方法：在铁碳合金中加入硅元素，制成硅钢，可使磁滞回线面积减小，减小磁滞损失；将材料顺磁通方向切成互相绝缘的薄片和加入硅元素均可使涡流的电阻大大增加，以减小涡流损失。

在交变磁通的作用下，铁损差不多与铁心内磁感应强度的最大值 B_m 的平方成正比，故 B_m 不宜选得过大，一般取 0.8～1.2 T。

从上述可知，铁心线圈交流电路的有功功率为

$$P = UI\cos\varphi = RI^2 + \Delta P_{Fe}$$

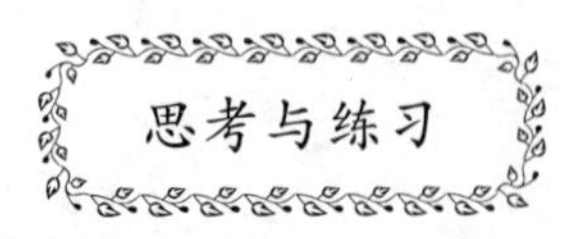

6.2.1 将一个空心线圈先后接到直流电源和交流电源上，然后在这个线圈中插入铁心，再接到上述的直流电源和交流电源上。如果交流电源电压的有效值和直流电源电压相等。在上述四种情况下，试比较通过线圈的电流和功率的大小，并说明其理由。

6.2.2 试简述交流铁心线圈中的电磁关系。

6.2.3　举例说明涡流和磁滞的有害一面和有利一面。

6.2.4　直流铁心线圈电路和交流铁心线圈电路中电压电流关系、功率损耗有什么区别?

6.3　变　压　器

变压器是一种常见的电气设备,具有变换电压、变换电流和变换阻抗的作用,在电力系统和电子线路和工程技术中应用广泛。

在电力系统中,电力变压器是不可缺少的重要设备。在视在功率相同的情况下,输电的电压越高,电流就越小。如果输电线路上的功率损耗相同,则输电线的截面积就允许取的较小,可以节省材料,同时还可减小线路的功率损耗。因此在输电时必须利用变压器将电压升高。在用电方面,为了保证用电的安全和用电设备的电压要求,还要利用变压器将电压降低。在电子线路中,除电源变压器外,变压器还用来耦合电路、传递信号,并实现阻抗匹配。在测量方面,可以利用互感器变换电压和变换电流的作用,扩大交流电压表和交流电流表的测量范围。此外,在工程技术和其他领域中,还大量地使用各种各样的变压器,如自耦变压器、电焊变压器和电炉变压器等。

6.3.1　变压器基本结构

变压器的形式多种多样,但它们的基本结构是相同的,都由铁心和绕在铁心上的绕组所组成。根据铁心和绕组的相对位置不同,变压器可以分为心式和壳式两种。

1. 心式

心式变压器的结构和外形如图 6.3.1 所示。其特点是铁心在绕组里面,即绕组包围铁心。心式变压器的结构简单,用铁量少,绕组的安装和绝缘比较容易。容量较大的单相变压器和三相电力变压器都采用这种结构。

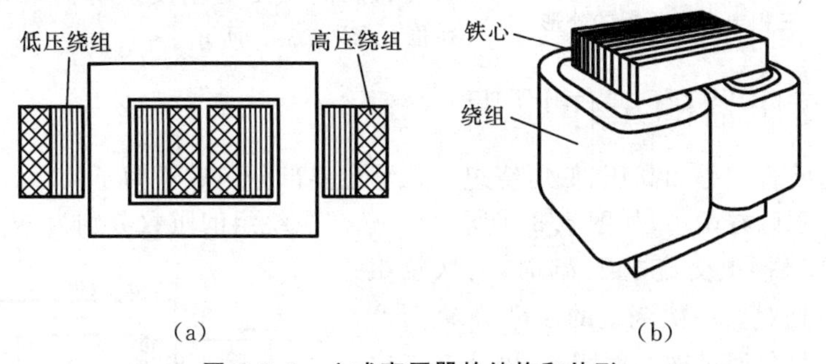

图 6.3.1　心式变压器的结构和外形

2. 壳式

壳式变压器的结构和外形如图 6.3.2 所示。其特点是绕组在铁心里面,即铁心包围绕组。壳式变压器用铜量少,散热比较容易,而且可以不要专门的变压器外壳。容量较小的单相变压器和某些特殊用途的变压器采用这种结构。

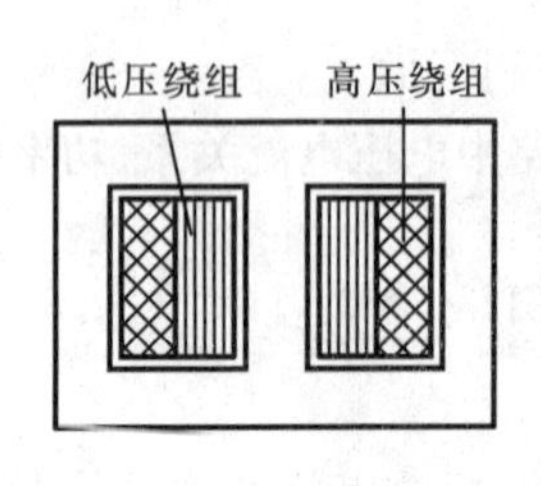

(a)

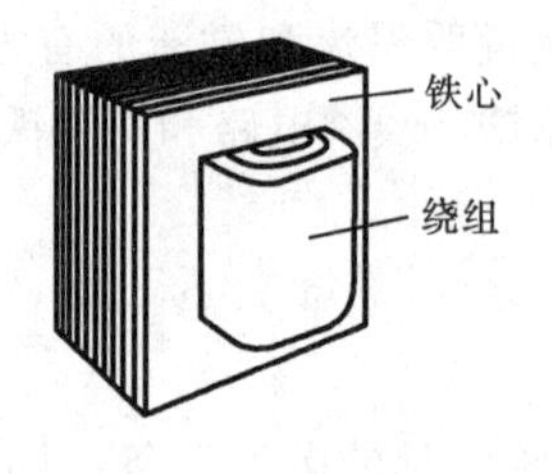

(b)

图 6.3.2　壳式变压器的结构和外形

变压器的铁心用于构成磁路。为了提高导磁能力，降低损耗，变压器的铁心通常是用表面涂有绝缘漆膜，厚度为 0.22 mm、0.27 mm、0.35 mm、0.5 mm 的硅钢片叠装而成。

变压器的绕组又称线圈，由绝缘导线绕制而成，是变压器导电的部分。变压器的绕组有一次绕组和二次绕组。与电源相连的绕组称为一次绕组（或称原绕组、初级绕组），与负载相连的绕组称为二次绕组（或称副绕组、次级绕组）。

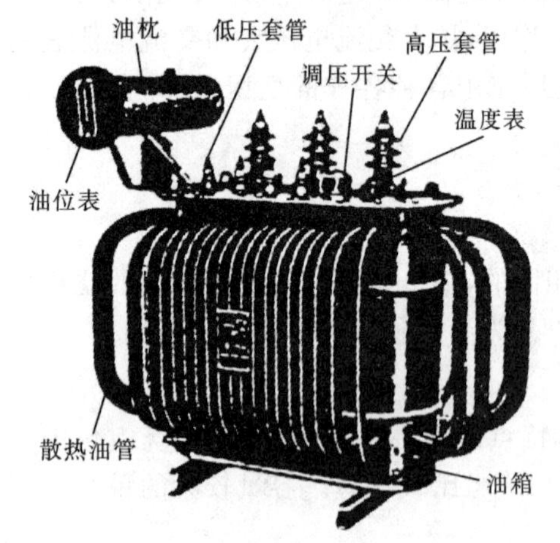

图 6.3.3　三相电力变压器的外形

变压器的绕组多制成圆筒形，为了加强绕组之间的磁耦合，通常将高、低压绕组装在同一铁心柱上，一般是低压绕组经绝缘套筒靠近铁心设置，以便与铁心绝缘，高压绕组则同心地套在低压绕组的外侧。

变压器除了铁心和绕组两个主要部分之外，还有一些其他装置和附件。例如，在电力变压器中，有用于变压器器身散热的油箱、油管（散热用）、油枕（储油柜），有用于使带电引线与油箱之间可靠绝缘的绝缘套管，以及用于观测变压器油面高度的油位表和油面温度的温度表等。三相电力变压器的外形如图 6.3.3 所示。

6.3.2　变压器的工作原理

变压器由闭合铁心和高压、低压绕组等几个主要部分组成。为了便于分析，将高压绕组和低压绕组分别画在两边，如图 6.3.4 所示。一、二次绕组的匝数分别为 N_1 和 N_2。

当一次绕组接上交流电压 u_1 时，一次绕组中便有电流 i_1 通过。一次绕组的磁动势 $N_1 i_1$ 产生的磁通绝大部分通过铁心而闭合，因此在二次绕组中感应出电动势。如果二次绕组接有负载，那么二次绕组中有电流 i_2 通过。二次绕组的磁通势也会产生磁通，其绝大部分也通过铁心而闭合。因此铁心中磁通是一个由一、二次绕组的磁

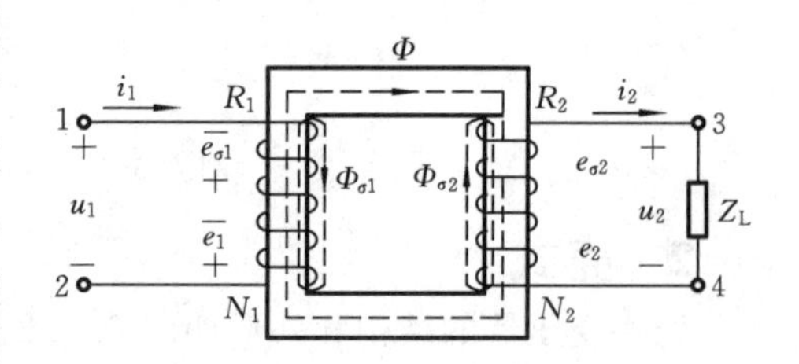

图 6.3.4　变压器的原理图

动势共同产生的合成磁通，称为主磁通，用 Φ 表示。主磁通穿过一次绕组和二次绕组而在其中感应出的电动势分别为 e_1 和 e_2。另外一、二次绕组的磁动势还分别产生漏磁通 $\Phi_{\sigma1}$ 和 $\Phi_{\sigma2}$，而在各自的绕组中分别产生漏磁电动势 $e_{\sigma1}$ 和 $e_{\sigma2}$。

1. 变压器的电压变换作用

根据基尔霍夫电压定律，对一次绕组电路列电压方程

$$u_1 = i_1R_1 - e_{\sigma1} - e_1$$

或

$$u_1 = i_1R_1 - L_{\sigma1}\frac{\mathrm{d}i_1}{\mathrm{d}t} - e_1 \tag{6.3.1}$$

其中

$$e_1 = -N_1\frac{\mathrm{d}\Phi}{\mathrm{d}t} = 2\pi fN_1\Phi_{\mathrm{m}}\sin(\omega t - 90^\circ)$$

通常一次绕组上所加的是正弦电压 u_1。在正弦电压作用的情况下，上式用相量表示为

$$\dot{U}_1 = \dot{I}_1R_1 + \mathrm{j}\dot{I}_1X_1 - \dot{E}_1 \tag{6.3.2}$$

由于一次绕组的电阻 R_1 和感抗 X_1 较小，因此它们两段的电压降也比较小，与主磁电动势 E_1 比较起来可以忽略不计。

于是 $U_1 \approx E_1$，且 $E_1 = 4.44fN_1\Phi_{\mathrm{m}}$，即

$$U_1 \approx E_1 = 4.44fN_1\Phi_{\mathrm{m}} \tag{6.3.3}$$

同理，对于二次绕组电路可以列出

$$u_2 = e_2 + e_{\sigma2} - i_2R_2 = -N_2\frac{\mathrm{d}\Phi}{\mathrm{d}t} - L_{\sigma2}\frac{\mathrm{d}i_2}{\mathrm{d}t} - i_2R_2$$

或

$$\dot{U}_2 = \dot{E}_2 - \dot{I}_2R_2 - \mathrm{j}\dot{I}_2X_2 = \dot{E}_2 - \dot{I}_2(R_2 - \mathrm{j}X_2) \tag{6.3.4}$$

由于二次绕组的电阻 R_2 和感抗 X_2 较小，因此它们两段的电压降也比较小，与主磁电动势 E_2 比较起来可以忽略不计。

于是

$$U_2 \approx E_2 = 4.44fN_2\Phi_{\mathrm{m}} \tag{6.3.5}$$

由式(6.3.3)、式(6.3.5)可得，一、二次绕组的电压之比为

$$\frac{U_1}{U_{20}} \approx \frac{E_1}{E_2} = \frac{N_1}{N_2} = K \tag{6.3.6}$$

式中：U_{20} 为副绕组空载电压($U_{20}=E_2$)，K 称为变压器的变比，即一、二次绕组的匝数比。由此可见，当电源电压 U_1 一定时，只要改变匝数比，就可以得到不同的输出电压 U_2。

2. 变压器的电流交换作用

由 $U_1 \approx E_1 = 4.44fN_1\Phi_{\mathrm{m}}$ 可知，当电源电压 U_1 和频率 f 不变时，E_1 和 Φ_{m} 也都近于常数，也就是说铁心中主磁通的最大值在变压器空载或有负载时是差不多恒定的。因此，有负载时产生主磁通的一、二绕组的合成磁动势($N_2i_1 + N_1i_2$)应该与空载时产生的主磁通的一次绕组的磁动势 N_1i_{10} 差不多相等，即

$$N_1i_1 + N_2i_2 \approx N_1i_{10}$$

用相量表示为

$$\dot{I}_1N_1 + \dot{I}_2N_2 \approx \dot{I}_{10}N_1 \tag{6.3.7}$$

变压器的空载电流 i_0 是励磁用的。由于铁心的磁导率高，空载电流是很小的。它的有

效值 I_0 在一次绕组额定电流 I_{1N} 的 5%之内，故 N_1I_{10} 与 N_1I_1 相比，常常可以忽略。于是式(6.3.7)可以写成

$$\dot{I}_1N_1=-\dot{I}_2N_2$$

由上式知，一、二次绕组的电流关系为

$$\frac{I_1}{I_2}\approx\frac{N_2}{N_1}=\frac{1}{K} \tag{6.3.8}$$

上式表明变压器一、二次绕组的电流之比近似等于它们的匝数比的倒数。可见变压器中电流虽然由负载的大小确定，但是一、二次绕组中的电流比值是差不多不变的，因为当负载增加时，I_2 和 N_2I_2 随着增大，而 I_1 和 N_1I_1 也必须相应的增大，从而抵偿二次绕组的电流和磁通势对主磁通的影响，进而维持主磁通的最大值近于不变。

3. 变压器的阻抗变换作用

变压器的负载阻抗 Z_L 变化时，I_2 变化，I_1 也随之变化。Z_L 对 I_1 的影响可以用一个接于原边的等效阻抗 Z'_L 来代替，如图 6.3.5 所示。为了分析方便，不考虑原、副绕组漏阻抗 Z_1、Z_2 及空载电流 I_0 的影响，认为 Z_1、Z_2、I_0 和损耗都等于零，这样的变压器称为理想变压器。理想变压器虽然不存在，但性能良好的铁心变压器的特性与理想变压器是比较接近的。

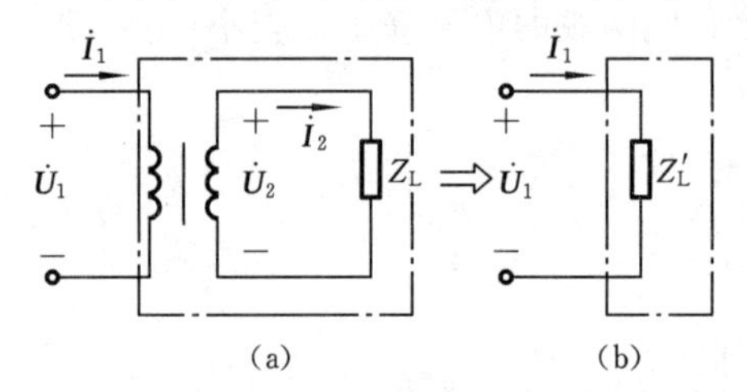

图 6.3.5 变压器的阻抗变换

对图 6.3.5(a)，可得

$$U_1=kU_2,\quad I_1=\frac{1}{k}I_2,\quad I_2=\frac{U_2}{|Z_L|}$$

对图 6.3.5(b)，可得

$$|Z'_L|=\frac{U_1}{I_1}$$

如果图 6.3.5(a)、(b)中 U_1、I_1 对应相等，于是可得

$$|Z'_L|=\frac{U_1}{I_1}=\frac{kU_2}{\frac{1}{k}I_2}=k^2\frac{U_2}{I_2}=k^2|Z_L|=\left(\frac{N_1}{N_2}\right)^2|Z_L| \tag{6.3.9}$$

上述分析说明，接于副边的负载阻抗 $|Z_L|$ 对原边的影响，可以用一个接于原边的等效阻抗 $|Z'_L|$ 来代替，代替后原边电流 I_1 保持不变。$|Z'_L|$ 称为负载阻抗 $|Z_L|$ 在原边的等效阻抗，它等于 $|Z_L|$ 的 k^2 倍。由此可见，变压器具有阻抗变换作用。在电子技术中常利用变压器的阻抗变换作用来达到阻抗匹配的目的。

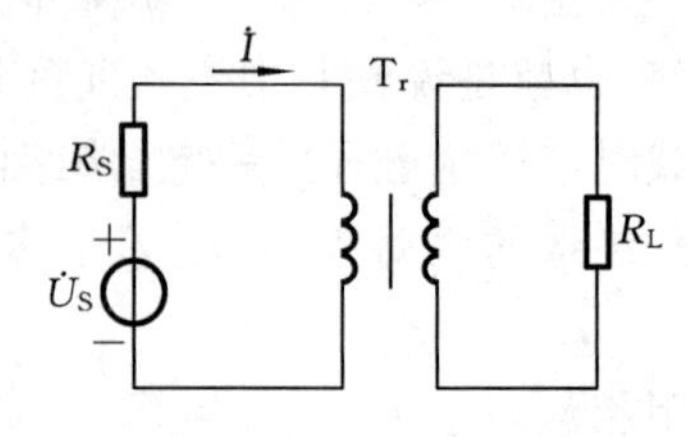

图 6.3.6 例 6.3.1 的图

【例 6.3.1】 图 6.3.6 中，信号源 $U_S=100$ mV，内阻 $R_S=200\ \Omega$，负载电阻 $R_L=50\ \Omega$，今欲使负载从信号源获得最大功率，试求变压器的变化。

【解】 负载要获得最大功率,应使其等效负载阻抗等于电源内阻,即

$$Z_L = k^2 R_L = R_S$$

故变压器的变化为

$$K = \sqrt{\frac{R_S}{R_L}} = \sqrt{\frac{200}{50}} = 2$$

6.3.3 变压器的基本应用

1. 变压器的外特性

当电源电压 U_1 一定时,随着副绕组电流 I_2 的增加(负载增加),原、副绕组阻抗上的电压降便增加,这将使副绕组的端电压 U_2 发生变动。当电源电压 U_1 和负载功率因数 $\cos\varphi_2$ 为常数时,副绕组 U_2 和 I_2 的变化关系可用所谓**外特性曲线** $U_2 = f(i_2)$ 来表示,如图6.3.7所示。对电阻性和电感性负载而言,电压 U_2 随电流 I_2 的增加而下降。

通常希望电压 U_2 的变动越小越好。从空载到额定负载,副绕组电压的变化程度用电压变化率 ΔU 表示,即

$$\Delta U = \frac{U_{20} - U_{2N}}{U_{20}} \times 100\% \qquad (6.3.10)$$

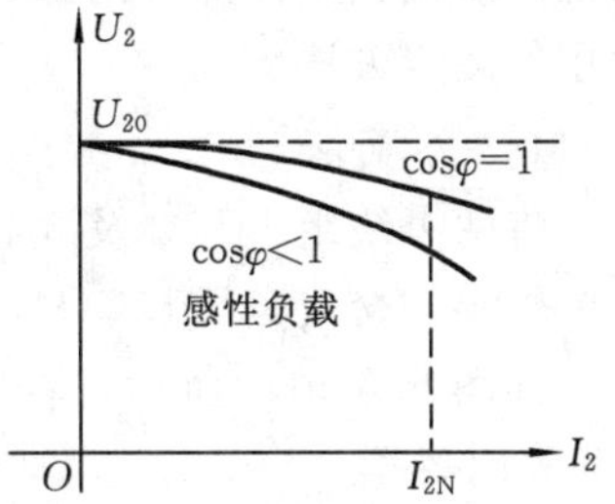

图 6.3.7 变压器的外特性曲线

在一般变压器中,由于其电阻和漏磁感抗均甚小,电压变化率是不大的,约为 5%左右。

2. 变压器的损耗和效率

与交流铁心线圈一样,变压器的功率损耗包括铁心中的铁损 ΔP_{Fe} 和绕组上的铜损 ΔP_{Cu} 两部分。铁损的大小与铁心内磁感应强度的最大值 B_m 有关,与负载大小无关,而铜损则与负载大小(正比于电流平方)有关,所以变压器的损耗主要有铜损决定,而铁损基本上是一个常数。

变压器的效率常用下式确定,即

$$\eta = \frac{P_2}{P_1} = \frac{P_2}{P_2 + \Delta P_{Fe} + \Delta P_{Cu}} \qquad (6.3.11)$$

式中:P_2 为变压器的输出功率,P_1 为输入功率。

变压器的功率损耗很小,所以效率很高,通常在 95%以上。在一般电力变压器中,当负载为额定负载的 50%~75%时,效率达到最大值。

3. 变压器绕组的极性及其测定

在使用变压器或者其他有磁耦合的互感线圈、特别是多绕组情况时,要注意线圈的正确连接,若不慎接错,有时会导致线圈被烧毁。

如图 6.3.8 所示的两线圈,若串联连接时(端 2 与端 3 连接),则绕组中产生的两磁通等值反向,互相抵消,绕组将因电流过大而把变压器烧毁;若并联连接时(端 1 与端 3 连接,端 2

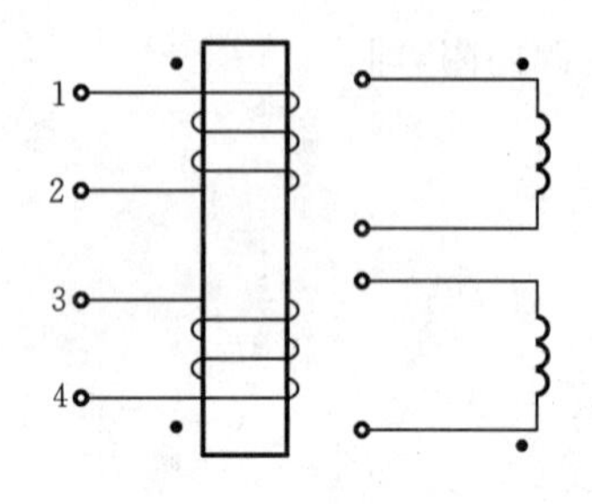

图 6.3.8 同极性端

与端 4 连接)，也有上述现象发生。而当线圈匝数不相同时，除并联连接使用不允许外，串联连接也会有两磁通相加与相减之别，使其输出电压不同。

为此，为线圈定义所谓同极性端，并以记号"·"标注。定义为：(多)绕组产生同向磁通时对应的电流流入端(或出端)，称为绕组的同极性端(俗称同名端)。如图 6.3.8 中的端 1 和端 4 便为同名端(当然端 2 和端 3 也是)。这样，当电流由同名端流入(或流出)时，产生的磁通方向相同；由异名端流入(或流出)时，磁通相消。

当然，只要绕组的绕向已知，同名端极易判定，但是，已经制成的变压器或电机，从外部已无法辨认其具体的绕向，又不允许拆开，这就需要设法测定其同极性端了。下面介绍两种常用的测定方法。

1）交流法

将两个绕组 1 和 2 及 3 和 4 的任意两端(如 2 和 4)连接在一起，在其中一个绕组两端加一个较小的交流电压 U_{12}(U_{12}为已知)，用交流电压表分别测量 1、3 和 3、4 两端的电压U_{13}及U_{34}，如图 6.3.9(a)所示。若 $U_{13}=U_{12}+U_{34}$，则 1、4 为同名端；若 $U_{13}=|U_{12}-U_{34}|$，则 1、3 为同名端。

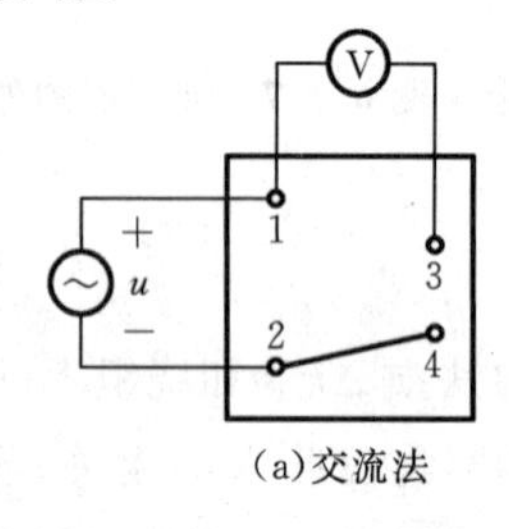

(a)交流法

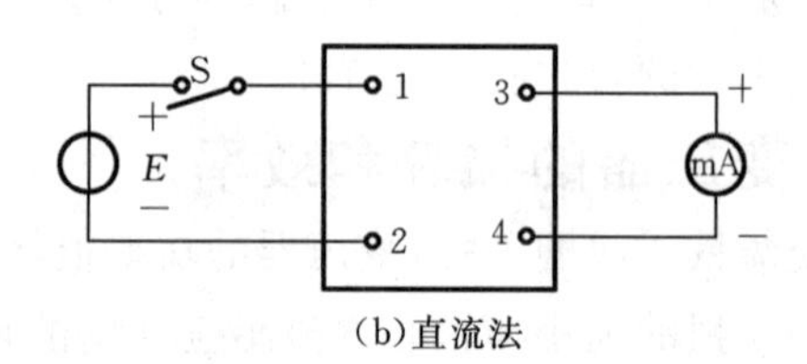

(b)直流法

图 6.3.9 同极性端的测定法

2）直流法

直流法测绕组同名端的电路如图 6.3.9(b)所示，闭合 S 之瞬时，若毫安表正摆，则 1、3 同名；若毫安表反摆，则 1、4 同名。

4. 特殊变压器

1）自耦变压器

图 6.3.10 所示为一种自耦变压器，其结构特点是副绕组是原绕组的一部分，且原、副绕组电压之比和电流之比也是

$$\frac{U_1}{U_2}=\frac{N_1}{N_2}=K,\quad \frac{I_1}{I_2}=\frac{N_2}{N_1}=\frac{1}{K}$$

实验室中常用的调压器就是一种可改变副绕组匝数的自耦变压器。自耦变压器的原副绕组之间有直接的电的联系，所以应用时一定不允许将原副绕组接反；同时自耦变压器的金属外壳必须可靠接地。

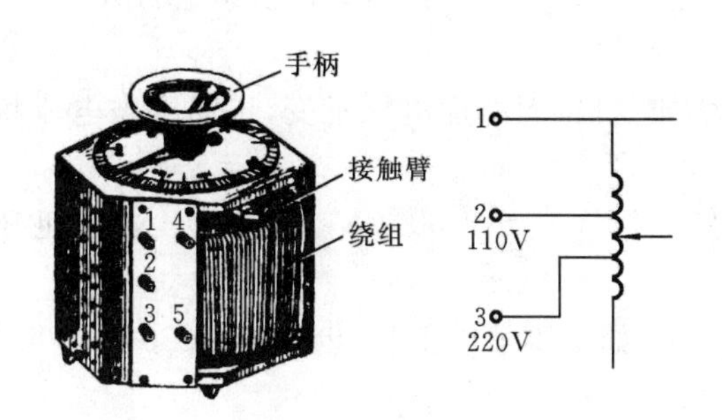

图 6.3.10　自耦变压器的外形和原理图

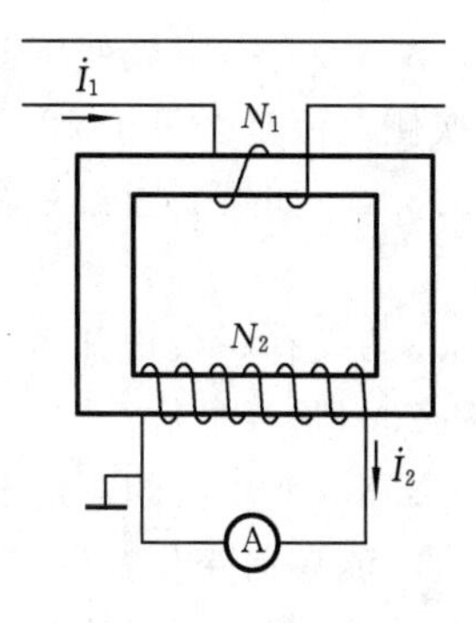

图 6.3.11　电流互感器

2）电流互感器

如图 6.3.11 所示的电流互感器可以将大电流变换为小电流，然后送给测量仪表或控制设备，使仪表设备及工作人员与大电流隔离，并起到扩大测量仪表的测量范围的功能。

电流互感器的原绕组的匝数很少（只有一匝或几匝），它串联在被测电路中。副绕组的匝数较多，它与电流表或其他仪表及继电器的电流线圈相连接。

根据变压器原理，可认为

$$\frac{I_1}{I_2}=\frac{N_2}{N_1}=K_i \quad 或 \quad I_1=\frac{N_2}{N_1}I_2=K_iI_2$$

式中：K_i是电流互感器的变换系数。

利用电流互感器可将大电流变换为小电流。电流表的读数 I_2乘上变换系数 K_i即为被测大电流 I_1（在电流表的刻度上可直接标出被测电流值）。通常电流互感器副绕组的额定电流都规定为 5 A 或 1 A。

3）电压互感器

如图 6.3.12 所示的电压互感器可以将高电压变换为低电压，然后送给测量仪表或控制设备，并使仪表设备及工作人员与高压电路隔离。因为$\frac{U_1}{U_2}=\frac{N_1}{N_2}=k_u\gg1$，所以 $U_2=\frac{1}{k_u}U_1$变小，利用电压互感器可将高电压变换为低电压，使测量安全。

此外，使用电压互感器也是为了使测量仪与高压电路隔开，以保证人身与设备的安全。

为了安全起见，互感器的铁心及副绕组的一端应该接地。

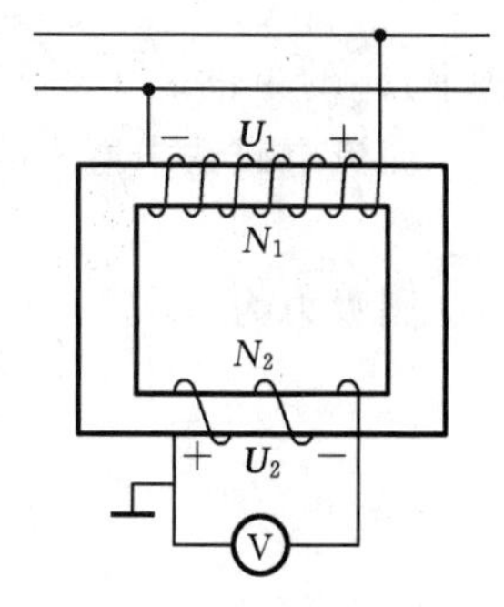

图 6.3.12　电压互感器

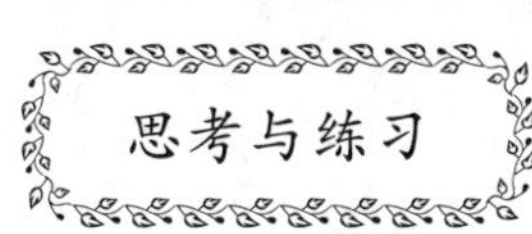

6.3.1　试叙述变压器的基本结构和工作原理。

6.3.2　试叙述变压器绕组的同极性端的定义及其测定方法。

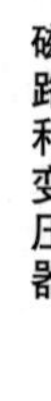

6.3.3　有一空载变压器，一次侧加额定电压 220 V，并测得一次绕组电阻 $R_1 = 10\ \Omega$，试问一次侧电流是否等于 22 A？

6.3.4　如果变压器一次绕组的匝数增加一倍，而所加电压不变，试问励磁电流将有何变化？

6.3.5　有一台电压为 220/110 V 的变压器，$N_1 = 2\ 000$，$N_2 = 1\ 000$。若将匝数减为 400 和 200，是否可行？

6.3.6　变压器的额定电压为 220/110 V，如果不慎将低压绕组接到 220 V 电源上，试问励磁电流有何变化？后果如何？

6.3.7　若变压器的额定频率是 50 Hz，用于 25 Hz 的交流电路中，能否正常工作？

6.4　电　磁　铁

电磁铁是利用通电的铁心线圈吸引衔铁的一种电器。衔铁的动作可使其他机械装置发生联动。当电源断开时，电磁铁的磁性随着消失，衔铁或其他零件即被释放。

电磁铁可分为线圈、铁心及衔铁三部分。

在机床中也常用电磁铁操作气动或液压传动机构的阀门和控制变速机构。电磁吸盘和电磁离合器也都是电磁铁的具体应用的例子。此外，还可应用电磁铁起重以提放钢材。在各种电磁继电器和接触器中，电磁铁的任务是开闭电路。

电磁铁绕组通电后，铁心吸引衔铁的力称为电磁吸力，其大小与气隙的截面积 S_0 及气隙中磁感应强度 B_0 的平方成正比。计算吸力的基本公式为

$$F = \frac{10^7}{8\pi} B_0^2 S_0 \tag{6.4.1}$$

式中：B_0 的单位是 T，S_0 的单位是 m^2，F 的单位是 N。

交流电磁铁中通入的励磁电流是交变的，故磁场也是交变的，设

$$B_0 = B_\mathrm{m} \sin \omega t$$

则吸力为

$$\begin{aligned} f &= \frac{10^7}{8\pi} B_\mathrm{m}^2 S_0 \sin^2 \omega t = \frac{10^7}{8\pi} B_\mathrm{m}^2 S_0 \left(\frac{1-\cos 2\omega t}{2}\right) \\ &= F_\mathrm{m}\left(\frac{1-\cos 2\omega t}{2}\right) = \frac{1}{2}F_\mathrm{m} - \frac{1}{2}F_\mathrm{m}\cos 2\omega t \end{aligned} \tag{6.4.2}$$

式中：$F_\mathrm{m} = \dfrac{10^7}{8\pi} B_\mathrm{m}^2 S_0$ 是吸力的最大值。在计算时只考虑吸力的平均值

$$F = \frac{1}{T}\int_0^T f \mathrm{d}t = \frac{1}{2}F_\mathrm{m} = \frac{10^7}{16\pi} B_\mathrm{m}^2 S_0 \tag{6.4.3}$$

由式(6.4.2)可知，吸力在零与最大值 F_m 之间脉动（见图 6.4.1）。因而衔铁以两倍电源频率颤动，引起噪声，同时触点容易损坏。为了消除这种现象，在磁极的部分端面上套一个分磁环（见图 6.4.2）。这样，在分磁环中便产生感应电流，以阻碍磁通的变化，使在磁极两

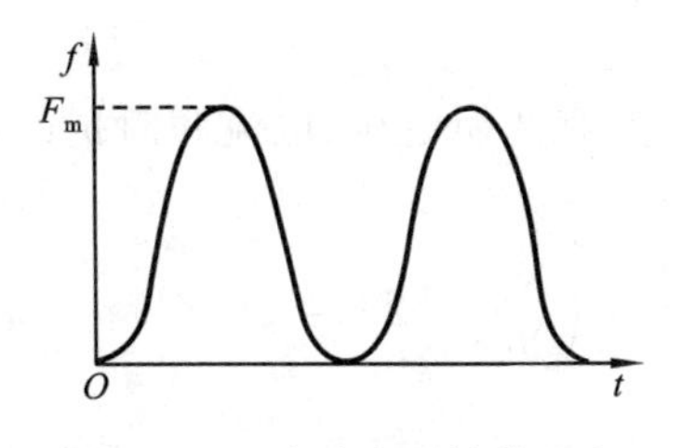

图 6.4.1　交流电磁铁的吸力

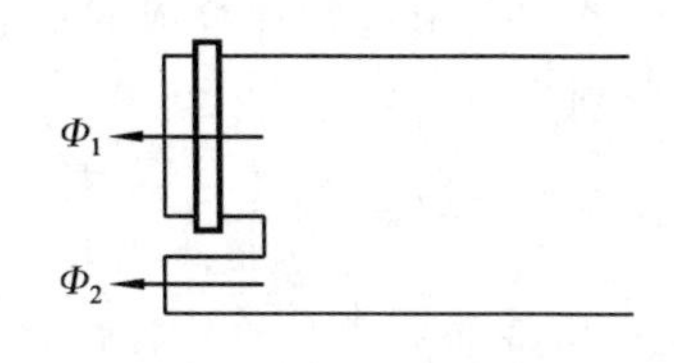

图 6.4.2　分磁环

部分中的磁通 Φ_1 与 Φ_2 之间产生一相位差，因而磁极各部分的吸力也就不会同时降为零，这就消除了衔铁的颤动，当然也就除去了噪声。

在交流电磁铁中，为了减小铁损，它的铁心由钢片叠成。而在直流电磁铁中，铁心是用整块软钢制成的。

交直流电磁铁除有上述的不同外，在使用时还应该知道，它们在吸合过程中电流和吸力的变化情况也是不一样的。

在直流电磁铁中，励磁电流仅与线圈电阻有关，不因气隙的大小而变。但在交流电磁铁的吸合过程中，线圈中电流（有效值）变化很大。因为其中电流不仅与线圈电阻有关，更主要的还与线圈感抗有关。在吸合过程中，随着气隙的减小，磁阻减小，线圈的电感和感抗增大，因而电流逐渐减小。因此，如果由于某种机械障碍，衔铁或机械可动部分被卡住，通电后衔铁吸合不上，线圈中就流过较大电流而使线圈严重发热，甚至烧毁。这点必须加以注意。

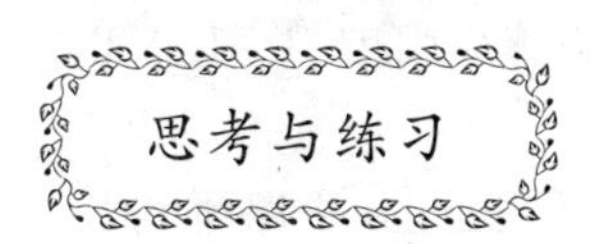

6.4.1　在电压相等（交流电压指有效值）的情况下，如果把一个直流电磁铁接到交流电源上使用，或者把一个交流电磁铁接到直流电源上使用，将会发生什么后果？

6.4.2　交流电磁铁衔铁的颤动怎样消除？

本章小结

1. 磁路的基本物理量和磁性材料

磁路的基本物理量包括磁感应强度 B、磁通 Φ、磁导率 μ、磁场强度 H，它们是理解磁路的基础。磁路是磁通集中通过的闭合路径。由于铁磁材料具有高磁导率，所以很多电气设备如变压器等均用铁磁材料来构成磁路。磁路的分析方法和电路存在相互对应。

2. 交流铁心线圈

交流铁心线圈的电磁关系、电压电流关系及功率损耗等知识是讨论变压器的理论基础。交流铁心线圈的主磁通 $\Phi_m \approx \dfrac{U}{4.44fN}$，其大小只与电源电压 U、频率 f 及线圈匝数 N 有关。交流铁心线圈中功率损耗来自铜损 ΔP_{Cu} 和铁损 ΔP_{Fe}。

3．变压器的基本变换关系

变压器主要由硅钢片叠成的铁心和绕组构成。它具有变换电压、电流和阻抗的功能，变换关系分别为

$$\frac{U_1}{U_2}=\frac{N_1}{N_2}=k \quad \frac{I_1}{I_2}=\frac{N_2}{N_1}=\frac{1}{k} \quad |Z'|=\left(\frac{N_1}{N_2}\right)^2|Z|=k^2|Z|$$

4．变压器带负载时的外特性

变压器带负载时的外特性 $U_2=f(I_2)$ 是一条稍微向下倾斜的曲线，对电阻性和电感性负载而言，当电源电压 U_1 不变时，随着 I_2 的增加（负载增加），电压 U_2 就下降，其变化情况由电压变化率来表示。变压器的额定值主要有额定电压、额定电流、额定容量等。

5．变压器的使用

电流互感器使用过程中，严禁其二次绕组开路运行。变压器使用过程也要注意，必须按照绕组的同极性端正确连接。

6．电磁铁

交流电磁铁的铁心由硅钢片叠成，并装有分磁环以减小噪声和振动，吸合过程中磁通和吸力基本不变，电流减小。

习　　题

6.1　某磁路空气隙长 $l=1$ mm，截面积 $S=35$ cm^2，气隙中的磁感应强度 $B=1.2$ T，求空气隙中的磁阻和磁通势。

6.2　有一匝数为 $N=500$ 匝的线圈，绕在由硅钢片制成的闭合铁心上，磁路平均长度为 $l=0.5$ m，截面积 $S=4\times10^{-3}$ m^2，励磁电流 $I=0.4$ A，求：

（1）磁路磁通；

（2）铁心改为铸铁，保持磁通不变，所需励磁电流 I 为多少？

6.3　有一铁心线圈，试分析铁心中的磁感应强度、线圈中的电流和铜损在下列几种情况下将如何变化？

（1）直流励磁——铁心截面积加倍，线圈的电阻和匝数以及电源电压保持不变；

（2）交流励磁——同（1）；

（3）直流励磁——线圈匝数加倍，线圈的电阻及电源电压保持不变；

（4）交流励磁——同（3）；

（5）交流励磁——电流频率减半，电源电压的大小保持不变；

（6）交流励磁——频率和电源电压的大小减半。

假设在上述各种情况下工作点在磁化曲线的直线段。在交流励磁的情况下，设电源电压与感应电动势在数值上近似相等，且忽略磁滞和涡流，铁心是闭合的，截面均匀。

6.4　为什么交流铁心线圈的心子要用硅钢片制成？用整块铸铁有什么不好？

6.5　有一交流铁心线圈，接在 $f=50$ Hz 的正弦电源上，在铁心中得到磁通的最大值为

$\Phi_m = 2.25 \times 10^{-3}$ Wb。现在在此铁心上再绕一个 200 匝的线圈。当此线圈开路时，求其两端电压值。

6.6　将一铁心线圈接于电压 $U = 100$ V、频率 $f = 50$ Hz 的正弦电源上，其电流 $I_1 = 5$ A，$\cos\varphi_1 = 0.7$。若将此线圈中的铁心抽出，再接于上述电源上，则线圈中电流 $I_2 = 10$ A，$\cos\varphi_2 = 0.05$。试求此线圈在具有铁心时的铜损和铁损。

6.7　有一单相照明变压器，铭牌标明容量为 500 V·A，电压为 220/36 V，如果要变压器在额定情况下运行，可在二次绕组接多少盏 36 V、15 W 的白炽灯？

6.8　现有一台 220 V、60 Hz 的变压器，问能否将它用在 220 V、50 Hz 的线路上，为什么？

6.9　有一额定容量 $S_N = 2$ kVA 的单相变压器，一次绕组额定电压 $U_{1N} = 380$ V，匝数 $N_1 = 1\,140$，二次绕组匝数 $N_2 = 108$，求：

(1) 该变压器二次绕组的额定电压 U_{2N} 及一、二次绕组的额定电流 I_{1N}、I_{2N} 各是多少？

(2) 若在二次侧接入一个电阻负载，消耗功率为 800 W，则一、二次绕组的电流 I_1、I_2 各是多少？

6.10　在图 6.1 中，输出变压器的二次绕组有中间抽头，以便接 8 Ω 或 3.5 Ω 的扬声器，两者都能达到阻抗匹配，试求二次绕组两部分匝数之比 $\dfrac{N_2}{N_3}$。

6.11　如图 6.2 所示是一电源变压器，原绕组有 550 匝，接 220 V 电压。副绕组有两个：一个电压 36 V，负载 36 W；一个电压 12 V，负载 24 W。两个都是纯电阻负载。试求原边电流 I_1 和两个副绕组的匝数。

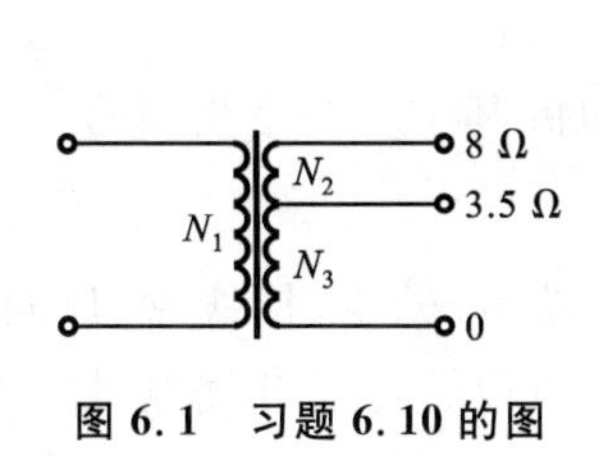

图 6.1　习题 6.10 的图

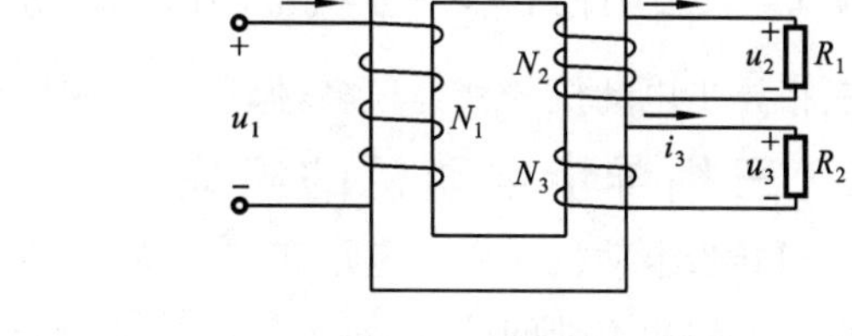

图 6.2　习题 6.11 的图

6.12　已知某收音机输出变压器的初级匝数 $N_1 = 600$ 匝，次级匝数 $N_2 = 300$ 匝，原接阻抗为 16 Ω 的扬声器。现要改接成 4 Ω 的扬声器，试问次级绕组匝数应如何改变？

第7章　三相异步电动机及其控制

知识要点：定子　转子　旋转磁场　转差率　电磁转矩　机械特性　工作特性　低压电器　控制电路

基本要求：理解三相异步电动机的基本结构、工作原理及控制电路；掌握异步电动机的转矩特性、机械特性及工作特性；了解异步电动机的启动、反转和调速的基本方法。

7.1　三相异步电动机的基本结构和工作原理

交流异步电动机是将交流电能转换为机械能的一种重要的旋转设备。在工业生产中，因其结构简单、制造容易、运行可靠、维护方便、价格便宜、坚固耐用，且具有较好的稳态和动态特性，因此，它已成为工业生产中使用最为广泛的一种电动机。

7.1.1　三相异步电动机的结构

三相异步电动机的种类很多，但各类三相异步电动机的基本结构是相同的。

1. 三相异步电动机的组成

三相异步电动机主要由定子和转子构成，此外，还有端盖、轴承、接线盒、风扇等其他附件。定子是静止不动的部分，转子是旋转部分，在于定子和转子之间有气隙，图 7.1.1 所示为其结构图。

2. 各部分的组成及作用

1）定子

定子是用来产生旋转磁场的。三相电动机的定子一般由机座、定子铁心与定子绕组等部分组成。

(1) 机座：由铸铁或铸钢浇铸成型，它的作用是保护和固定三相电动机的定子绕组。中、小型三相电动机的机座还有两个端盖支承着转子，它是三相电动机机械结构的重要组成部分。通常，机座的外表要求散热性能好，所以一般都铸有散热片。

(2) 定子铁心：异步电动机定子铁心是电动机磁路的一部分，由 0.35～0.5 mm 厚表面

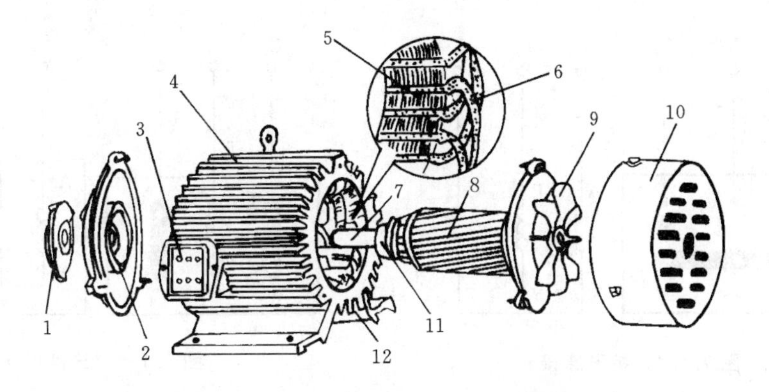

图 7.1.1　三相异步电动机的结构图

1—轴承盖；2—端盖；3—接线盒；4—散热筋；5—定子铁心；6—定子绕组；
7—转轴；8—转子；9—风扇；10—风罩；11—轴承；12—机座

涂有绝缘漆的薄硅钢片叠压而成，用来减小由于交变磁通通过而引起的铁心涡流损耗，如图7.1.2所示。硅钢片较薄而且片与片之间是绝缘的，铁心内圆有均匀分布的槽口，用来嵌放定子绕圈。

(3) 定子绕组：定子绕组是三相电动机的电路部分。三相电动机有三相绕组，通入三相对称电流时，就会产生旋转磁场。三相绕组由三个彼此独立的绕组组成，每个绕组在空间相差120°电角度。每个绕组又由若干线圈连接而成，线圈由绝缘铜导线或绝缘铝导线绕制。定子三相绕组的六个出线端都引至接线盒上，首端分别标为U_1、V_1、W_1，末端分别标为U_2、V_2、W_2。这六个出线端在接线盒里。

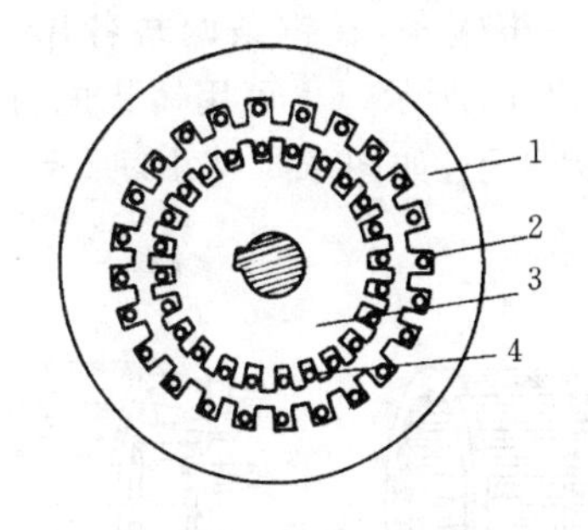

图 7.1.2　定子和转子的钢片

1—定子铁心硅钢片；2—定子绕组；
3—转子铁心硅钢片；4—转子绕组

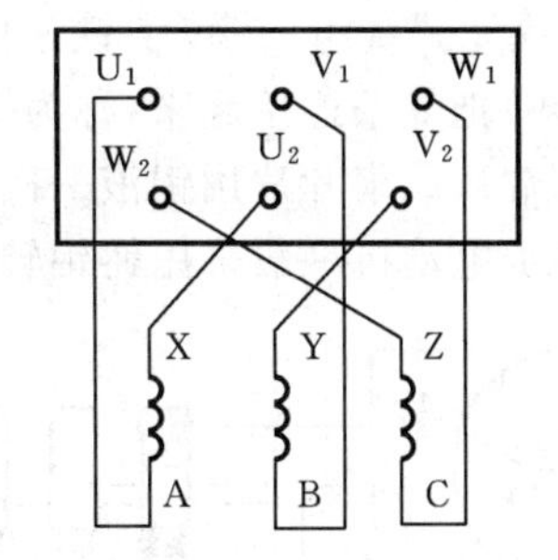

图 7.1.3　出线端的排列

三相异步电动机定子绕组的首端和末端通常都安放在电动机接线盒内的接线柱上，如图7.1.3所示。定子绕组的连接方法有星(Y)形和三角(△)形两种，分别如图7.1.4和图7.1.5所示。定子绕组的连接只能按规定方法连接，不能任意改变接法，否则会损坏三相异步电动机。

定子绕组的连接方式(Y形或△形)的选择与普通三相负载一样，视电源的线电压而定。如对线电压为380 V的电源，若三相绕组连接成星形，每相绕组承受相电压220 V；三相绕

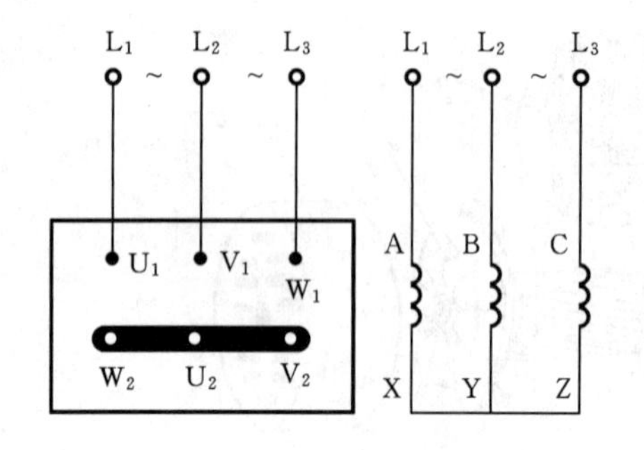

图 7.1.4 星形连接

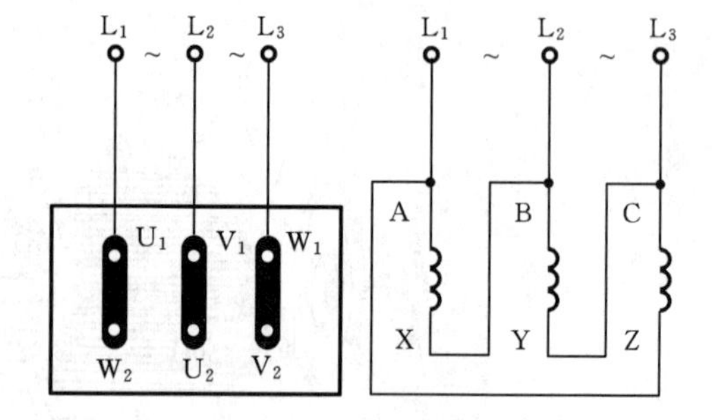

图 7.1.5 三角形连接

组连接成三角形，每相绕组承受线电压 380 V。通常电动机铭牌上标有符号 Y/△和数字 380/220，前者表示定子绕组的接法，后者表示对应于不同接法应加的线电压值。

2）转子

转子由铁心与绕组组成。

(1) 转子铁心：用 0.5 mm 厚的硅钢片叠压而成，套在转轴上，作用和定子铁心相同。一方面作为电动机磁路的一部分，另一方面用来安放转子绕组。

(2) 转子绕组：异步电动机的转子绕组分为绕线式和鼠笼式两种，由此将交流电动机分为绕线转子异步电动机与鼠笼式异步电动机。

(3) 绕线式绕组：与定子绕组一样，它也是一个三相绕组，一般接成星形，三相引出线分别接到转轴上的三个与转轴绝缘的集电环上，通过电刷装置与外电路相连，这就有可能在转子电路中串接电阻或电动势以改善电动机的运行性能，如图 7.1.6 所示。

(4) 鼠笼式绕组：在转子铁心的每一个槽中插入一根铜条，在铜条两端各用一个铜环(称为端环)把导条连接起来，称为铜排转子，如图 7.1.7(a)所示。也可用铸铝的方法，把转子导条和端环风扇叶片用铝液一次浇铸而成，称为铸铝转子，如图 7.1.7(b)所示。100 kW 以下的异步电动机一般采用铸铝转子。

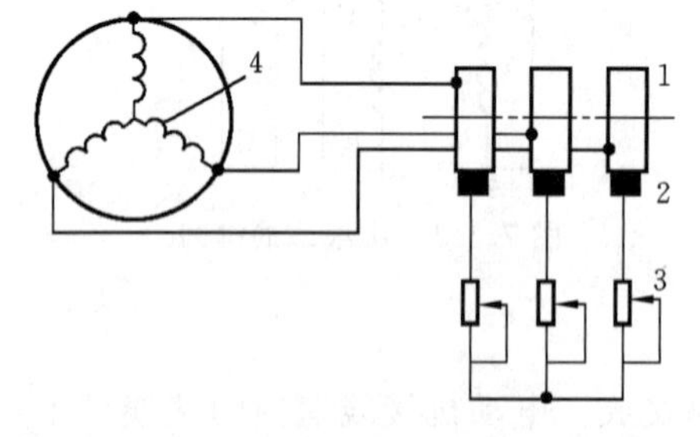

图 7.1.6 绕线式转子绕组与外加变阻器的连接

1—集电环；2—电刷；3—变阻器；4—转子绕组

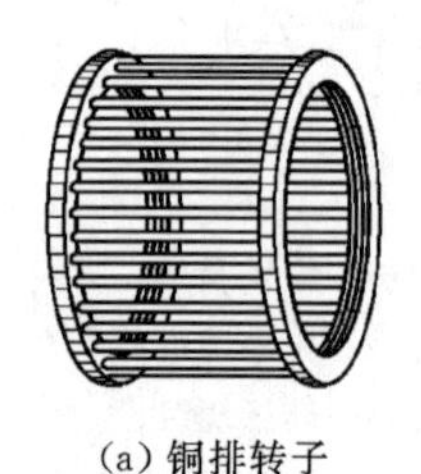

(a) 铜排转子

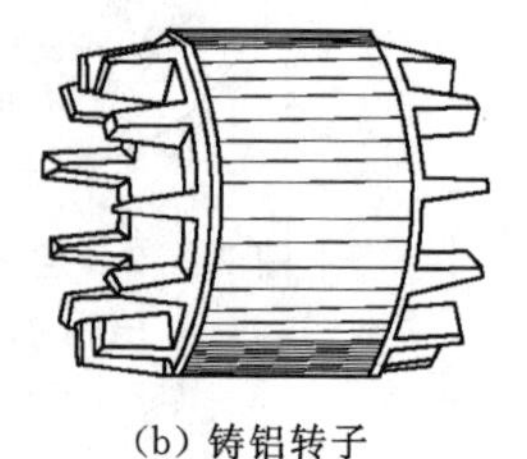

(b) 铸铝转子

图 7.1.7 笼形转子绕组

3）其他部分

其他部分包括端盖、风扇等。端盖除了起防护作用外，在端盖上还装有轴承，用于支承转子轴。风扇则用来通风冷却电动机。三相异步电动机的定子与转子之间的空气隙一般仅为 0.2～1.5 mm。气隙太大，电动机运行时的功率因数会降低；气隙太小，会使装配困难，运行不可靠，高次谐波磁场增强，从而使附加损耗增加以及使启动性能变差。

绕线式异步电动机和鼠笼式异步电动机的转子构造虽然不同，但工作原理基本相同。

7.1.2　三相异步电动机的工作原理

1. 旋转磁场的产生

三相异步电动机转子之所以会旋转、实现能量转换，是因为转子气隙内有一个旋转磁场。

1）*旋转磁场的产生*

当电动机定子绕组通以三相电流时，各相绕组中的电流将产生自己的磁场。由于电流随时间变化，它们产生的磁场也将随时间变化，而三相电流产生的合成磁场不仅随时间变化，而且在空间上旋转，故称旋转磁场。

如图 7.1.8 所示，U_1U_2、V_1V_2、W_1W_2 为三相定子绕组，在空间彼此相隔 120°，接成星形。当三相绕组的首端 U_1、V_1、W_1 接在三相对称电源上，则有三相对称电流通过三相绕组。若电源的相序为 U、V、W 且 U 相的初相角为零，则各相电流的瞬时值为

$$i_U = \sin\omega t$$
$$i_V = \sin(\omega t - 120°)$$
$$i_W = \sin(\omega t + 120°)$$

其电流波形图如图 7.1.9 所示。

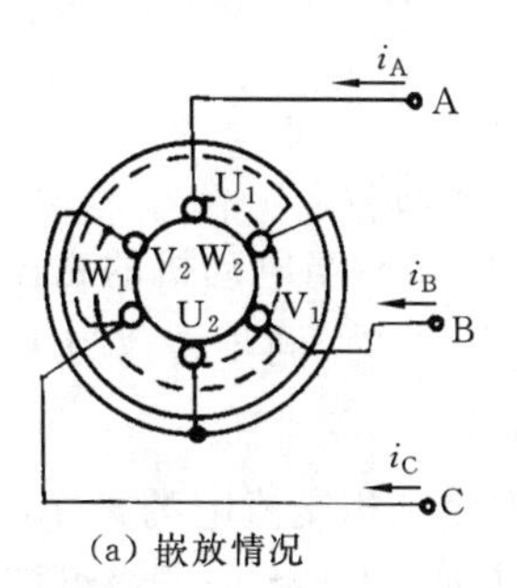

(a) 嵌放情况

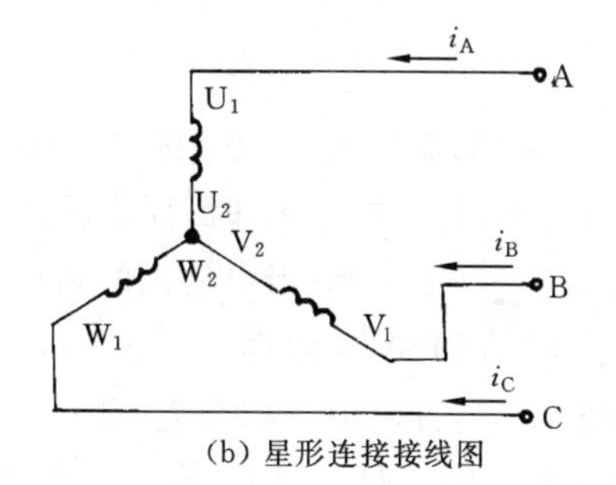

(b) 星形连接接线图

图 7.1.8　三相定子绕组

假设电流为正值时，在绕组中从始端流向末端，电流为负值时，在绕组中从末端流向首端。当 $\omega t = 0°$ 的瞬间，$i_U = 0$，i_V 为负值，i_W 为正值，根据"右手螺旋定则"，三相电流所产生的磁场叠加的结果，便形成一个合成磁场，如图 7.1.10(a)所示，可见此时的合成磁场是一对磁极（即两极），右边是 N 极，左边是 S 极。

当 $\omega t = 60°$ 时，即经过 1/6 周期后，i_U 由零变成正的最大值，i_V 仍为负值，$i_W = 0$，如图 7.1.10(b)所示，这时合成磁场的方位与 $\omega t = 0°$ 时相比，已按逆时针方向

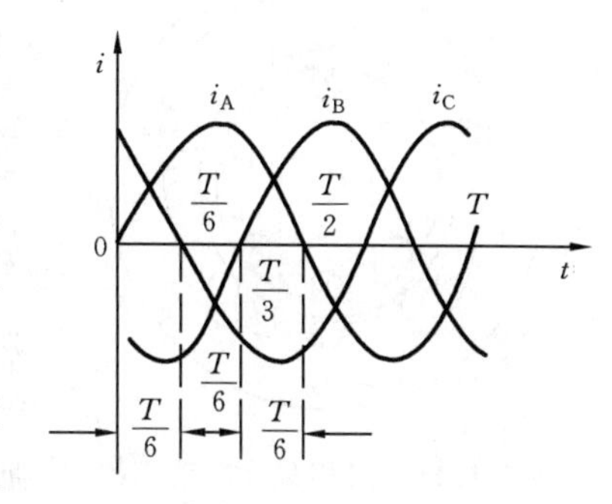

图 7.1.9　三相交流电流波形图

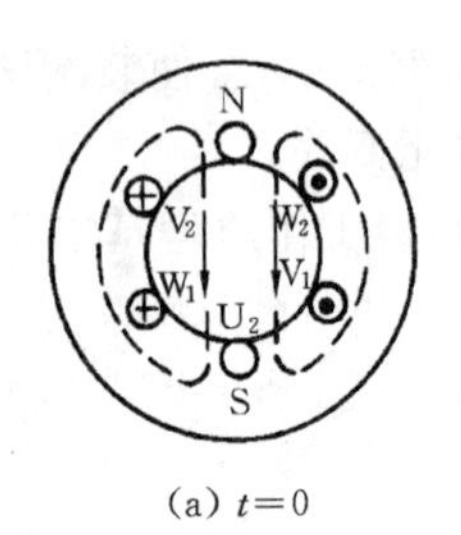

(a) $t=0$

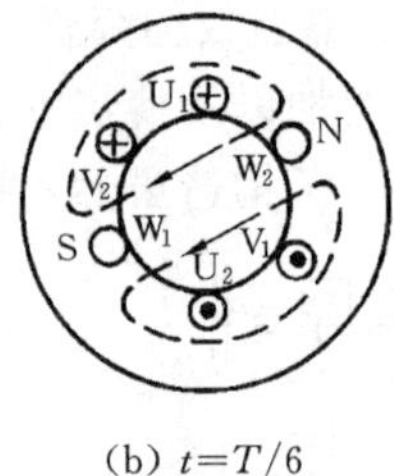

(b) $t=T/6$

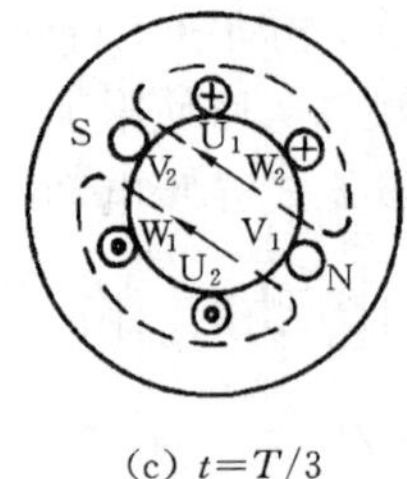

(c) $t=T/3$

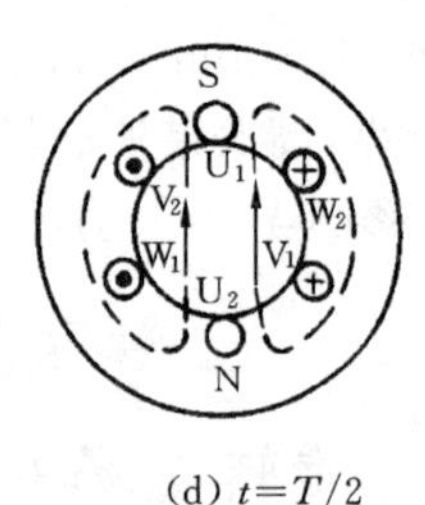

(d) $t=T/2$

图 7.1.10　两极旋转磁场示意图

转过了 60°。

应用同样的方法，可以得出如下结论：当 $\omega t=120°$ 时，合成磁场就按逆时针方向转过了 120°，如图 7.1.10(c)所示；当 $\omega t=180°$ 时合成磁场按逆时针方向旋转了 180°，如图 7.1.10(d)所示；按此分析，当 $\omega t=360°$ 时合成磁场按逆时针方向旋转了 360°，即转一周，此时又如图 7.1.10(a)所示一样。

由以上分析可知，当对称三相电流 i_U、i_V、i_W 分别通入对称三相绕组 U_1U_2、V_1V_2、W_1W_2 中，所产生的合成磁场随时间变化且在空间上产生旋转，这样了就产生了旋转磁场。它是三相异步电动机产生旋转的主要原因。

2）旋转磁场的转速（同步转速）

三相电动机定子旋转磁场的转速 n_0，与定子电流频率 f 及磁极对数 p 有关，其关系是

$$n_0=\frac{60f}{p} \tag{7.1.1}$$

式中：f 为电源频率，我国的为 50 Hz；p 为电动机的磁极对数。

当电动机的磁极对数 $p=1$ 时，同步转速为 3 000 r/min；当电动机的磁极对数为 $p=2$ 时，同步转速为 1 500 r/min；当电动机的磁极对数为 $p=3$ 时，同步转速为 1 000 r/min。

3）旋转磁场的旋转方向

旋转磁场的旋转方向由三相交流电的相序决定，改变三相交流电的相序，即将 *A-B-C* 变为 *C-B-A* 则旋转磁场反向。因此，若要改变电动机的转向，只要将定子绕组接到电源的三根导线中的任意两根相线对调就可以实现了。

2. 三相异步电动机的转动原理

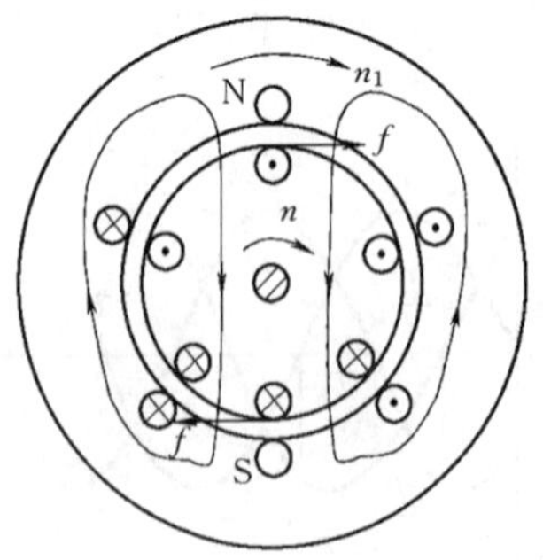

图 7.1.11　三相异步电动机的转动原理示意图

图 7.1.11 为三相异步电动机的转动原理示意图。三相交流电通入定子绕组后，便形成了一个旋转磁场，其转速为 $n_0=\frac{60f}{p}$。旋转磁场的磁力线被转子导体切割，根据电磁感应原理，转子导体产生感应电动势。若转子绕组是闭合的，则转子导体有电流流过。设旋转磁场按顺时针方向旋转，且某时刻上为北极 N，下为南极 S，如图 7.1.11 所示，则此时转子导体相当于沿逆时针方向旋转切割磁力线

(或磁通)。根据右手定则,在上半部转子导体的电动势和电流方向由里向外,用⊙表示,在下半部则由外向里,用⊕表示。导条在磁场中受力 f 的方向用左手定则来确定,如图 7.1.11 所示。

转子受电磁力 f 作用形成电磁转矩,推动转子以转速 n 顺 n_0 方向旋转,转子旋转后,转速为 n,只要 $n < n_0$(即异步),转子导条与旋转磁场即产生相对运动,切割磁力线形成感应电流并产生电磁力和电磁转矩 T,同时实现电能到机械能的变换,T 的方向仍旧为顺时针方向,转子继续旋转,最后稳定运行在 $T = T_L$ 的情况下。

由于转子电流的产生和电能的传递基于电磁感应现象,所以异步电动机也称为感应电动机。另外从物理本质分析,异步电动机的运行与变压器的运行相似。

3. 三相异步电动机的转差率

1) 转差率的定义

由于转子转速不等同于同步转速,所以将这种电动机称为异步电动机,而将转速差 $n_0 - n$ 与同步转速 n_0 的比值称为异步电动机的转差率,用 S 表示,即

$$S = \frac{n_0 - n}{n_0} \tag{7.1.2}$$

式中:n_0 为旋转磁场的转速(同步转速);n 为转子的转速。

2) 转差率与电动机的运行状态

(1) 当 $0 < n < n_0$ 时,即 $0 < S < 1$ 时,电动机为电动运行状态(电能→机械能);

(2) 当 $n > n_0$ 时,即 $S < 0$ 时,电动机为发电运行状态(机械能→电能);

(3) 当 $n < 0$ 时,即 $S > 1$ 时,电动机为电磁制动运行状态(机械能和电能→热能);

(4) 当 $n = 0$ 时,即 $S = 1$ 时,电动机为停止状态。

通常异步电动机在额定负载时,n 接近于 n_0,转差率 S 很小,为 0.015~0.060。

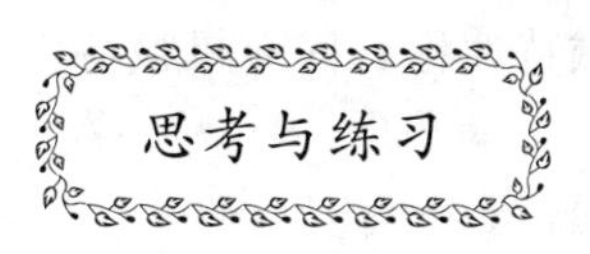

7.1.1 简述三相异步电动机的转动原理。

7.1.2 三相异步电动机的转差率是怎样定义的?有一台异步电动机的额定转速为 2 970 r/min,电源频率为 50 Hz,求它的转差率 S_N 和磁极数。

7.1.3 旋转磁场的转向取决于什么?怎样改变旋转磁场的转向?试绘出改变转向的旋转磁场图。

7.2 三相异步电动机的电磁转矩与机械特性

电磁转矩是三相异步电动机最重要的物理量之一,它是表征一台电动机拖动生产机械能力的大小。机械特性是它的主要特性。

7.2.1　三相异步电动机的电磁转矩

三相异步电动机的电磁转矩是由旋转磁场的每极磁通Φ与转子电流I_2相互作用而产生的,它与Φ和I_2的乘积成正比,此外,它还与转子回路的功率因数$\cos\varphi_2$有关,其表达式为

$$T = K_T \Phi I_2 \cos\varphi_2 \tag{7.2.1}$$

式中:K_T为电动机结构有关的常数;Φ为磁通;I_2为转子电流;$\cos\varphi_2$为转子回路的功率因数。

$$I_2 = 4.44 f_1 N_2 \Phi / \sqrt{R_2^2 + (SX_{20})^2} \tag{7.2.2}$$

$$\cos\varphi_2 = R_2 / \sqrt{R_2^2 + (SX_{20})^2} \tag{7.2.3}$$

综合式(7.2.1)、式(7.2.2)和式(7.2.3)及$E_1 = 4.44 f_1 N_1 \Phi$,并忽略定子电阻R_1和漏电感X_1的压降。可得电磁转矩的另一表达式

$$T = K \frac{SR_2 U^2}{R_2^2 + (SX_{20})^2} \tag{7.2.4}$$

由此可知,电磁转矩T与电压平方成正比。当施加在定子每相绕组上的电压降低时,启动转矩下降明显;当电压U一定,转子参数R_2和X_{20}一定时,电磁转矩与转差率S有关,将电磁转矩与转差率的关系$T = f(S)$曲线,通常称为T-S曲线。

7.2.2　三相异步电动机的机械特性

三相异步电动机的机械特性是指在电源电压U_1、电源频率f_1及电动机参数一定的条件下,且定子绕组按规定接线时,电动机电磁转矩T与转速n或转差率S之间的关系,即$n = f(T)$或$S = f(T)$。它有固有机械特性和人为机械特性之分。

1. 固有机械特性

三相异步电动机在额定电压和额定频率下,用规定的接线方式,定子和转子电路中不接任何电阻或电抗时的机械特性称为固有机械特性或自然机械特性。

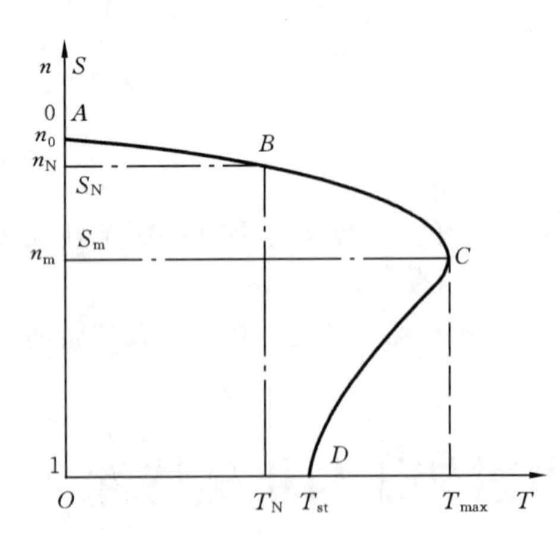

图 7.2.1　三相异步电动机的固有机械特性曲线

1) 固有机械特性曲线

根据式(7.2.4)和式(7.1.2)可得到三相异步电动机的固有机械特性曲线,如图7.2.1所示。从特性曲线上可以看出,其上有四个特殊点可以决定特性曲线的基本形状和三相异步电动机的运行性能,这四个特殊点如下。

(1) 理想空载转速点A:从图7.2.1可看出,在A点,$T = 0$,$n = n_0 = 60f_1/p$,$S = 0$。此时电动机不进行机电能量转换,处于浮接状态。实际上,异步电动机是不可能运行于这一点的。

(2) 额定工作点B:在B点,$T = T_N$,$n =$

$n_N(S = S_N)$。

(3) 最大转矩点 C(临界工作点):在 C 点,电磁转矩为最大值 $T_{max}(T = T_{max})$,相应的转差率为 $S_m(S = S_m)$。

(4) 启动工作点 D:在 D 点,$S = 1, n = 0, T = T_{st}$。此时,电磁转矩为启动转矩 T_{st}。

2) 额定转矩与额定转差率

(1) 额定转矩

$$T_N = 9\ 550 \frac{P_N}{n_N} \tag{7.2.5}$$

(2) 额定转差率

$$S_N = \frac{n_0 - n_N}{n_0} \tag{7.2.6}$$

式中:P_N 为电动机的额定功率;n_N 为电动机的额定转速,一般 $n_N = (0.94 \sim 0.985)n_0$;$S_N$ 为电动机的额定转差率,一般 $S_N = 0.06 \sim 0.015$;T_N 为电动机的额定转矩(N·m)。

3) 临界转差率与最大电磁转矩 T_{max}

(1) 临界转差率 S_m

$$S_m = R_2 / X_{20} \tag{7.2.7}$$

(2) 最大电磁转矩 T_{max}

$$T_{max} = K \frac{U^2}{2X_{20}} \tag{7.2.8}$$

由式(7.2.7)和式(7.2.8)可看出:当电源频率 f_1 及电动机的参数一定时,最大转矩 T_{max} 与定子电压 U 的平方成正比,这说明异步电动机对电源电压的波动是很敏感的。T_{max} 与转子电阻 R_2 的大小无关,但临界转差率 S_m 却与 R_2 成正比。当增加转子外串电阻 R_2' 时,T_{max} 不变,而 S_m 随外串电阻增加而变大,但特性曲线变软。

4) 三相异步电动机的过载能力系数

通常将固有机械特性上最大转矩 T_{max} 与额定转矩 T_N 之比称为过载能力系数或过载倍数,用 λ_m 表示,即

$$\lambda_m = \frac{T_{max}}{T_N} \tag{7.2.9}$$

过载能力系数表征了电动机能够承受冲击负载能力的大小。各种电动机的过载能力系数在国家标准中都有规定,一般三相异步电动机如普通的 Y 系列的 $\lambda_m = 1.6 \sim 2.2$;起重机和冶金机械用的 YZ 和 YZR 绕线式异步电动机的 $\lambda_m = 2.5 \sim 2.8$。

5) 启动转矩

$$T_{st} = K \frac{R_2 U^2}{R_2^2 + (SX_{20})^2} \tag{7.2.10}$$

由式(7.2.10)可得以下结论:

(1) 在给定的电源频率及电动机参数的条件下,T_{st} 与定子电压 U 的平方成正比;

(2) 在一定范围内,增加转子回路电阻 R_2,可以增大启动转矩 T_{st}(因为可提高转子回路的功率因数 $\cos\varphi_2$);当 $S = S_m = 1$ 时,$T_{st} = T_{max}$,启动转矩最大。

(3) 当 U、f_1 一定时,若转子的电抗增大,则 T_{st} 将大为减小。

6) 转矩-转差率特性的实用表达式

在实际应用中,为了简化计算,常用下式进行电磁转矩的计算

$$T = 2T_{max}/(S/S_m + S_m/S) \tag{7.2.11}$$

从式(7.2.11)可看出,当 $S \ll S_m$ 时,则有

$$T = \frac{2T_{max}}{S_m}S \tag{7.2.12}$$

式(7.2.12)表明:转矩 T 与转差率 S 是成正比的直线关系。即三相异步电动机的机械特性在一定范围内是呈线性关系,三相异步电动机通常运行在此线性范围内。

临界转差率实用表达式

$$S_m = S_N(\lambda_m + \sqrt{\lambda_m^2 - 1}) \tag{7.2.13}$$

7) 启动转矩倍数 λ_{st}

三相异步电动机的启动转矩 T_{st} 与额定转矩 T_N 之比用启动转矩倍数 λ_{st} 来表示,即

$$\lambda_{st} = T_{st}/T_N \tag{7.2.14}$$

启动转矩倍数 λ_{st}也是鼠笼式异步电动机的重要性能指标之一。启动时,当 T_{st}大于负载启动转矩 T_2 时,电动机才能启动。一般 $\lambda_{st}=1\sim1.2$。

2. 人为机械特性

由式(7.2.4)可知,三相异步电动机的机械特性与电动机的参数有关,也与外加电源电压、电源频率、定子电路中的电阻或电抗、转子电路中的电阻或电抗有关。因此,人为改变电动机的某个参数后所得到的机械特性,称为异步电动机的人为机械特性。

设置人为机械特性的目的是获得所需的拖动性能。在机电传动系统中,人们可以通过合理地利用人为机械特性对三相异步电动机进行启动、调速和制动控制。

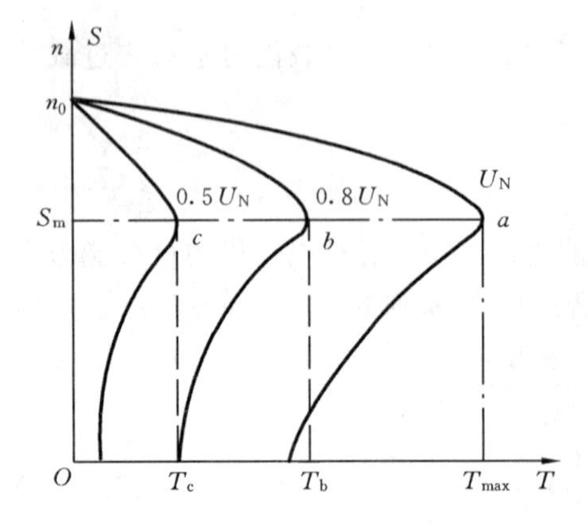

图 7.2.2 改变电源电压的人为机械特性曲线

三相异步电动机的人为机械特性有降低电源电压、转子回路串电阻、定子回路串电阻或电抗和改变定子电源频率等四种。

1) 降低电源电压的人为特性

图 7.2.2 所示为降低电源电压的人为机械特性曲线。

特点:① 当电源电压降低时,n_0 和 S_m 不变,而 T_{max} 和 T_{st} 却因与 U^2 成正比而大大减小;

② 在同一转差率的情况下,人为机械特性和固有机械特性转矩之比等于电压的平方之比。电压越

低，过载能力与启动转矩会大大降低，人为机械特性曲线越往左移。

三相异步电动机对电网电压的波动非常敏感，运行时，如电网电压降低太多会出现电动机因发生带不动负载或者根本不能启动的现象。

例如，电动机运行在额定负载 T_N 下，即使 $\lambda_m = 2$，若电网电压下降到 $70\%U_N$，则由于这时

$$T_{max} = \lambda_m T_N \left(\frac{U}{U_N}\right)^2 = 2 \times 0.7^2 \times T_N = 0.98T_N$$

电动机将会停转。所以，对正在运行的电动机，当电网电压下降，在负载不变的条件下，将使电动机转速下降，转差率 S 增大，电流 I_2 增加，造成电动机过载。若过载时间长会使电动机的温升超过允许值，影响电动机的使用寿命，严重时会烧毁绕组。

2）定子电路接入电阻或电抗时的人为特性

图 7.2.3 所示为定子电路接入电阻或电抗时的人为机械特性曲线。

当电动机定子电路中外串电阻或电抗后，电动机端电压为电源电压减去定子外串电阻上或电抗上的压降，致使定子绕组相电压降低，这种情况下的人为特性与降低电源电压时的相似。图 7.2.3 中实线 1 为电源电压降低时的人为机械特性曲线，虚线 2 为定子电路中外串电阻 R_{1S} 或电抗 X_{1S} 的人为机械特性曲线。

特点：①最大转矩要比降低定子电源电压大一些；

②功率因数低，不经济，因而很少使用。

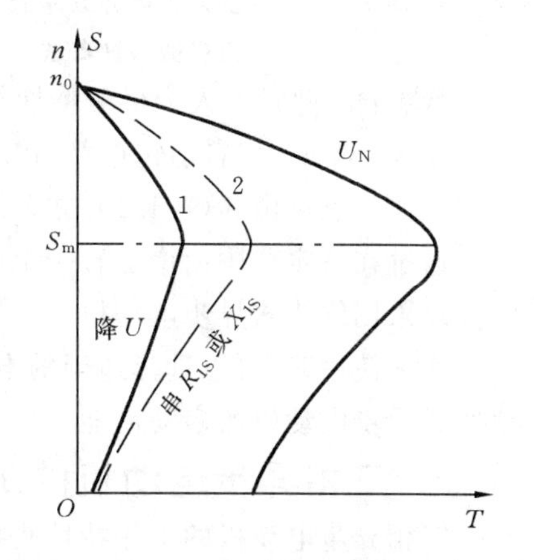

图 7.2.3 定子电路接入电阻或电抗时的人为机械特性曲线

3）改变定子电源频率时的人为机械特性

图 7.2.4 所示为改变定子电源频率时的人为机械特性曲线。

改变定子电源频率 f_1 对三相异步电动机的机械特性的影响是比较复杂的，下面只定性地分析。一般变频调速常采用恒转矩调速，即希望最大转矩保持为恒值，为此在改变频率的同时，电源电压也要作相应的变化，即要保持 $U/f = C$（恒值）不变，其实质上就是要保证电动机中的气隙磁通维持不变。这样在上述条件下就存在有 $n_0 \propto f$，$S_m \propto 1/f$，和 T_{max} 不变的关系。

特点：① 随着频率的降低，理想空载转速 n_0 将减小；

② 临界转差率 S_m 将增大，启动转矩 T_{st} 将增大，而最大转矩 T_{max} 基本保持不变。

4）转子电路串电阻时的人为机械特性

图 7.2.5(b)所示为转子电路串电阻时的人为特性曲线。在三相绕线式异步电动机的转子电路中串入电阻 R_{2r} 后（见图 7.2.5(a)），转子电路中的电阻变为 $R_2 + R_{2r}$，它是通过滑环电刷机构将三相转子绕组与外接电阻 R_{2r} 相连接。

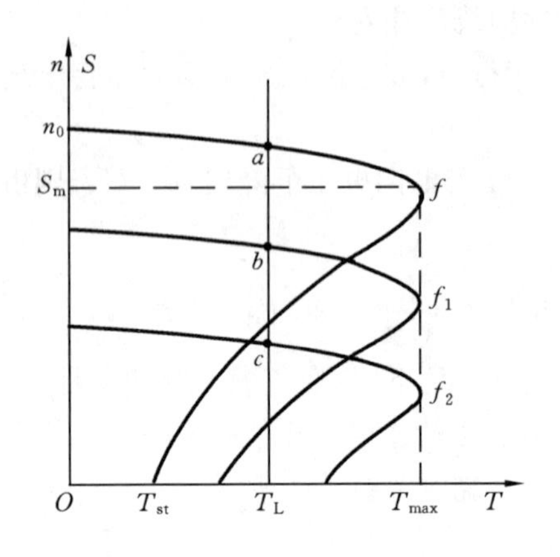

图 7.2.4 改变定子电源频率时的人为机械特性曲线

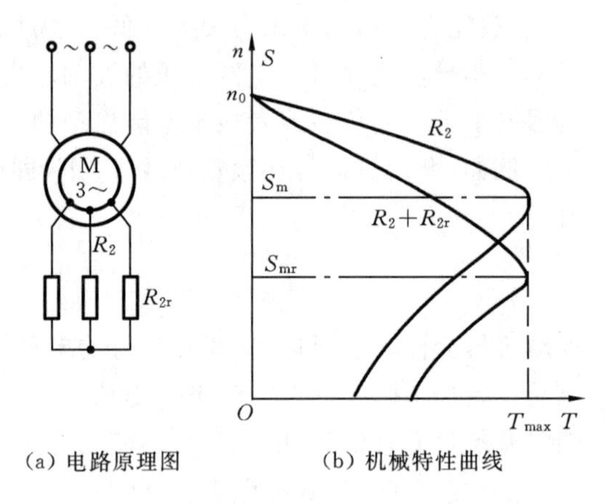

图 7.2.5 绕线式异步电动机转子电路串电阻

特点：① 此时的人为机械特性与固有机械特性相比是一条特性较软的曲线；

② 当 R_{2r} 增大，启动转矩 T_{st} 将增加，S_m 增大，而理想空载转速 n_0、最大转矩 T_{max} 则保持不变。这一点可由式(7.1.1)、式(7.2.7)和式(7.2.9)分析得知。

通过在一定范围内增加转子电阻，可以增加电动机的启动转矩 T_{st}，所以一些起重机械上大多采用绕线式异步电动机。

实际使用时，可以选择适当的电阻 R_{2r}，使 $T_{st}=T_{max}$，最大转矩发生在启动瞬间，以改善绕线式异步电动机的启动性能。

3. 三相异步电动机的工作特性

三相异步电动机的工作特性是指当外加电源电压 U_1 为常数、频率 f 为额定值时，电动机的转速 n、定子电流 I_1、功率因数 $\cos\varphi$、电磁转矩 T、效率 η 等与输出功率 P_2 的关系曲线。

这些关系曲线可以通过直接给三相异步电动机带负载，通过实验的方法测得，可以通过三相异步电动机的工作特性曲线来判断它的工作性能的好坏，从而达到正确地选用电动机，以满足不同的工作要求。图 7.2.6 所示为三相异步电动机的不同工作特性曲线。

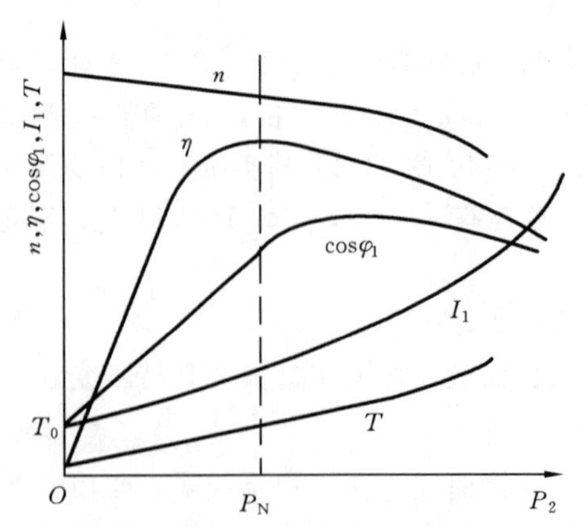

图 7.2.6 三相异步电动机的不同工作特性曲线

1) 转速特性 $n=f(P_2)$

三相异步电动机的转速 n，在电动机正常运行的范围内随负载 P_2 的变化不大，所以转速特性是一条向下略有倾斜的曲线，故转速特性是一条“硬”特性，如图 7.2.6 所示。

2) 转矩特性 $T=f(P_2)$

三相异步电动机空载时，$P_2=0$，电磁转矩 T 等于空载制动转矩 T_0。随着 P_2 的增加，已知

$T_2 = \dfrac{9.55P_2}{n}$，如 n 基本不变，则 T_2 为通过原点的直线。考虑到 P_2 增加时，n 稍有降低，故 $T_2 = f(P_2)$ 随着 P_2 增加略向上翘的曲线。在 $T = T_0 + T_2$ 中，由于 T_0 值很小，而且认为它是与 P_2 无关的常数。所以 $T = f(P_2)$ 将比 T_2 平行上移 T_0 数值，如图 7.2.6 所示。

3）定子电流特性 $I_1 = f(P_2)$

当电动机空载时，转子电流 I_2 近似为零，定子电流等于励磁电流 I_0。随着负载的增加，转速下降（S 增大），转子电流增大，定子电流也增大。当 $P_2 > P_N$ 时，由于此时 $\cos\varphi_1$ 降低，I_1 增长更快些，如图 7.2.6 所示。

4）功率因数特性 $\cos\varphi_1 = f(P_2)$

三相异步电动机运行时，必须从电网中吸取感性无功功率，它的功率因数总是滞后的，且永远小于 1。电动机空载时，定子电流基本上只有励磁电流，功率因数很低，一般不超过 0.2。当负载增加时，定子电流中的有功电流增加，使功率因数提高。接近额定负载时，功率因数也达到最高。超过额定负载时，由于转速降低较多，转差率增大，使转子电流与转子电动势之间的相位角 φ_2 增大，转子的功率因数 $\cos\varphi_2$ 下降较多，从而引起定子电流中的无功电流分量也增大，因而使电动机的功率因数 $\cos\varphi_1$ 趋于下降，如图 7.2.6 所示。

5）效率特性 $\eta = f(P_2)$

三相异步电动机空载时，$P_2 = 0$，$\eta = 0$。随着输出功率 P_2 的增加，效率 η 也增加。正常运行时，因主磁通变化很小，所以铁损耗变化不大，机械损耗变化也很小，合起来称为不变损耗。定、转子铜损耗与电流平方成正比，随着负载而变化，称为可变损耗。当不变损耗等于可变损耗时，电动机的效率达最大。对于中、小型异步电动机，大约 $P_2 = (0.7 \sim 1.0)P_2$ 时，效率最高。如果负载继续增大，可变损耗增加的较快，效率反而降低。

由图 7.2.6 可见，电动机的效率在额定负载附近达到最高，这时功率因数也比较高，因此，在选用电动机容量时，应注意与负载相匹配。如果选得过小，电动机长期过载运行影响寿命；如果选得过大，则功率因数和效率都很低，浪费能源。

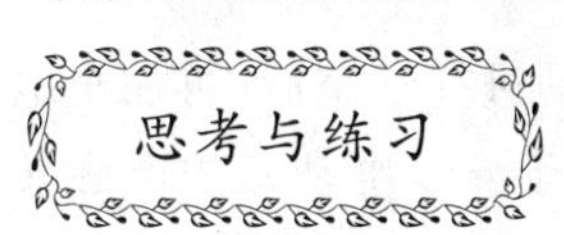

7.2.1　三相异步电动机在一定的负载转矩下运行时，如电源电压降低，电动机的转矩、电流及转速有无变化？

7.2.2　三相异步电动机在正常运行时，如果转子突然被卡住而不能转动，试问这时电动机的电流有何改变？对电动机有何影响？

7.2.3　为什么三相异步电动机不在最大转矩处或接近最大转矩处运行？

7.2.4　某三相异步电动机的额定转速为 1 460 r/min。当负载转矩为额定转矩的一半时，电动机的转速约为多少？

7.2.5　三相鼠笼式异步电动机在额定状态附近运行，当①负载增大；②电压升高；③频率增高时，试分别说明其转速和电流的变化。

7.3 三相异步电动机的启动、调速与制动

电动机接通电源后转速从零开始增加到稳定转速的过程称为启动。电动机的启动性能主要是指它的启运动电流和启动转矩两方面。前已述及，异步电动机启动瞬间的 $S=1$，转子电流最大，定子绕组也相应地出现很大的启动电流 I_{st}，其值约为额定电流 I_N 的 4～7 倍；而其间转子功率因数很低，启动转矩 T_{st} 并不大。

电动机的启动电流过大将会使电网电压产生波动（特别是容量较大的电动机启动时），从而影响接在电网上的其他设备的正常运行；还会使电动机绕组发热、绝缘老化，从而缩短电动机的使用寿命。为了减小启动电流（有时还为了增加启动转矩），对不同容量的电动机应采用不同的启动方法。

7.3.1 电动机的启动方法

1. 鼠笼式电动机的启动方法

1）直接启动

直接启动是指将电动机定子绕组直接加上额定电压的启动方法。一台鼠笼式异步电动机能否直接启动，有一定的规定，其原则是：启动电流在供电线路上引起的电压下降允许的范围内，一般不应超过 15%。如果没有独立的变压器（即与照明共用），则不应超过 5%，为此，各地电业部门有不同的具体规定，如有的地区规定：当用户有独立变压器时，对于频繁启动的电动机，其容量小于变压器容量的 20%，则允许直接启动。

直接启动的优点是启动设备简单，启动时间短，启动方式简单、可靠，所需成本低，在条件许可的情况下应尽量采用；缺点是对电动机和电网有一定的冲击。

2）降压启动

在电动机启动时降低定子绕组上的电压以减小启动电流，当启动过程结束后，再加全电压运行的方法称为降压启动。降压启动虽然能减小启动电流，但由于异步电动机的电磁转矩与电压平方成正比，因而启动转矩显著减小。降压启动方法只适用于空载或轻载启动，本节主要介绍下面两种降压启动的方法。

（1）星形—三角形（Y—△）换接启动。

对于正常工作时定子绕组接三角形的鼠笼式电动机，在启动时可将定子绕组连接成星形，待电动机转速接近额定值时，再换成三角形接法进入正常工作。采用星形—三角形换接法启动，启动时将定子绕组的电压降低到直接启动的 $1/\sqrt{3}$，其启动电流也将减小。如图7.3.1所示为星形—三角形换接启动的原理图和启动接线简图。在图 7.3.1(a)中，当开关 QS 合向星形连接启动时，电动机定子绕组接成星形，开始降压启动。待电动机转速增加到接近额定值时，再将 QS 合向三角形连接运行位置，电动机定子绕组接成三角形，电动机进

入全压正常运行。星形—三角形换接启动常采用星形—三角形启动器来实现,其接线简图如图 7.3.1(b)所示。

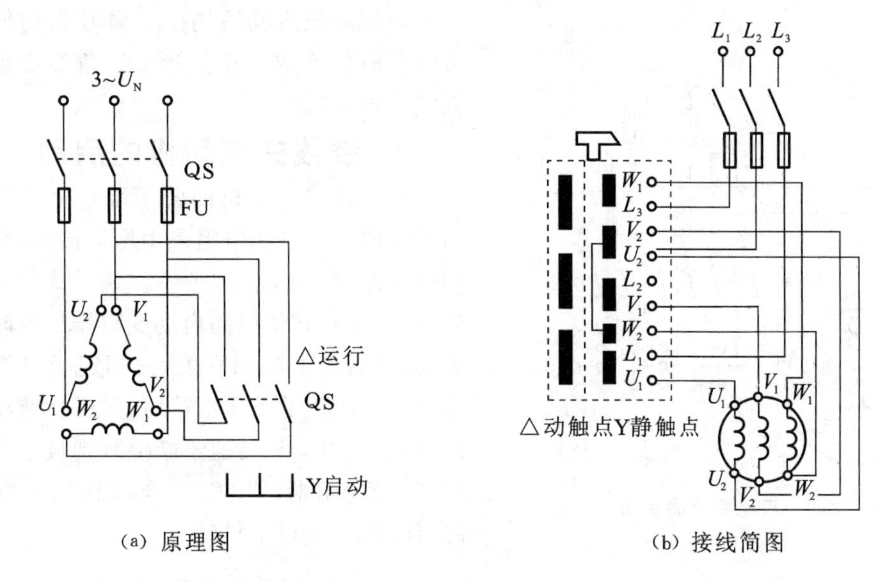

(a) 原理图　　　　(b) 接线简图

图 7.3.1　星形—三角形换接启动

图 7.3.2 所示为星形—三角形启动线路图,由图可知

$$I_{1stY}/I_{1st\triangle}=(U_1/\sqrt{3}|Z|)/(\sqrt{3}U_1/|Z|)=1/3 \tag{7.3.1}$$

式中:$|Z|$为电动机每相定子绕组等效阻抗,即用星形连接的启动电流是用三角形连接的启动电流的 1/3。因电动机电磁转矩与电压平方成正比,星形连接启动时,绕组相电压减小到直接启动电压的 $1/\sqrt{3}$,故启动转矩减小到直接启动时的 1/3,即 $T_{stY}=T_{st\triangle}/3$。

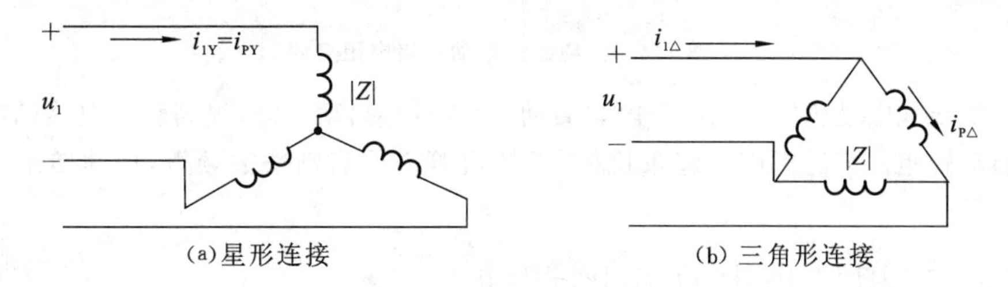

(a)星形连接　　　　(b) 三角形连接

图 7.3.2　星形及三角形连接

采用星形—三角形启动方法时设备简单,动作可靠,在允许轻载或空载启动的情况下,此方法得到广泛应用,但它仅适用于定子绕组是三角形接法的三相鼠笼式异步电动机。

(2) 自耦变压器启动法。

自耦变压器(也称补偿启动器)启动法是利用三相自耦变压器来降压启动的,自耦降压启动接线图如图 7.3.3 所示。启动时,先把开关 QS 扳到“启动”位置,自耦变压器原侧加电网电压,由副侧取出低电压加到电动机上,电动机在低电压下启动。待转速接近稳定时,把开关转换到工作位置，切除自耦变压器，电动机在全压下运动。为了获得不同的启动转矩，自耦变压器的副边备有不同的电压抽头(如电压的73%、64%、55%)。

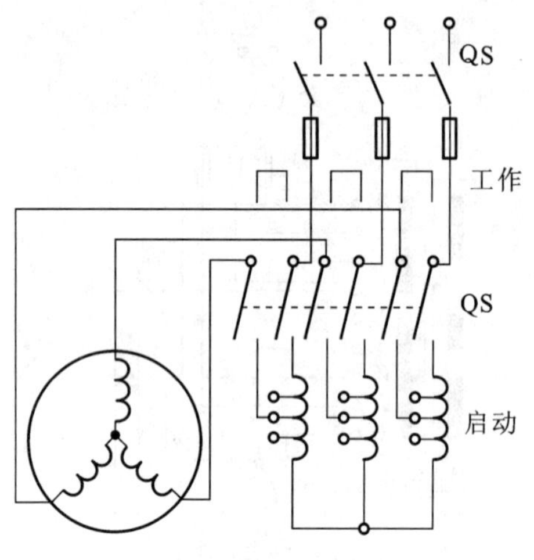

图 7.3.3　自耦变压器启动接线图

自耦降压启动适用于容量较大的低压或正常运行时能连成采用星形—三角形启动方法的鼠笼式电动机。

2. 绕线式电动机的启动

将绕线式电动机的转子绕组电路外接可变启动电阻 R_{st}(三相电阻采用星形接法)构成转子闭合回路，如图 7.3.4 所示。绕线式异步电动机启动时，先将转子电路启动变阻器的电阻调到最大值，然后合上电源开关，三相定子绕组加入额定电压 U_1，转子便开始转动，再逐步减小变阻器的电阻，当电动机转速不断上升到接近额定转速时，外接变阻器的电阻应全部从转子电路中切除，使转子绕组被短接。

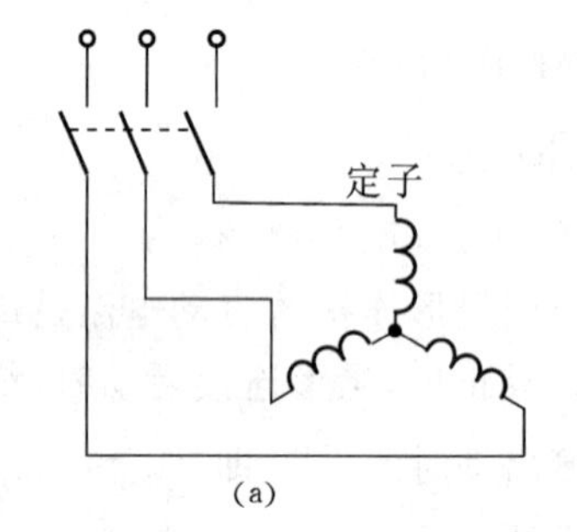

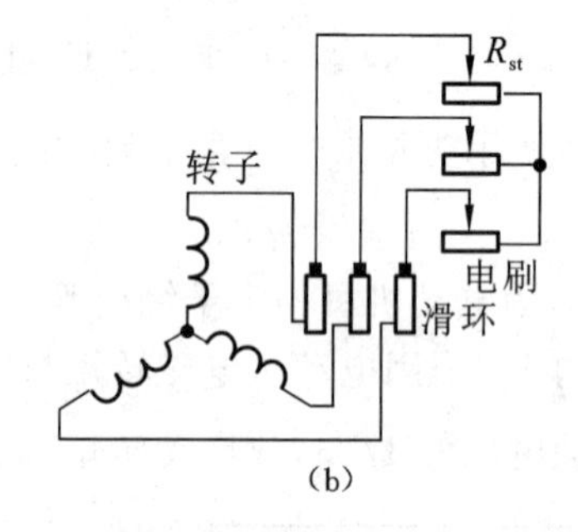

图 7.3.4　绕线式电动机串电阻启动

三相绕线式电动机转子电路串电阻启动，可以减小启动电流，提高转子电路的功率因数和提高启动转矩。广泛应用于起重机械、卷扬机等需要启动次数频繁，启动转矩大的生产中。

7.3.2　三相异步电动机的调速

调速是指在负载不变时采取电气手段使电动机的转速改变，以符合生产过程的需要。

由异步电动机转子公式 $n=(1-S)n_1=(1-S)\times 60f/p$ 可知，改变电动机的转速有三种方法，即改变电源频率 f、极对数 p 和转差率 S。

1. 变频调速(改变电源频率 f)

变频调率速需要配备一套将工频交流电变换成频率、电压可调的专用电源，它主要由整流器和逆变器两部分组成，如图 7.3.5 所示。整流器将 $f=50$ Hz 的三相交流电变换为直流电，再由逆变器变换成频率为 f_1、电压有效值为 u_1 的可调的三相交流电供给三相鼠笼式异步电动机使用，这可在较宽的范围内实现平滑的无级调速，随着变频技术的发展，鼠笼式电动机的变频调速将得到广泛的应用。

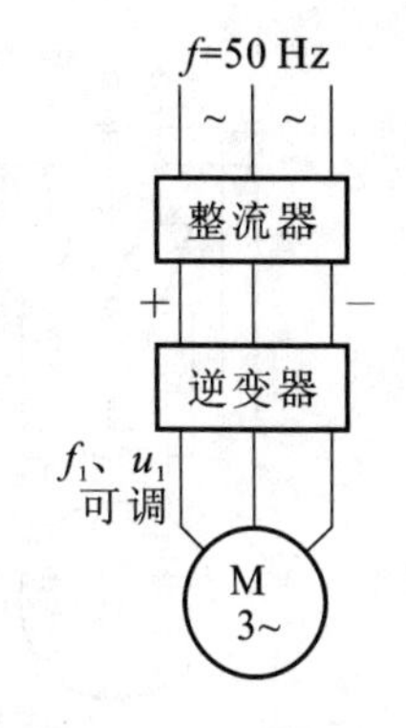

图 7.3.5 变频调速装置

2. 变极调速

变极调速是指通过改变电动机旋转磁场的极对数来改变电动机转速的方法，若极对数 p 减小一半，则旋转磁场的转速 n_1 提高一倍，转子转速 n 也将提高一倍。

改变定子绕组的接法只能使极对数成对地变化，这种调速方法只能是有级调速。这种可改变极对数的鼠笼式异步电动机称为多速电动机。

3. 改变转差率调速

在绕线式异步电动机转子电路中接入调速电阻器，通过改变外接电阻的大小可平滑调速。如当调速电阻 R 增大时，转差率 S 增大，转速将下降，这种调速方法设备简单，但由于调速电阻的接入不仅要消耗电能，而且使机械特性变软，故只能用于调整时间不长、调速范围较小的起重设备中。

7.3.3 异步电动机的反转

由于电动机的旋转方向与旋转磁场的旋转方向一致，所以，要使电动机反转，只需改变旋转磁场的旋转方向即可。其做法通常是将通入电动机的三根电源线中的任意两根对调。

7.3.4 异步电动机的制动

电动机断开电源后，由于转子及所带负载转动惯性，不会马上停止转动，还要继续转动一段时间。这种情况对于有些工作机械是不适宜的，如起重机的吊钩需要立即减速定位，这就需要制动。

制动就是给电动机一个与转动方向相反的转矩，促使它很快地减速和停转。常用的电气制动方法有两种：反接制动与能耗制动。

1. 反接制动

反接制动是依靠改变输入电动机的电源相序，致使定子绕组产生的旋转磁场反向，从而使转子受到与原来转动方向相反的转矩而迅速停转，如图 7.3.6 所示。采取反接制动必须注意：当制动到转子转速接近零值时，应及时切断电源，否则电动机将反向转动。

2. 能耗制动

当电动机脱离电源后，立即向它的定子绕组通入直流电源，就能实现电动机的制动。其原理如图 7.3.7 所示。在通入直流电后，定子绕组便产生一个恒定磁场，这样，作惯性转动

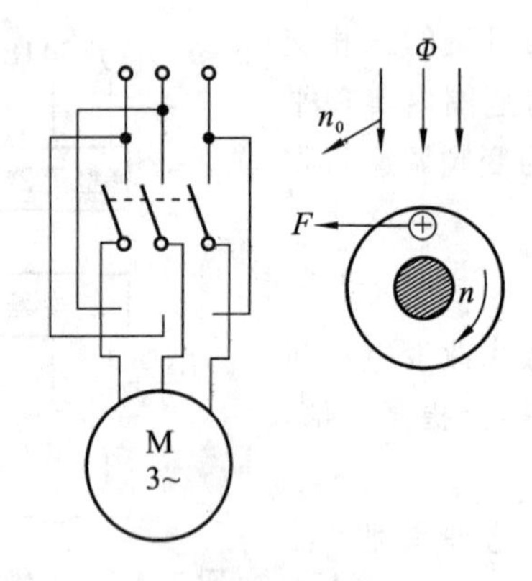

图 7.3.6 反接制动

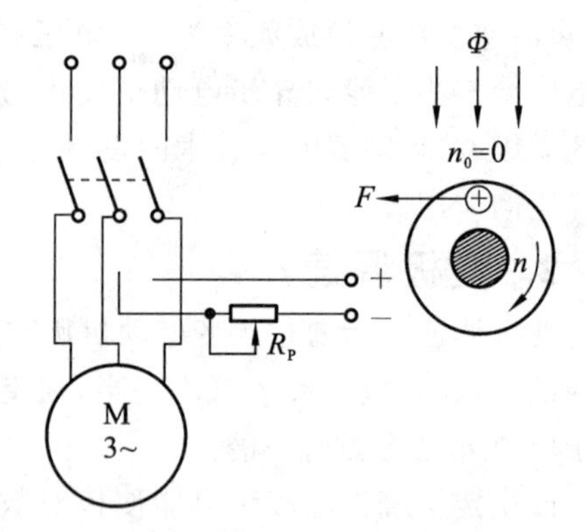

图 7.3.7 能耗制动

的转子绕组中就产生了感生电流，它的方向可由右手定则来判定，上部导体的电流方向为流入纸内，下部导体的电流方向为流出纸外。转子绕组所产生感生电流就要受到恒定磁场的作用，用左手定则可以判定转子导体受力 F 的方向，与转子转动的方向相反，起制动作用。在制动过程中，转子的动能逐渐转换为电能；再逐渐转换为阻力矩作功而耗去，因此这种制动方法的实质是消耗转子的动能而进行的，故称为能耗制动。

两种制动方法相比，各有其优缺点。反接制动的制动能力强，无须直流电源，但制动过程中冲击力强烈，易损坏传动零件；频繁、反复地制动，会使电动机过热而损坏。能耗制动的制动较强且平稳，无冲击，但需要直流电源，在电动机功率较大时直流制动设备较贵，低速时制动转矩小，因此不易制动。

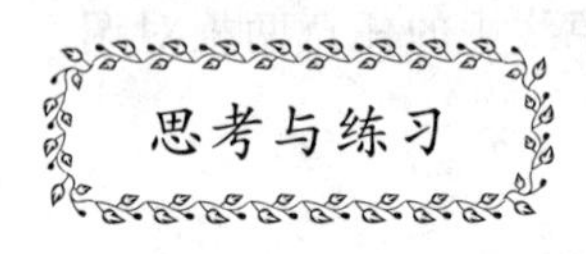

7.3.1　额定电压为 380/220 V、接法为 Y/△的三相笼式电动机，当电源电压为 380 V 时，能否采用 Y-△换接启动？为什么？

7.3.2　异步电动机采用 Y-△换接启动时，每相定子绕组承受的电压、启动电流以及启动转矩分别降为多少？

7.3.3　设自耦变压器的电压比为 $k(k>1)$，则异步电动机采用自耦降压启动时，定子电压、定子电流、变压器一次绕组电流和启动转矩分别为直接启动时的多少？

7.4　三相异步电动机的铭牌

在电动机的机座上都装有一块铭牌，如图 7.4.1 所示，铭牌上标出了该电动机的型号及一些技术数据，供正确选用电动机之需，现分别说明。

三相异步电动机					
型号	Y160M-6	功率	10 kW	频率	50 Hz
电压	380 V	电流	17 A	接线方式	△
转速	970 r/min	绝缘等级	B	工作方式	连续
年　月　日		编号		××电机厂	

图 7.4.1　三相异步电动机的铭牌

1. 型号

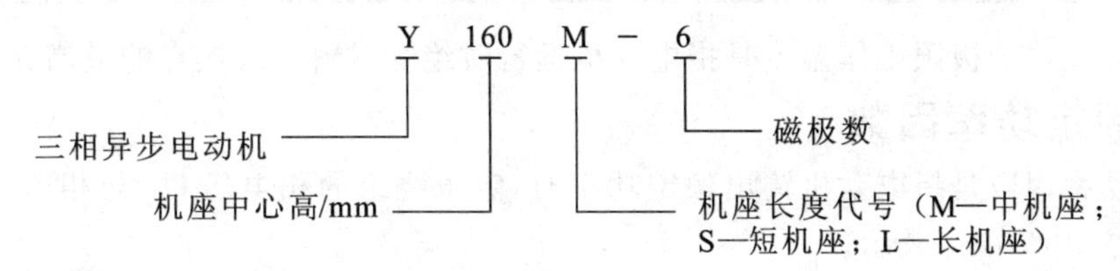

异步电动机的产品名称代号及其汉字意义如下：

Y——异步电动机；

YR——线绕式异步电动机；

YB——防爆型异步电动机；

YZ——起重冶金用异步电动机；

YZR——起重冶金用线绕式异步电动机；

YQ——高启动转矩异步电动机。

2. 额定频率

这是指加在定子绕组上允许的电源频率，用 f_N 表示。国产异步电动机的额定频率为 50 Hz。

3. 额定电压和接法

三相异步电动机的额定电压是指定子绕组按铭牌上规定的接法连续工作时应加的电压值，用 U_N 表示。目前，额定电压为 380 V、4 kW 以上的 Y 系列三相异步电动机均为三角形接法。

以下各项都是指电动机在额定频率和额定电压条件下的有关额定值。

4. 额定功率

电动机在额定转速下长期连续工作时，电动机不过热，轴上所能输出的机械功率即为额定功率，用 P_N 表示。

5. 额定电流

电动机轴上输出额定功率时，定子电路取用的线电流即为额定电流，用 I_N 表示。

6. 额定转速

额定转速指电动机满载时的转子转速，用 n_N 表示。

7. 绝缘等级

绝缘等级指电动机定子绕组所用的绝缘材料的等级。电动机所允许的最高工作温度与所选用的绝缘材料的等级有关。目前，电动机所用绝缘材料的等级如表 7.4.1 所示。

表 7.4.1　绝缘材料耐热性的等级

绝缘等级	A	E	B	F	H	C
极限工作温度/℃	105	120	130	155	180	＞180

表 7.4.1 中的极限工作温度是指电动机运行时绝缘材料中最热点的最高允许温度。

8. 额定功率因数

额定功率因数是指电动机输出额定功率时，定子绕组的相电压 U_1 与相电流 I_1 之间相位差的余弦，用 $\cos\varphi_N$ 表示。

9. 额定效率

额定效率指当电动机满载时，电动机输出的机械功率 P_2 与电动机取用的电功率 P_1 之比，用 η_N 表示，即

$$\eta_N = \frac{P_2}{P_1} \times 100\% = \frac{P_N}{\sqrt{3}U_N I_N \cos\varphi_N} \times 100\%$$

【例 7.4.1】 某电动机的铭牌数据如下：$P_{2N}=2.8$ kW，Y-△，$U_N=380/220$ V，$n_N=1\ 450$ r/min，$f_N=50$ Hz，$\eta_N=0.8$，$\cos\varphi_N=0.84$，$T_{st}/T_N=2$，$\lambda=2.2$。

求：(1)三相电源电压为 380 V 时，电动机定子绕组的连接方式、额定电流；(2)三相电源电压为 220 V 时，电动机定子绕组的连接方式、额定电流；(3)最大转矩。

【解】 (1) 电源电压为 380 V 时，电动机定子绕组应连接成星形，电动机定子的额定功率为

$$P_{1N} = \frac{P_{2N}}{\eta_N} = \frac{2.8}{0.8}\ \text{kW} = 3.5\ \text{kW}$$

额定电流为

$$I_{1N} = \frac{P_{1N} \times 10^3}{\sqrt{3}U_{1N}\cos\varphi_N} = \frac{3.5 \times 10^3}{\sqrt{3} \times 380 \times 0.84}\ \text{A} = 6.3\ \text{A}$$

(2) 电源电压为 220 V 时，电动机定子绕组应连接成三角形，电机额定电流为

$$I_{1N} = \frac{3.5 \times 10^3}{\sqrt{3} \times 220 \times 0.84}\ \text{A} = 10.9\ \text{A}$$

(3) 电动机的额定转矩为

$$T_N = 9\ 550\frac{P_{2N}}{n_N} = 9\ 550 \times \frac{2.8}{1\ 450}\ \text{N} \cdot \text{m} = 18.4\ \text{N} \cdot \text{m}$$

最大转矩为

$$T_{max} = 2.2T_N = 40.5\ \text{N} \cdot \text{m}$$

7.5 常用低压电器

采用开关、熔断器、接触器、继电器等很多电器对异步电动机的启动、停止、正反转、调速、制动等进行自动控制，称为异步电动机的继电-接触器控制。采用继电-接触器控制，实现生产过程自动化，不仅能提高劳动生产率，而且能改进生产工艺和提高产品质量。

常用的低压电器有刀开关、按钮、转换开关、控制器、接触器、继电器等。此外，还有成套电器。

1. 按钮

按钮是一种简单的手动开关，可以用来接通或断开低电压弱电流的控制电路。例如，接触器的吸引线圈电路等。

图 7.5.1(a)所示是按钮的结构图。它的动触点和静触点都是桥式双断点式的，上面一对组成动断触点(又称常闭触点)，下面一对为动合触点(又称常开触点)。图 7.5.1(b)所示是它的图形符号和文字符号。

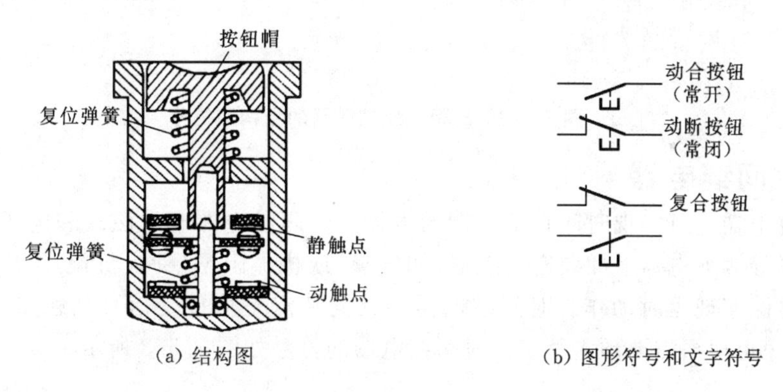

图 7.5.1 按钮的结构和符号

当用手按按钮时，动触点被按着下移，此时上面的动断触点被断开，而下面的动合触点被闭合。当手松开按钮帽时，由于复位弹簧的作用，使动触点复位，即动断触点和动合触点也都恢复原来的工作状态位置。

2. 交流接触器

接触器是利用电磁力来接通和断开主电路的执行电器。常用于电动机、电炉等负载的自动控制。接触器的工作频率可达每小时几百至上千次，并可方便地实现远距离控制。

常用的三相交流接触器的结构和符号如图 7.5.2(a)、(b)所示。它由电磁结构、触点系统和灭弧装置组成。电磁机构包括吸引线圈、静铁心和动铁心，动铁心与动触点相连。当吸引线圈两端施加额定电压时，产生电磁力，将动铁心吸下，动铁心带动动触点一起下移，使动合触点闭合接通电路，动断触点断开切断电路，当吸引线圈断电时，铁心失去磁力，动铁心在复位弹簧的作用下复位，触点系统恢复常态。三相交流接触器的触点系统中有三对主触点和若干对辅助触点，主触点可以通过较大电流，并设有隔弧和灭弧装置。主触点用在主电路中控制三相负载，辅助触点用在电流较小的控制电路中。

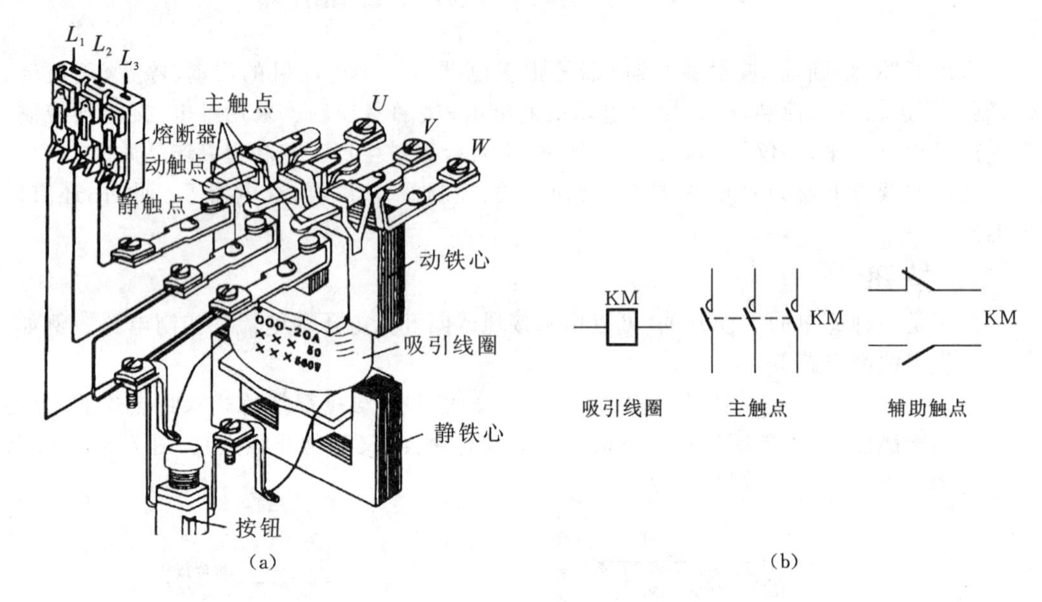

图 7.5.2 三相交流接触器的结构和符号

3. 时间继电器

时间继电器是可实现时间自动控制的电器。时间继电器有电磁式和电子式两类，前者是在电磁式控制继电器上加装空气阻尼（如气囊）或机械阻尼（钟表机械）组成，后者是利用电子延时电路实现延时动作。时间继电器的共同特点是从接受信号到触点动作有一定延时，延时长短可根据需要预先整定。时间继电器的符号如图 7.5.3 所示。

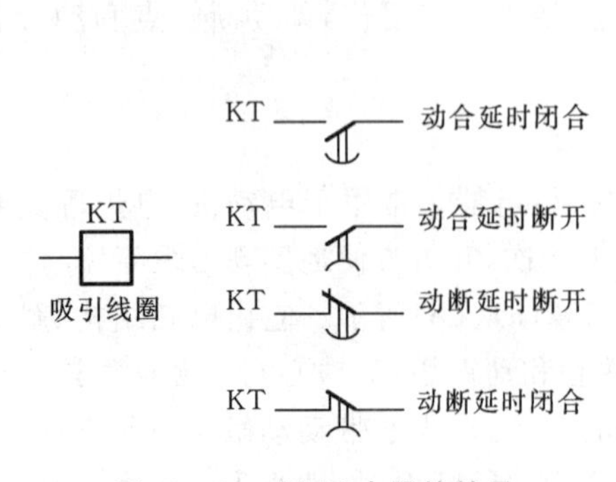

图 7.5.3 时间继电器的符号

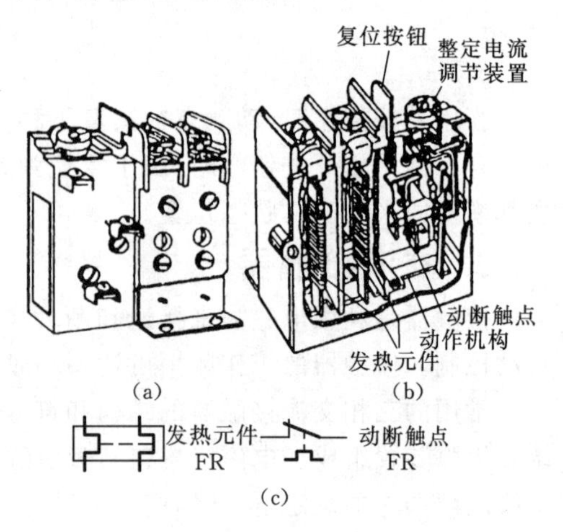

图 7.5.4 热继电器的结构和符号

4. 热继电器

热继电器是一种以感应元件受热而动作的继电器,常作为电动机的过载保护。图 7.5.4(a)为热继电器的外形图,图 7.5.4(b)为其内部结构图,图 7.5.4(c)为热继电器的图形符号。

热继电器主要由热元件、动断(常闭)触点及动作机构组成。热继电器的发热元件是一段阻值不大的电阻丝,它绕在双金属片上。双金属片是由两种热膨胀系数不同的金属片轧制而成。双金属片一端是固定的,另一端为自由端。双金属片受热弯曲,推动下端导板位移,使动作机构动作,动断触点断开。双金属片冷却后恢复常态;若动触点不能自动复原时,需手动按下复位按钮使其复原。

热继电器的发热元件串接在电动机的主电路中,动断触点串接在电动机的控制电路中。正常情况,双金属片变形不大,但当电动机过载到一定程度时,热继电器将在规定时间内动作,切断电动机的供电电路,使电动机断电停车,受到保护。

应当指出,热继电器具有热惯性,不能作为短路保护只能作为过载保护。这种特性符合电动机等负载的需要,可避免电动机启动时的短时过流造成不必要的停车。

5. 熔断器

熔断器是电路中最常用的保护电器,它串接在被保护的电路中,当电路发生短路故障时,便有很大的短路电流通过熔断器,熔断器中的熔体(熔丝或熔片)发热后自动熔断,把电路切断,从而达到保护线路及电气设备的作用。

常用熔断器的种类和符号如图 7.5.5 所示。

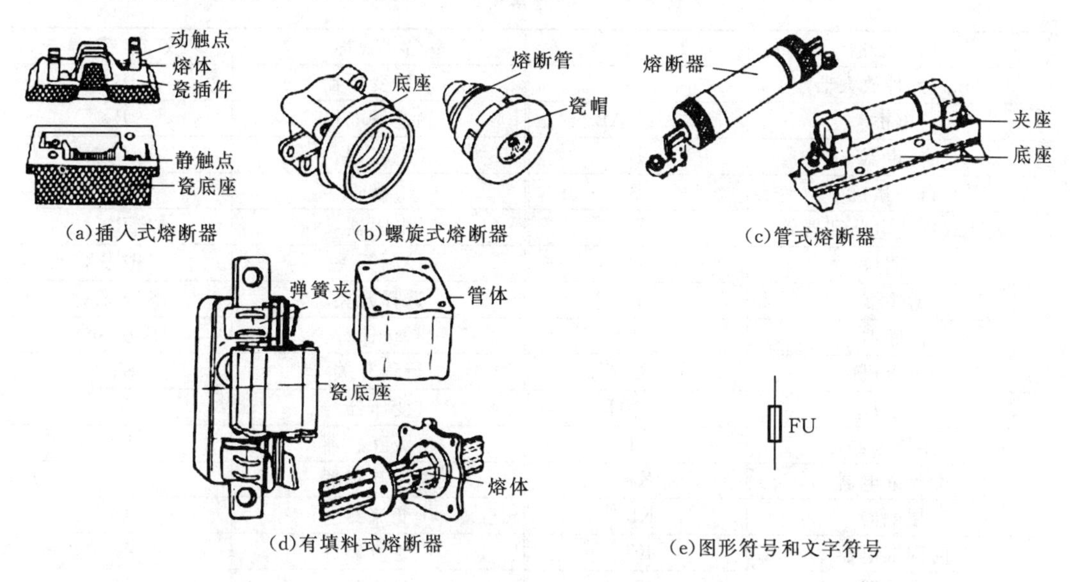

图 7.5.5 熔断器种类和符号

6. 自动空气断路器

自动空气断路器也称为空气开关或自动开关,是常用的一种低压保护电器,可实现短路、过载和失(欠)压保护。自动空气断路器的结构形式很多,图 7.5.6 所示为电动机专用断路器的一般原理图和符号。

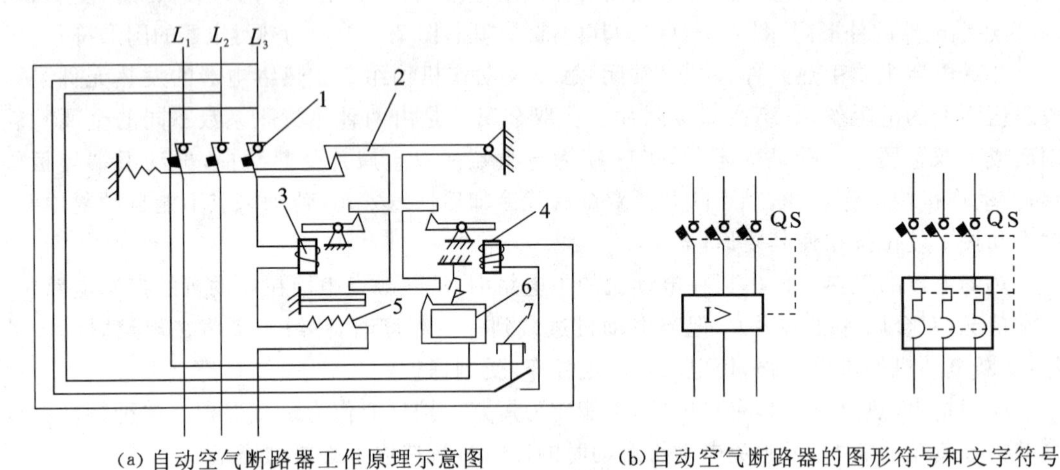

(a) 自动空气断路器工作原理示意图　　(b) 自动空气断路器的图形符号和文字符号

图 7.5.6　自动空气断路器的原理图和符号

1—主触头；2—自由脱扣机构；3—过电流脱扣器；4—分励脱扣器；5—热脱扣器；6—欠电压脱扣器；7—按钮

不同电器采用不同的文字符号和图形符号表示,部分常用的文字符号和图形符号如表 7.5.1、表 7.5.2 所示。

表 7.5.1　部分常用的文字符号

名　称	文 字 符 号	名　称	文 字 符 号
分离元件放大器	A	旋转变压器	B
电桥	A 或 AB	测速发电机	B
扬声器	B	电容器	C
自整角机	B	二极管	VD
数字式集成电路和器件	D	电阻器	R
照明灯	E	控制开关	S 或 SA
避雷器	F	选择开关	S 或 SA
熔断器	FU	按钮	S 或 SB
发电机	G	行程开关	ST
指示灯	H 或 HL	变压器	T
热继电器	KR	电流互感器	TA
交流继电器	KA	电压互感器	TV
接触器	KM	变流器	U
时间继电器	KT	整流器	U
电感器	L	晶体管	V
电抗器	L	导线	W
电动机	M	接线柱	X
运算放大器	N	插头	X 或 XP

续表

名　称	文字符号	名　　称	文字符号
电流表	A	插座	X 或 XS
电度表	P	气阀	Y
电压表	V	电磁铁	Y 或 YA
断路器	QF	电磁制动器	Y 或 YB
隔离开关	QS	网络	Z

表 7.5.2　常用电工设备的图形符号

名　　称		图形符号
三相笼型异步电动机		M 3~
三相绕线转子异步电动机		M 3~
直流电动机		M —
检流计		
按钮	常开（动合）	
按钮	常闭（动断）	
灯、信号灯的一般符号		
电铃（优选形）		
热继电器	常闭触头	
继电器、接触器的吸引线圈		
接触器触头	常开	
接触器触头	常闭	
继电器触头或接触器的辅助触头	常开	
继电器触头或接触器的辅助触头	常闭	

名　　称			图形符号
电阻	一般符号（优选形）		
电阻	滑线式变阻器		
电阻	可变		
电容	一般符号（优选形）		
电容	可变		
电感器线圈			
熔断器			
时间继电器的触头	延时闭合	常开	或
时间继电器的触头	延时闭合	常闭	或
时间继电器的触头	延时断开	常开	或
时间继电器的触头	延时断开	常闭	或
行程开关		常开	
行程开关		常闭	
热继电器		发热元件	
三极刀开关 组合开关			或

7.5.1　接触器的主触点与辅助触点通过的额定电流是否相等？

7.5.2　何谓动合触点和动断触点？如何区分按钮和接触器的动合触点和动断触点？

7.5.3　一个按钮的动合触点和动断触点有可能同时闭合和同时断开吗？

7.5.4　热继电器能够用来做电路的短路保护吗？

7.6　基本控制电路

各种生产机械的生产过程是不同的，其继电—接触器控制线路也是各式各样的，但各种线路都是由较简单的基本环节构成的，即由主电路和控制电路组成。下面介绍几个基本控制系统，通过对一些基本控制系统的掌握，进而能对复杂的控制线路进行分析和设计。

1. 三相异步电动机点动控制电路

点动控制就是按下按钮时电动机就转动，松开按钮时电动机就停转，生产机械在进行试车和调整时常要求点动控制。如摇臂钻床立柱的夹紧与放松、龙门刨床横梁的上下移动等。在图 7.6.1 所示控制电路中，它是由电源开关 QS、熔断器 FU、按钮 SB、接触器 KM 和电动机 M 组成。当合上 QS 后，按下 SB_1，使接触器线圈 KM 得电，动合主触点 KM 闭合，电动机 M 通电运行。当放开 SB_1 后，接触器 KM 断电释放，动合主触点 KM 断开使电动机 M 断电停转。

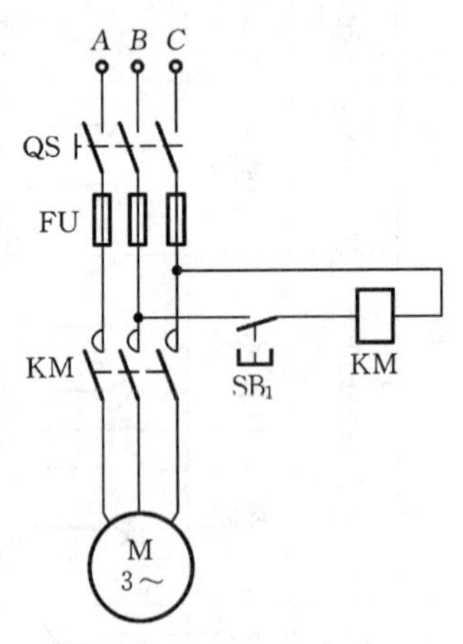

图 7.6.1　点动控制电路

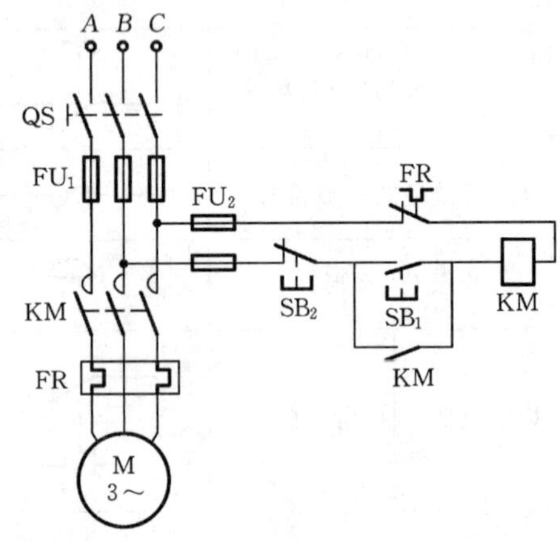

图 7.6.2　直接启停控制电路

2. 三相异步电动机直接启停控制电路

在实际生产中，大多数生产机械需要连续运转，如水泵、机床等。只要在点动控制线路中，按钮 SB_1 两端并联接触器的一个动合辅助触点便可实现电动机的连续运转，如图 7.6.2 所示。

当合上 QS 后，按下 SB_1，使接触器线圈 KM 通电，动合主触点 KM 闭合，同时辅助动合触点 KM 也闭合，给线圈 KM 提供了另外一条通路。因此，当松开 SB_1后线圈仍能保持通电，于是电动机便实现连续运行。辅助触点 KM 的作用是“锁住”自己的线圈电路，称为“自锁”触点。当按下 SB_2后，线圈 KM 失电，主触点 KM 和辅助触点同时断开，电动机便停转。该电路中 FU 起短路保护作用，FR 起过载保护作用，KM 还兼有失电压、欠电压保护作用，去掉自锁触点，可实现点动控制。

3. 三相异步电动机多地点控制电路

有的生产机械可能有几个操作台，各台都能独立操作生产机构，故称为多地点控制。这时只要把启动按钮动合触点并联，停止按钮动断触点串联，便可实现多处控制，如图 7.6.3 所示。

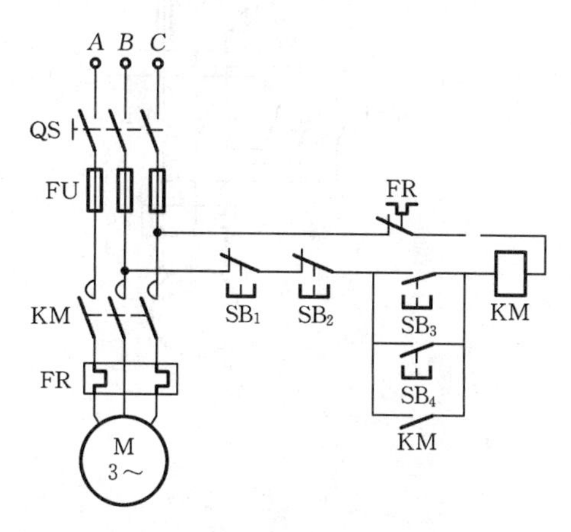

图 7.6.3　多地点控制电路

4. 三相异步电动机正反转控制电路

在生产上往往要求运动部件向正反两个方向运动。例如，机床工作台的前进与后退，主轴的正转与反转，起重机的提升与下降，等等。为了实现正反转，在学习三相异步电动机的工作原理时已经知道，只要将接到电源的任意两根连线对调一头即可。为此，只要用两个交流接触器就能实现这一要求(见图 7.6.4)。当正转接触器KM_F工作时，电动机正转；当反转接触器 KM_R工作时，由于调换了两根电源线，所以电动机反转。

如果两个接触器同时工作，那么从图 7.6.4(a)可以见到，将有两根电源线通过它们的主触点而将电源短路了。所以对正反转控线中最根本的要求是：必须保证两个接触器不能同时工作。

这种在同一时间里两个接触器只允许一个工作的控制作用称为互锁或联锁。下面分析两种有联锁保护的正反转控制线路。

图 7.6.4(b)所示的控制电路中，正转接触器 KM_F的一个常闭辅助触点串联在反转接触器 KM_R的线圈电路中，而反转接触器的一个常闭辅助触点串接在正转接触器的线圈电路中。这两个常闭触点称为联锁触点。这样一来，当按下正转启动按钮 SB_F时，正转接触器线圈通电，动合主触点 KM_F闭合，使电机运转；同时动断辅助触点 KM_F串接在反转接触器 KM_R控制电路中，将 KM_R线圈电路断开，保证了 KM_R线圈不能通电运行。因此，即使误按反转启动按钮 SB_R，反转接触器也不能动作。

但是这种控制电路有两个缺点，就是在正转过程中要求反转时，必须先按停止按钮SB_1，让联锁触点 KM_F闭合后，才能按反转启动按钮使电动机反转，带来操作上的不方便。为了

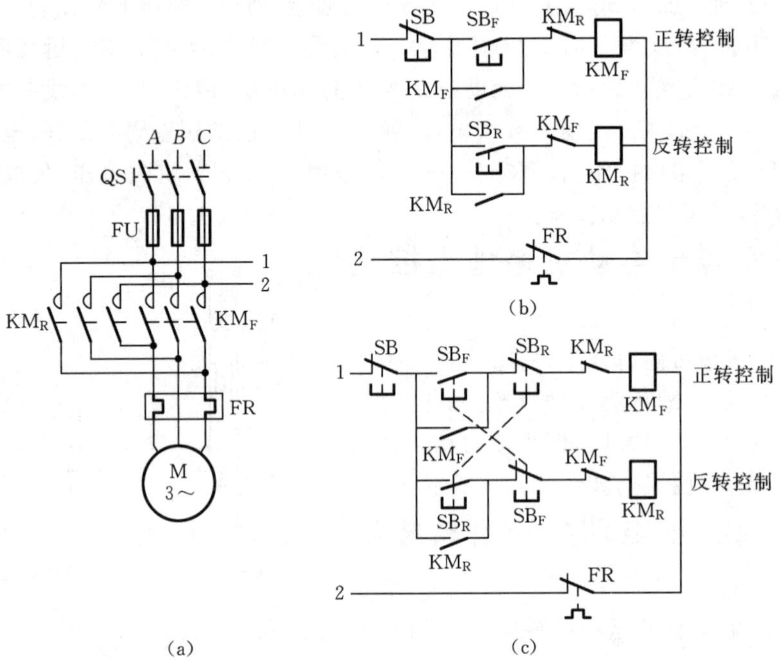

图 7.6.4　正反转控制电路

解决这个问题，在生产上常采用复式按钮和触点联锁的控制电路，如图 7.6.4(c)所示。当电动机正转时，按下反转启动按钮 SB_R，它的常闭触点断开，而使正转接触器的线圈KM_F断电，主触点 KM_F断开。与此同时，串接在反转控制电路中的常闭触点 KM_F恢复闭合，反转接触器的线圈通电，电动机就反转。同时串接在正转控制电路中的常闭触点 KM_R断开，起着联锁保护。

5. 多台三相异步电动机顺序启停控制电路

在生产中，经常要求几台电动机配合工作，或一台电动机按规定先后次序完成几个动作。例如，水泥厂、建筑工地以及矿山等企业中，运料常采用多台皮带运输机串联运行，图 7.6.5 所示为两条皮带运输机的示意图。在启动时，必须先启动第一条皮带运输机的电动机 M_1，后启动第二条皮带运输机的电动机 M_2；而停车时，它的顺序则正好相反，否则运料将堆积在前面运行的第一条皮带上，造成堵塞事故。

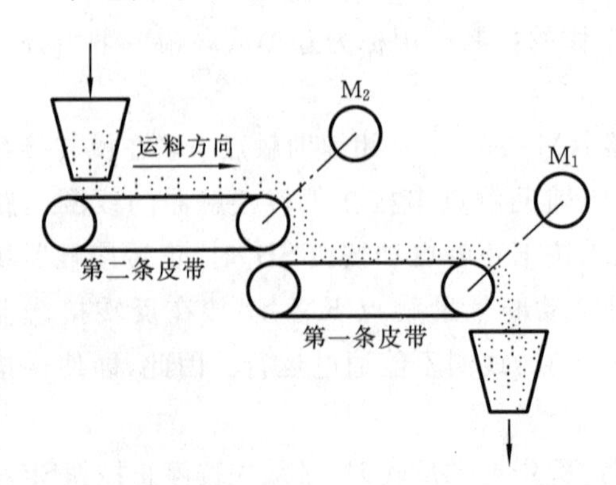

图 7.6.5　两条皮带运输机的示意图

图 7.6.6 所示为两台皮带运输机的顺序控制电路原理图。其中电动机 M_1拖动第一条皮带运输机，而 M_2拖动第二条皮带运输机，电路

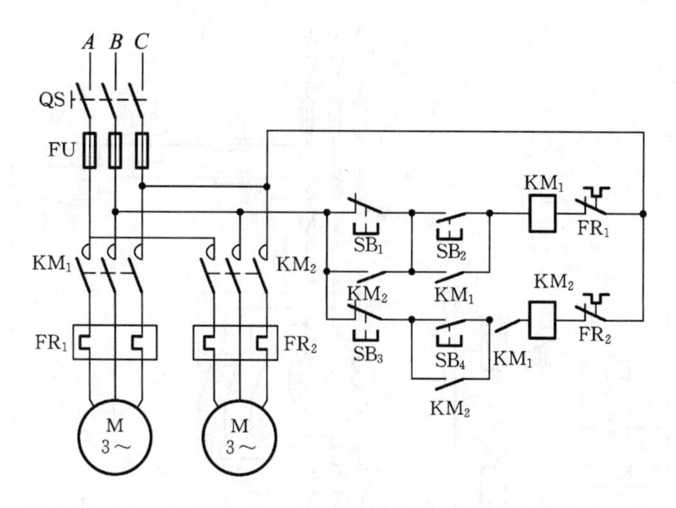

图 7.6.6　顺序启停控制电路

的工作过程如下。

启动，合上电源开关 QS，先按按钮 SB_2，使接触器 KM_1 的线圈有电。主触点 KM_1 闭合，电动机 M_1 启动运行，同时动合辅助点 KM_1 闭合(起了自锁的作用)和动合辅助触点 KM_1 闭合为电动机 M_2 启动准备好了通路。然后按按钮 SB_4，使接触器线圈 KM_2 有电，主触点 KM_2 闭合，电动机 M_2 启动运行，同时动合辅助触头 KM_2 闭合，(起了自锁的作用)和动合辅助触头 KM_2 闭合将 ST_1 锁上，使电动机 M_1 不能先停车。

6. 三相异步电动机时间控制电路

生产中，很多加工和控制过程是以时间为依据进行控制的。例如，工件加热时间控制，电动机按时间先后顺序启、停控制，电动机"Y—△"启动控制等。这类控制都是利用时间继电器实现的。

三相电阻炉加热时间控制电路如图 7.6.7 所示。工作原理如下：当按下启动按钮 SB 后，KM 动作，三相电阻炉接通电源开始加热，同时为时间继电器线圈接通电源，开始计时。当预定的计时时间到达时，时间继电器 KT 的动断延时断开触点打开，停止加热。

三相异步电动机"Y—△"启动控制，其电路如图 7.6.8 所示。工作原理如下：电动机启动时，首先按下启动按钮 SB_2，接触器 KM、KM_Y、时间继电器 KT 线圈通电，电动机定子绕组为"Y"接法启动。经过一段时间(事先整定好的)，时间继电器的动断延时断开触点打开，动合延时闭合触点闭合，使接触器线圈 KM_Y 断电，$KM_\triangle$ 通电，电动机定子绕组转换为"△"接法运行。两个接触器的动断辅助触点 KM_Y 和动断辅助触点 $KM_\triangle$ 的作用是构成"互锁"环节，防止两个接触器同时通电动作造成短路。

启动完成后，电动机进入正常运转，通过另一动断辅助触点 $KM_\triangle$ 将时间继电器 KT 的线圈断电，以减少电能的消耗。

SB_1 为停机按钮，需要停机时，按 SB_1，控制电路断电，电动机停转。

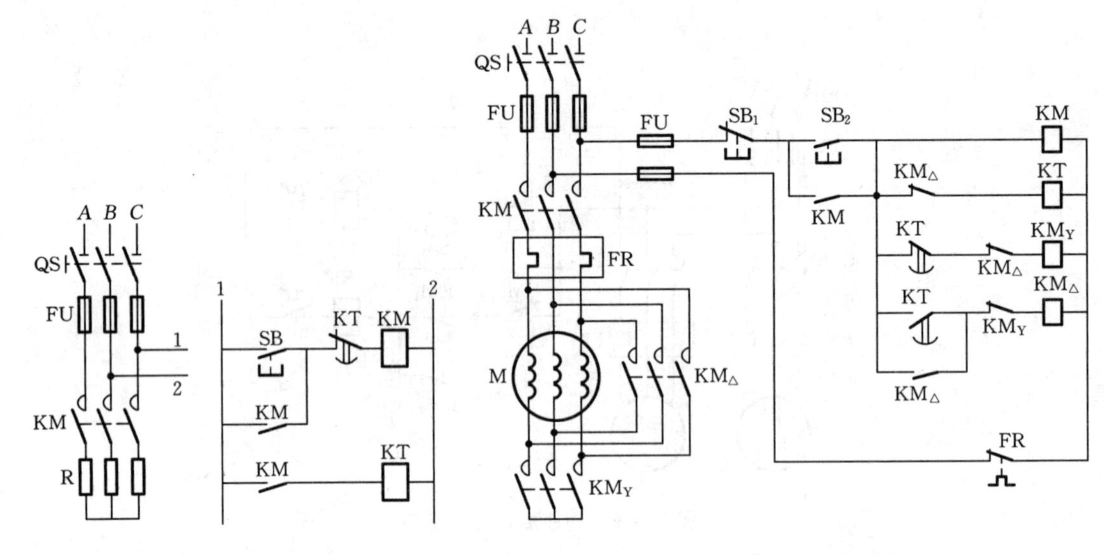

图 7.6.7　加热时间控制电路　　　　图 7.6.8　“Y—△”启动控制

7. 三相异步电动机行程控制电路

图 7.6.9(a)为升降机应用行程开关限位的示意图。它的行程控制电路如图 7.6.9(b)所示。在正反转控制电路中，多装了两个行程开关的动断触点 SP_1 和 SP_2（在撞块未撞击时，触点闭合，撞块撞击后，触点断开），SP_1 与正转接触器的线圈 KM_1 串联；SP_2 与反转接触器的线圈 KM_2 串联。其工作过程如下。

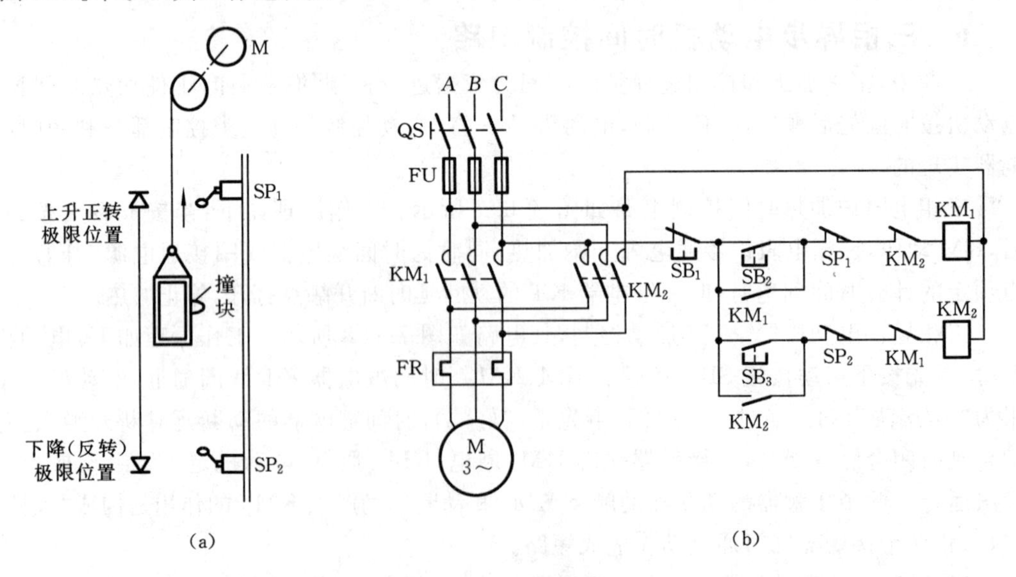

图 7.6.9　行程控制

按正转按钮 SB_2，使接线圈 KM_1 通电，电动机正转，并带动提升机械上升，同时动合辅助触点 KM_1 闭合（自锁）和动断辅助触点 KM_1 断开（联锁）。当提升机械达到顶点附近时，装在提升机械上的撞块碰撞行程开关 SP_1 后，使它的动断触点 SP_1 断开。由于 SP_1 串联在接触器线圈 KM_1 的电路中，SP_1 断开后，即将接触器线圈 KM_1 的电源切断。使电动机 M 停转，不能继续上升，并使接触器 KM_1 触点复位。这时只能按反转按钮 SB_3，接触器线圈 KM_2 通电，并使电动机 M 反转，提升机械下降，撞块离开行程开关后，SP_1 的触点自动复位到闭合位置，为下次正转作好准备。当电动机 M 反转运行到下限位置时，装在提升机械上的撞碰撞另一个行程开关 SP_2，使它的动断触点 SP_2 断开，从而切断了反转接触线圈 KM_2 的电路，电动机 M 立即停转。如果再次开动电动机，只能按正转按钮 SB_2，使电动机 M 正转，并让 SP_2 复位。

思考与练习

7.6.1 电动机主电路中已装有熔断器，为什么还要再装热继电器？它们各起什么作用？能不能互相替代？为什么？

7.6.2 如图 7.6.10 所示，三相异步电动机的启动控制电路中哪些部分画错了？请画出正确的电路图。

7.6.3 如图 7.6.11 所示的是某生产机械的控制电路，接触器 KM 的主触点控制三相异步电动机，在开车一定时间后能自动停车，试说明该电路的工作原理。

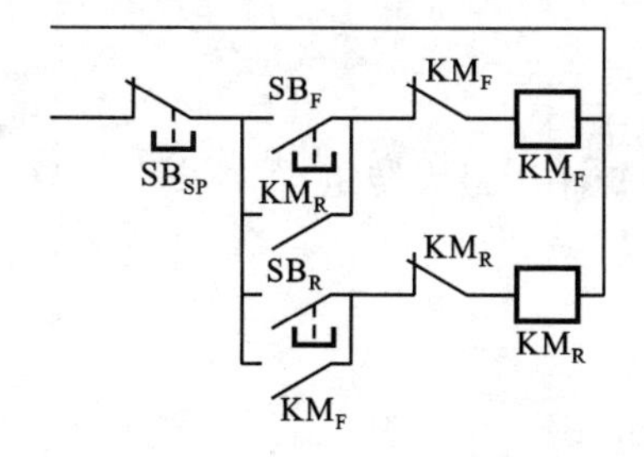

图 7.6.10 题 7.6.2 的图

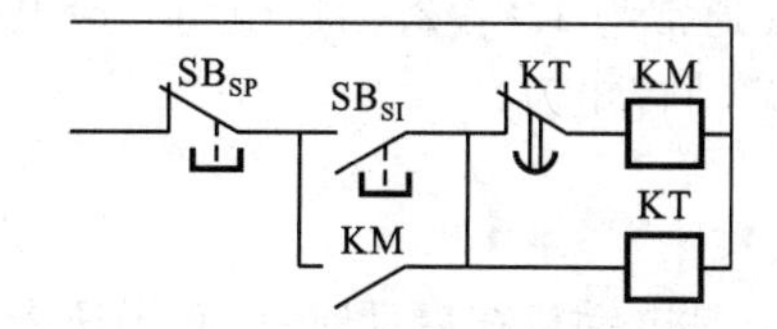

图 7.6.11 题 7.6.3 的图

本章小结

1. 三相异步电动机的基本结构

三相异步电动机主要由定子和转子两大部分组成。定子是异步电动机的固定部分，它由定子铁心、定子绕组、机座和端盖等部件构成；转子是电动机的转动部分，它由转子铁心、转子绕组和转轴等部件组成，由于转子绕组的不同，又分为笼型和绕线转子式两种。

2. 三相异步电动机的工作原理

三相对称电流通入电动机的三相对称绕组，在定子铁心中所产生的磁场是在空间不断旋转的磁场，这种磁场称为旋转磁场。旋转磁场的旋转方向与接入三相绕组的三相电源的相序有关，旋转磁场的极数取决于绕组的分布和连接方式。旋转磁场的转速与三相电源的频率成正比，而与旋转磁场的磁极对数 p 成反比。即 $n_1=60f_1/p$ (r/min)。

异步电动机的转动原理：感应电动势在转子导体内形成感应电流（即转子电流），载流的转子导体与旋转磁场相互作用，该导体受到电磁力作用，电磁转矩作用在转子的转轴上，使转子转动，转子转动的方向与旋转磁场的转向相同。

异步电动机转子的转速 n 与同步转速 n_1 之差为 n_1-n，该差值与同步转速 n_1 的比值，称为转差率 $S=(n_1-n)/n_1$。

3. 异步电动机的转矩特性和机械特性

电磁转矩的表达式为

$$T = K_T \Phi I_2 \cos\varphi_2 = K \frac{SR_2U^2}{R_2^2+(SX_{20})^2}$$

额定转矩为

$$T_N = 9\ 550 \frac{P_N}{n_N}$$

它是电动机处于额定负载时轴上的输出转矩。

最大转矩为

$$T_{max} = K \frac{U^2}{2X_{20}}$$

它是电动机电磁转矩的最大值。

过载系数为

$$\lambda_m = \frac{T_{max}}{T_N}$$

λ 通常为1.8～2.5，这说明一般电动机的额定转矩小于最大转矩。

启动转矩为

$$T_{st} = K \frac{R_2U^2}{R_2^2+X_{20}^2}$$

它是电动机在启动时刻(转子还未转动时)的转矩。

在负载转矩发生变化的情况下，电动机若能自动适应负载的变化，调节本身的转速和转矩，达到新的平衡状态，则称它能稳定运行；否则，为非稳定运行。电动机在 $0<S<S_m$ 曲线部分为稳定运行区；特性曲线的 $S_m<S<1$ 部分为非稳定运行区。

4. 异步电动机的工作特性和额定值

异步电动机的工作特性，包括定子电流特性 $I_1=f(P_2)$、功率因数特性 $\cos\varphi_1=f(P_2)$ 和效率特性 $\eta=f(P_2)$。要正确选用电动机的容量，使它不运行在轻载和过载状态。

异步电动机的铭牌数据主要包括额定功率、额定电压、额定电流、额定转速、额定功率因数、额定效率、额定频率、绝缘等级、定子绕组的接法、定额、电动机质量、温升等技术数据，应按需求合理选择。

5. 三相异步电动机的启动、反转和调速

异步电动机的启动性能较差，即启动转矩小、启动电流大。主要启动方法有：①直接启动，适用于小容量电动机；②减压启动，包括自耦减压起动(轻载或空载时)和Y－△换接启动(轻载时)两种方法；③转子电路串接电阻启动，可用于重载启动场合。

改变异步电动机的转向，只要把电动机定子绕组的三根电源线任意调换两根的位置就可以了。而常用的制动方法有发电制动(或再生制动)、能耗制动和反接制动。

异步电动机在不改变负载的情形下转速能够调节,称为异步电动机的调速。异步电动机的转速 n 与电源频率 f_1 和磁极对数 p 有关。通常,对于异步电动机是采用改变电源频率和磁极对数来实现调速。

6. 常用低压电器

常用的低压电器有刀开关、按钮、转换开关、控制器、接触器、继电器等。此外,还有成套电器。根据要求应用在不同的场合。

7. 基本控制电路

中、小容量笼式三相异步电动机,通常可以直接启动,采用直接启动控制电路。

在生产实际中,有些生产机械的运动部件需要作相反两个方向的运动,要求带动它们的电动机能够正转和反转,采用正反转控制电路。

要求对电动机进行行程控制时,通常利用行程开关自动控制电动机正反转的控制电路进行控制。

对于需要进行延时控制的异步电动机电路,采用时间继电器进行控制。

习　题

7.1　Y132S1-2 型 5.5 kW 的异步电动机,电源频率为 50 Hz,转子的额定转速为 2 900 r/min,求其转子电流的频率。

7.2　异步电流计的转子电路每相电动势、电流、感抗、功率因数和电流频率等量与转差率的关系如何?

7.3　有一台异步电动机,其额定转速为 2 880 r/min,电源频率为 50 Hz。试求:

(1) 定子旋转磁场的转速;

(2) 转子电流频率;

(3) 转差率。

7.4　有一台三相异步电动机的铭牌数据为

10 kW　△/Y　220/380 V　50 Hz　1 460 r/min

$\cos\varphi_N = 0.88 \quad \eta_N = 0.87$

(1) 说明上述各数据的含义;

(2) 求电动机额定运行时的输入功率、转差率、额定转矩即电动机的磁极数。

7.5　笼式异步电动机的启动电流很大,而启动转矩又不大,为什么?

7.6　Y-△换接启动方法是否适用于所有的电动机?

7.7　绕线转子异步电动机的启动方法是什么?

7.8　有一台三相绕线转子异步电动机,当三相定子绕组接入三相电源进行启动时,启动不起来,检查时发现转子绕组是开路的。试解释为什么这种情形不能启动?

7.9　某三相异步电动机的技术数据为:额定功率 $P_N = 4.5$ kW,额定转速 $n_N = 950$ r/min,额定功率因数 $\cos\varphi_N = 0.8$,额定效率 $\eta_N = 84.5\%$,启动电流与额定电流之比 $I_{st}/I_N =$

5，最大转矩与额定转矩之比 $T_{max}/T_N=2$，启动转矩与额定转矩之比 $T_{st}/T_N=1.4$，$U_N=220/380$ V，电源频率为 50 Hz。试求：

(1) 三角形连接和星形连接时的启动电流；

(2) 启动转矩。

7.10　某一台三相异步电动机，启动转矩 T_{st} 为额定转矩 T_N 的 1.5 倍，采用 Y-△换接启动。如果启动时轴上负载的转矩为 $T_N/3$ 和 $3T_N/5$，问该电动机能否启动起来？

7.11　某台三相异步电动机的技术数据为：$P_N=40$ kW，$n_N=1\ 470$ r/min，$U_N=380$ V，$\eta_N=90\%$，$\cos\varphi_N=0.9$，$I_{st}/I_N=6.5$，$T_{st}/T_N=1.2$，$T_{max}/T_N=2$。试求：

(1) 最大转矩；

(2) 三角形连接时的额定电流；

(3) 若采用自耦减压启动：①选用 64%抽头时，启动电流和启动转矩分别为多少？②欲使电动机的启动转矩为额定转矩的 80%，求自耦变压器的电压比。

7.12　常用低压电器有哪几种？它们各有什么功能？

7.13　为什么说交流接触器能起失压保护作用？

7.14　何谓主电路，何谓控制电路？主电路和控制电路所使用的电器以及电器的组成部分(如线圈、触点或元件)有何区别？试举例说明。

7.15　何谓自锁？何谓联锁？举例说明自锁和联锁在电路中的应用。

7.16　如图 7.1 所示为两台电动机按一定顺序联锁启动的控制线路。试分析：

(1) 线路的动作次序；

(2) 简述热继电器 KR_1 和 KR_2 在电路中的作用。

7.17　如图 7.2 所示为按一定顺序自动启动的控制线路，试分析其控制原理(主电路与图7.1相同)。

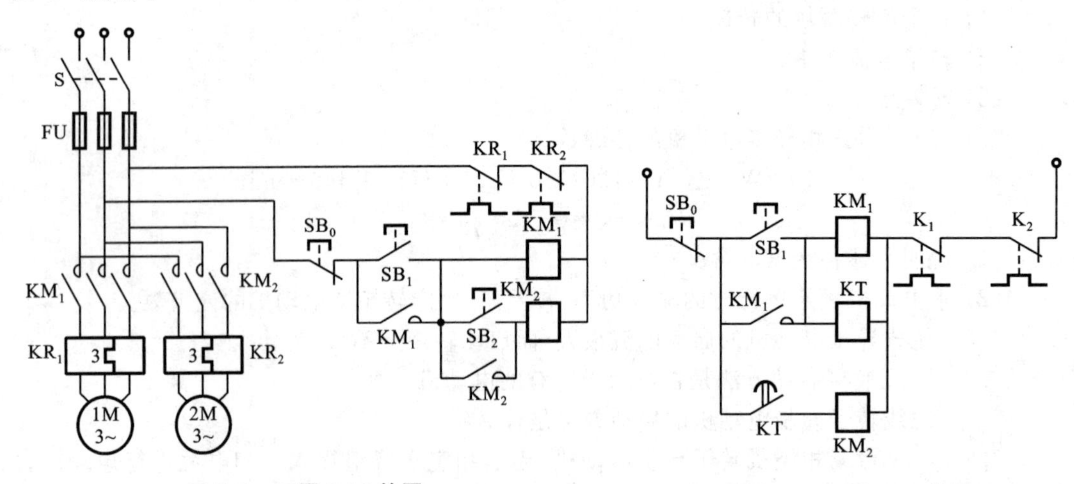

图 7.1　习题 7.16 的图

图 7.2　习题 7.17 的图

7.18　试设计一个控制电路，能实现下述要求：两台电动机能顺序动作，M_1 启动后，M_2 方能启动；M_2 停车后，M_1 方能停车。

第8章 常用电工仪表及其测量

知识要点:电工仪表　准确度　测量误差　数据处理　兆欧表　万用表

基本要求:了解电工仪表的分类以及电磁式、磁电式和电动式仪表的使用方法和适用范围;理解误差和准确度的意义;掌握兆欧表和万用表的工作原理和使用方法。

8.1 常用电工仪表的分类

电工仪表的种类很多,分类方法也很多。按测量方法不同,可分为直读式仪表和比较式仪表两类,常用直读式仪表有下述分类方法。

按工作原理分,有磁电系、电磁系、电动系、感应系、电子系等。

按被测量名称分,有电压表、电流表、功率表等。

按使用方式分,有开关板式、可携式等。

按电流种类分,有直流表、交流表、交直流两用表等。

按仪表准确度等级分,有0.1、0.2、0.5、1.0、1.5、2.5、5.0等七种,数字越小准确度越高。

按防御外磁场或电场影响的能力分,有Ⅰ、Ⅱ、Ⅲ、Ⅳ四种,其中Ⅰ等的防御能力最强。

按使用条件分,有A、B、C三组,A、B两组用于室内,C组用于室外或飞机、车辆、轮船上。

电工仪表的类型、测量对象、测量范围、准确度等级以及使用条件等,通常用各种符号标在仪表的刻度盘上,如表8.1.1所示。

思考与练习

8.1.1　常用电工仪表有哪些种类?

8.1.2　常用仪表中有哪些标志符号?各标志符号代表什么意思?

8.1.3　按仪表准确度等级分,测量仪表共分几级?各级准确度分别是多少?

表 8.1.1 常用电工仪表的标志符号及其含义

分类	符号	名称	分类	符号	名称
电流种类	—	直流	绝缘试验	☆2	绝缘强度试验电压为 2 kV
	~	交流(单相)			
		直流和交流	作用原理		磁电系仪表
		具有单元件的三相平衡负载交流			磁电系比率表
		具有两元件的三相不平衡负载交流			电磁系仪表
		具有三元件的三相四线不平衡负载交流			电磁系比率表
测量对象	(A)	电流表			电动系仪表
	(V)	电压表			铁磁电动系仪表
	(W)	功率表			感应系仪表
	Wh	电度表			感应系比率表
准确度等级	1.5	以标度尺量限的百分数表示的准确度等级,例如 1.5 级	防御能力	III	Ⅲ级防外磁场及电场能力
	(1.5)	以指示值的百分数表示的准确度等级,例如 1.5 级	使用条件	△B	B 级仪表
工作位置	⊥	标度尺位置为垂直	工作位置	⊓	标度尺位置为水平

8.2 电工仪表的误差及准确度

8.2.1 电工测量方法

电工仪表包括用于电工测量的所有仪器仪表。应用电工仪表,通过试验的方法去测定一个未知的电量或磁量的大小,称为电工测量。这个未知量,称为被测量。

电工测量方法的分类法较多,不能全面介绍。为了简便起见,将测量方法分为如下两类。

1. 直接测量

所谓直接测量方法,就是可以在一次实验中直接读出被测量结果的方法。例如,用电压表测量电压、用电流表测量电流等,都是直接测量。

2. 间接测量

所谓间接测量方法,就是先测出与被测量有一定函数关系的其他量,然后依照公式将被测量计算出来的方法。例如,用伏安法测电阻,用功率表和测时器测量电能,都属于间接测量。

一般来说,间接测量的误差大于直接测量。而且结果不能一次读出,要经过计算。所以,通常采用直接测量,只在直接测量有困难时才采用间接测量。

8.2.2 仪表误差的分类

各种仪表,不论其质量如何,它的指示值和被测量的实际值之间总是存在一定程度的差别,这种差别称为仪表的误差。根据产生误差的原因,常将仪表误差分为基本误差和附加误差。

1. 基本误差

仪表在正常工作条件下,由于结构、工艺不够完善(仪表转动部分摩擦、表盘刻度不准)等仪表本身所引起的误差,称为基本误差。

2. 附加误差

仪表在不正常的工作条件(仪表放置不正确、电磁场及温度影响等)下所引起的误差,称为附加误差。

8.2.3 误差的表示方法

1. 绝对误差

被测量的测得值(即仪表的指示值) x 与被测量的实际值 x_0 之间的差值,称为绝对误差,用 Δx 表示。即

$$\Delta x = x - x_0 \tag{8.2.1}$$

用来检验工作仪表的高准确度仪表,称为标准表。在计算绝对误差时,可以用标准表的指示值作为被测量的实际值。例如,用一只标准电流表检验 A、B 两块电流表时,读得标准表的指示值为 5.35 A,A、B 两表的读数分别为 5.45 A 和 5.33 A,则它们的绝对误差分别为

A 表: $\Delta x_1 = (5.45 - 5.35)\ \text{A} = +0.1\ \text{A}$

B 表: $\Delta x_2 = (5.33 - 5.35)\ \text{A} = -0.02\ \text{A}$

显然,绝对误差有正、负之分,而且,它还与被测量同量纲。

实际值与测得值之差称为更正值,用符号 c 表示,即

$$c = x_0 - x = -\Delta x$$

更正值也称为补值,它与绝对误差大小相等,符号相反。测得值与更正值的代数和等于被测量的实际值,即

$$x_0 = x + c$$

引进更正值后,就可以对仪表指示值进行校正,以消除误差。

2. 相对误差

所谓相对误差,就是绝对误差 Δx 与实际值 x_0 的比值,以 γ 表示相对误差,即

$$\gamma = \frac{\Delta x}{x_0} \times 100\% \tag{8.2.2}$$

因为一般情况下，被测量的实际值 x_0 与测量值之间相差不大，所以在工程上当不能确定实际值 x_0 时，也可以用仪表的测量值表示相对误差，即

$$\gamma = \frac{\Delta x}{x} \times 100\%$$

相对误差一般用百分数表示，而且没有量纲。

在工程上，通常采用相对误差来比较测量结果的准确程度。因为在测量不同大小的被测量时，不能简单地用绝对误差来判断其准确程度，只有采用相对误差才能进行比较。例如，当第一次测量 10 V 电压时，绝对误差为 1 mV；第二次测量 100 mV 电压时，其绝对误差也为 1 mV。在两次测量中，绝对误差相同，而相对误差第一次为 $1/10^4$，第二次为 1/100。显然，第二次误差对测量结果的相对影响要大些。

在电测量指示仪表中，常采用绝对误差 Δx 与仪表测量上限 x_m（即仪表的满刻度值）的比值

$$\gamma_m = \frac{\Delta x}{x_m} \tag{8.2.3}$$

这个测量上限的相对误差，又称引用误差，来表示仪表的准确度的等级。

引用误差可以较好的反映仪表的基本误差。式(8.2.3)适用于单向标尺度仪表引用误差的计算，此种仪表在实际中应用较多。

8.2.4 仪表的准确度

通常，用最大绝对误差 Δx_m 所确定的最大引用误差

$$\pm k\% = \frac{\Delta x_m}{x_m} \times 100\% \tag{8.2.4}$$

表示仪表的准确度等级。式(8.2.4)中，x_m 为仪表的测量上限。

仪表的准确度等级符号都标在仪表的刻度盘上。我国生产的电工仪表，根据国家标准的规定，准确度共分为 0.1、0.2、0.5、1.0、1.5、2.5、5.0 七级。目前，已有准确度 0.05 级的指示仪表。准确度越高的仪表，其基本误差越小。不同准确度的指示仪表在规定条件下使用时的基本误差不超出表 8.2.1 所规定的数值。

表 8.2.1 各级仪表的基本误差

准确度等级	0.1	0.2	0.5	1.0	1.5	2.5	5.0
基本误差	±0.1	±0.2	±0.5	±1.0	±1.5	±2.5	±5.0

用电工仪表直接进行测量时，可应用仪表的准确度等级来估计测量结果的误差。下面举例说明。

【例 8.2.1】 应用准确度为 1.5 级、量限为 2.5 A 的电流表测量电流时，求测量结果可能出现的最大绝对误差为多少？可能出现的最大相对误差又为多少？

【解】 可能出现的最大绝对误差为

$$\Delta x_m = \frac{\pm k \times x_m}{100} = \frac{\pm 1.5 \times 2.5}{100}\ \mathrm{A} = \pm 0.0375\ \mathrm{A}$$

可能出现的最大相对误差为

$$\gamma = \frac{\Delta x_m}{x_0} \times 100\% = \frac{\pm 0.0375}{2.5} \times 100\% = \pm 1.5\%$$

【例 8.2.2】 应用上例中的电流在规定条件下测量某一电流，读数为 1.8 A，求测量结果的相对误差(即测量结果的准确度)。

【解】 Δx_m 的值同上，因此测量结果可能出现的最大相对误差为

$$\gamma = \frac{\Delta x_m}{x_0} \times 100\% = \frac{\pm 0.0375}{1.8} \times 100\% = \pm 2.1\%$$

【例 8.2.3】 将例 8.2.1 中的电流表改换为准确度为 0.5 级、量限为 50 A 的仪表，在规定条件下测得某电流读数仍为 1.8 A，试问测量结果中可能出现的最大相对误差为多少？

【解】 可能出现的最大绝对误差为

$$\Delta x_m = \frac{\pm k \times x_m}{100} = \frac{\pm 1.5 \times 50}{100}\ \mathrm{A} = \pm 0.25\ \mathrm{A}$$

测 1.8 A 电流时，可能出现的最大相对误差为

$$\gamma = \frac{\Delta x_m}{x_0} \times 100\% = \frac{\pm 0.25}{1.8} \times 100\% = \pm 13.9\%$$

分析上述例题的结果，可以看出：

(1) 一般仪表的准确度并不等于测量结果的准确度，二者不能混为一谈。测量结果的准确度还与被测量的大小有关，只有当仪表满刻度偏转时，测量结果的准确度才与仪表的准确度相同；

(2) 使用仪表时，不能片面追求其准确度。例 8.2.3 中，仪表的准确度虽提高了，而测量结果的相对误差增大了很多。因此，要合理选择仪表的量程。通常选被测量的大小为仪表测量上限的 1/2 或 2/3 以上，以保证测量结果的准确度。

思考与练习

8.2.1 测量同一电压，用 1.0 级的电压表一定比用 1.5 级的电压表准确？

8.2.2 已知某电压表的测量范围是 0～100 V，准确度级为 1.0 级，用它来测量电压时的最大绝对误差不超过多少伏？

8.3　测量误差及数据的处理

8.3.1　系统误差、随机误差和疏失误差

如果从不同的角度出发，误差的分类方法较多。前面讨论的绝对误差、相对误差的概念是按误差的表示方式分类的。若按误差出现的规律（或误差产生的原因及误差的性质）分类，误差又可以分为系统误差、随机误差和疏失误差。

1. 系统误差

如果测量过程中产生的一些误差的大小和正负是恒定不变的，或在条件变化时遵循一定的规律变化，这种误差称为系统误差，又称为确定性误差。例如，若用零点不准确的万用表对电量进行多次测量，其误差基本上是恒定的，属于系统误差。

产生系统误差的原因包括：测量仪器不准确、有缺陷或放置不当；温度变化、电源电压波动等外界环境发生变化；测量人员有偏视等读数习惯及近似计算等。

系统误差是测量中的主要误差，测量的准确度是由系统误差表征的，系统误差越小，测量结果的准确度越高。

系统误差用字母 ε 表示，它的计算方法是

$$\varepsilon = x_{av} - x_0 \tag{8.3.1}$$

式中：x_{av} 等于对同一量多次测量数据的算术平均值，即

$$x_{av} = \frac{1}{n}\sum_{i=1}^{n} x_i \tag{8.3.2}$$

式中：n 为测量次数。式(8.3.1)中的 x_0 是被测量的实际值，它可以用准确度较高的仪器的测量值来代替。

【例 8.3.1】　有一组电流的测量数据如表 8.3.1 所示，其测量次数为 11 次。求系统误差。

表 8.3.1　数据表

n	I	$I_i - I_{av}$
1	5.21	−0.29
2	5.32	−0.18
3	5.80	+0.30
4	5.43	−0.07
5	5.95	+0.45
6	5.76	+0.26
7	5.68	+0.18
8	5.59	+0.09
9	5.19	−0.31
10	5.07	−0.43
11	5.50	0.00

【解】 测量数据的算术平均值为

$$I_{av}=\frac{1}{11}\sum_{i=1}^{11}I_i=5.5\ \text{A}$$

设其实际值为 $I_0=5.21$ A,则所求系统误差为

$$\varepsilon=I_{av}-I_0=(5.5-5.21)\ \text{A}=0.29\ \text{A}$$

减小系统误差的方法主要是采取必要的技术措施。例如,使用前对仪表进行校正;提高仪表的准确度;减小视差;改善环境条件等。

2. 随机误差

在同一条件下,对同一量进行多次测量,其误差的大小及正负规律不可预知,即或大或小、或正或负,这种误差称为随机误差,又称不确定误差。例如,在同一条件下,用万用表每隔一定时间去测量同一电量,每次测得的数据不完全相同,但相差不大,这种误差便是随机误差。

产生随机误差的原因包括:噪声、电磁场的干扰、电源电压突变等周围环境因素的影响。

从理论上讲,当测量次数趋于无穷大时,随机误差的算术平均值趋近于零。因此,减小随机误差的方法是对同一量进行多次测量,然后取其平均值,使正负误差相互抵消。

当能设法基本消除系统误差时,随机误差为每次测量值与实际值之差,即

$$\delta_i=x_i-x_0 \tag{8.3.3}$$

若测量次数足够多,将由各次测量值所求出的 δ_i 值平方后求和,再求出它的算术平均值,该数值称为方差,即

$$D=\frac{1}{n}\sum_{i=1}^{n}\delta_i^2 \tag{8.3.4}$$

式中:取平方是为了使负误差平方后变为正值,使正负方向的误差不能相互抵消,因而它可用来反映测量值的分散程度。方差越小,表示测量值越集中。

将方差开方,取其正方根,称为标准差,即

$$\sigma=\sqrt{D}=\sqrt{\frac{1}{n}\sum_{i=1}^{n}\delta_i^2}$$

若测量次数为有限值,便可用贝塞尔公式计算标准差,该式为

$$\sigma=\sqrt{\frac{1}{n-1}\sum_{i=1}^{n}(x_i-x_{av})^2} \tag{8.3.5}$$

式中:算术平均值 x_{av} 代替了式(8.3.3)中的 x_0,使计算变得更加方便;x_i 为各次测量值。

【例 8.3.2】 由表 8.3.1 中的数据,求标准差。

【解】 先求出每次测得的电流值 I_i 与电流平均值 I_{av} 之差,然后平方相加,结果为 0.803 A,代入式(8.3.5),得标准差为

$$\sigma=\sqrt{\frac{1}{11-1}\sum_{i=1}^{11}(I_i-I_{av})^2}=\sqrt{\frac{0.803}{10}}\ \text{A}\approx 0.28\ \text{A}$$

3. 疏失误差

由于读数、记录、计算或操作上的错误，造成在一定条件下的测量值明显偏离实际值。这样形成的误差称为疏失误差。

疏失误差应当尽量避免。经判断的确存在疏失误差时，应将该数据从测量数据中剔除。如果是作精密测量，当对测量所列数据进行处理时，对于测量值与算术平均值之差大于 3σ 的那次数据，应当作为疏失误差处理。这种含有疏失误差的数据称为可疑数据或异常数据。

8.3.2 测量数据的处理

1. 可疑数据的剔除

最大的绝对误差，也称为误差极限。对可疑数据的取舍准则是 $\Delta x_m = 3\sigma$。即当某次测量值与算术平均值之差大于 3σ 时，就可以认为该数据可疑，可予以剔除。

【例 8.3.3】 判断表 8.3.1 所示的数据中有无可疑数据。

【解】 误差极限 $\Delta x_m = 3\sigma = 3\times 0.28\ \text{A} = 0.84\ \text{A}$

表 8.3.1 所示的测量数据中，所有 $I_i - I_{av}$ 的值均小于 0.84 A，所以无可疑数据，不需剔除。

如果有可疑数据需要剔除时，也必须持慎重态度。因为它可能反映出一种尚未发现的物理现象。

2. 有效数字与数字的舍入规则

由于测量数据不可避免地存在误差，而且对测量数据进行运算时还常有 π、$\sqrt{3}$ 等无理数需要取近似值，因此会造成计算值的不精确。

有效数字的位数应该由测量的准确度决定，而且与误差大小相适应。当用一个数表示一个量时，如果绝对误差不超过末位单位数字的一半，则从第一个非零数字算起，到最末一位数字(包括零)为止，都称为有效数字。例如，12.5 A 的末位是十分位，一般规定其绝对误差范围为 $\pm$0.05 A。显然，数据的末位是欠准数字，末位以前的数字是准确数字，数字的位数不是越多越好，一般只允许最末一位是欠准数字。

在测量数据较多的情况下，数字的舍入规则为：设有效数字的末位为第 m 位，当第 m 位为奇数时，其后位的“5”入；第 m 位为偶数时，其后位的“5”舍。这种舍入法的好处有两点：①最后一位数字为偶数，运算时除尽机会多，可减少计算机上的误差；②可以抵消多次舍入引起的误差，因为第 m 位取偶数和取奇数机会均等，则最末位入 1 和不入 1 的机会也均等。以 23.45 和 17.15 为例，如果保留三位有效数字，它们应分别写为 23.4 和 17.2，而不是23.5 和 17.2。这种方法，称为“偶数法则”即“5 以下舍，5 以上入”、“5 前奇入、5 前偶舍”。

【例 8.3.4】 用一只 0.5 级 10 A 的电流表测量电流，其指示值为 8.84 A，试确定有效数字的位数。

【解】 该表的最大绝对误差为

$$\Delta I_{\mathrm{m}}=\pm k\% I_{\mathrm{m}}=\frac{\pm 0.5\times 10}{100}\ \mathrm{A}=\pm 0.05\ \mathrm{A}$$

由此可知，测量值的十分位是有效数字的末位，则此数据的有效数字该取两位，对 8.84 用舍入规则处理，其测量结果应为 8.8 A。

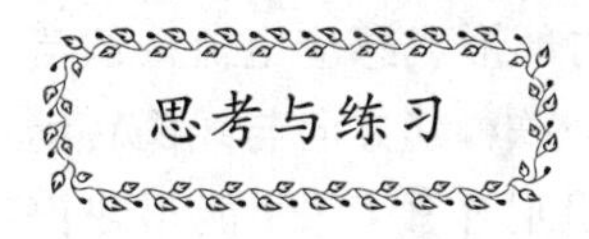

8.3.1 按误差出现的规律，误差可以分为哪几类？

8.3.2 对于测量数据，处理方法是什么？

8.4 磁电式仪表及直流电压和电流的测量

8.4.1 测量机构和转动原理

指示仪表的核心部分是测量结构（亦称表头），它可以实现仪表的偏转角位移。磁电式仪表的测量机构如图 8.4.1(a)所示，其基本结构分为可动部分和固定部分。可动部分包括：转动线圈 1、指针 4 和反弹簧（或游丝）2，这三部分固定在同一转轴上。固定部分包括：永久磁铁 5、极掌 6 和圆柱铁心 3，这三部分形成了一个处在空气隙内的较强磁场。

电流流经转动线圈时，线圈的有效边受到电磁力 F 的作用产生转矩 T，如图 8.4.1(b) 所示，使可动部分转动，这就是磁电式仪表的转动原理。

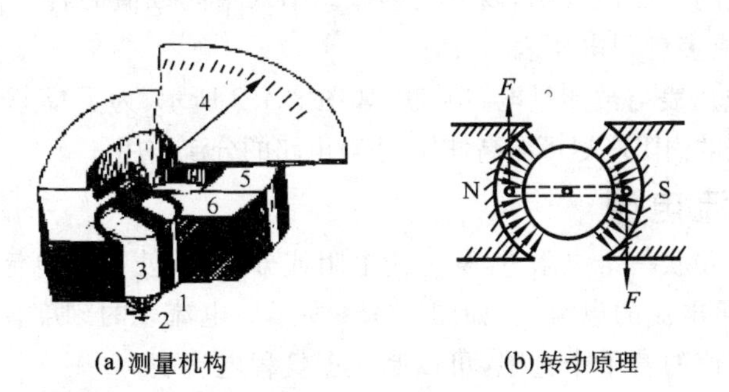

图 8.4.1 磁电式仪表的测量机构和转动原理

转矩 T 与流经线圈的电流 I 成正比。当 T 与弹簧（或游丝）的反抗力矩平衡时，指针指示在所测电流大小的位置不动。

实际上，由于仪表转动部分具有惯性，其指针不可能很快静止在某一平衡位置上，而是在这个平衡位置左右摇摆，这是不利于读数的。为了缩短这一摇摆时间，应该给处于运动中的转动部分加上一个阻尼力矩（即与转动部分运动方向相反的力矩），其作用是使该仪表转动部分很快静止在平衡位置上。这种产生阻尼力矩的装置，常称为阻尼器。

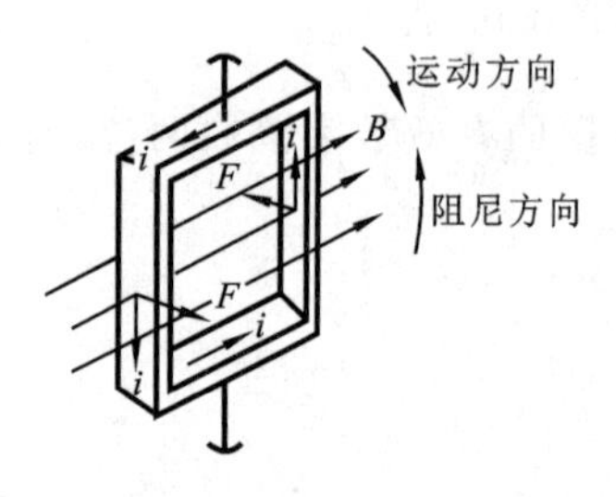

图 8.4.2　铝框产生阻尼力矩示意图

磁电系仪表中没设专用的阻尼器，它需要的阻尼力矩是从绕有转动线圈的铝框架（见图 8.4.2），或者在转动线圈上专门绕上几匝短路线圈来获得的。当转动线圈在磁场中转动时，铝框架将切割磁力线产生感应电动势。由于框架是闭合的，因此内部形成感应电流。载流框架与磁场相互作用产生电磁力矩，其方向与线圈转动方向相反，即对转动线圈产生阻尼作用，它便能很快停止摇摆，而静止在平衡（即被测量大小）位置上。

磁电式仪表中的磁场由永久磁铁形成，转动线圈所受电磁力方向由所通入的电流方向确定，故此种仪表只能送一个方向的电流。仪表上标有"＋"、"－"号，"＋"端为电流送入端。这便是磁电式仪表只能测量直流电，不能测量交流电的原因。

如果要利用磁电系仪表测量交流电压和电流时，需配上整流器；如果想利用它来测量温度、压力、磁量等非电量，需配上变换器。

8.4.2　测量直流电压和电流

1. 测量直流电压

将图 8.4.1(a)所示的磁电式测量机构与较大阻值的电阻（称为附加电阻）串联，可以构成用来测量电压的电压表。只要线圈及其所串联的电阻阻值固定不变，则流过线圈的电流与被测量电压成正比。实用中是将仪表刻度盘的刻度按相应的电压值表示，以方便读数。串入不同数值的若干个电阻，可以制成多量程电压表。

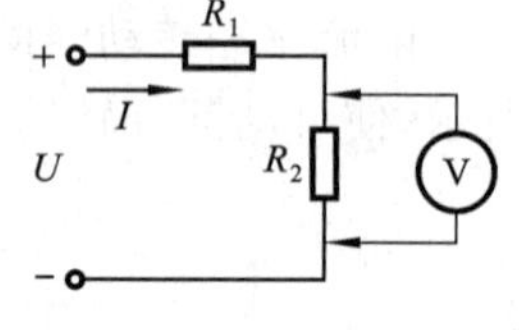

图 8.4.3　测量电压

测量电压时，电压表与被测量电路并联，如图 8.4.3 所示，为了减小测量误差，电压表的内阻应尽可能高，以减小对电路的分流作用。

2. 测量直流电流

若与测量机构并联一个电阻 R，称分流电阻或分流器，使被测电流的大部分流经分流电阻，便构成用来测量电流的电流表，如图 8.4.4 所示。电流表的刻度盘也按被测量电流数值标出。并入不同数值的若干个电阻，可以制成多量程电流表。

测量电流时，电流表串联接入被测量的电路，如图 8.4.5 所示。

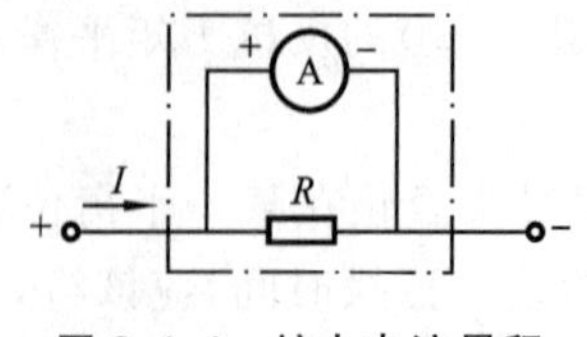

图 8.4.4　扩大电流量程

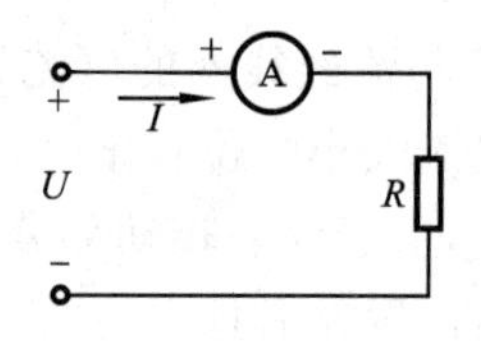

图 8.4.5　测量电流

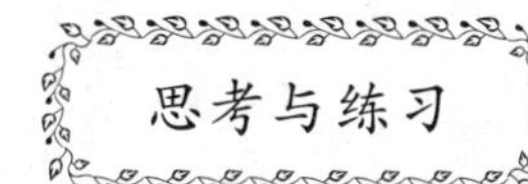

思考与练习

8.4.1 常用的磁电式仪表的测量机构和工作原理是什么？

8.4.2 为什么磁电式仪表只能直接测量直流电量？

8.4.3 试简述磁电式仪表测量电压和电流的方法。

8.5 电磁式仪表及交流电压和电流的测量

8.5.1 测量机构和转动原理

电磁式仪表的测量机构有吸入式(扁心线圈)和推斥式(圆心线圈)两种，其中推斥式的使用较多。下面只介绍推斥式仪表的基本结构和转动原理。

推斥式仪表的测量机构如图 8.5.1(a)所示。当电流流经固定线圈 1 时，电流所产生的磁场使固定铁片 2 和可动铁片 3 同时被磁化，这两个铁片的同一侧磁极同极性，如图 8.5.1(b)所示。因为同性磁极相推斥，所以固定铁片 2 推斥可动铁片 3 转动，则转轴和指针被带动而跟着偏转，当转动力矩 T 与游丝产生的反作用力矩相等时，指针便停止在某一平衡位置上。

如果改变电流的方向，铁片磁化的极性跟着改变，仍保持推斥作用，所以转动力矩的方向不变，见图 8.5.1(c)。因此，该测量机构可以测量交流电和直流电，即能交直流两用。

可以证明，电磁式仪表的偏转角与流经线圈的电流(即被侧电流)I(交流电指其有效值)的平方成正比例关系，故这种仪表的刻度是不均匀的。

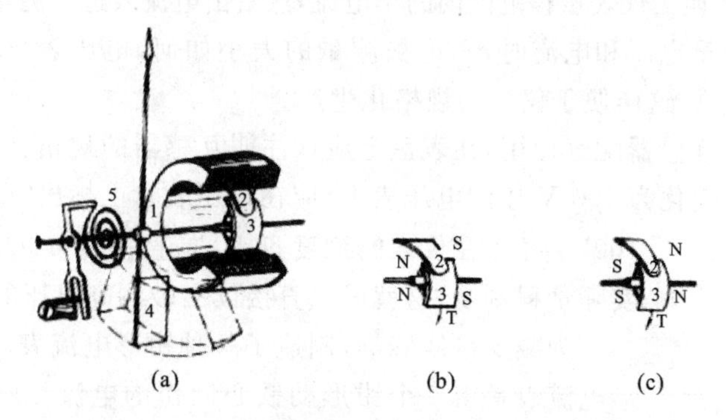

图 8.5.1 推斥式电磁式仪表的测量机构和转动原理

1—固定线圈；2—固定铁片；3—可动铁片；4—空气阻尼器；5—游丝

图 8.5.1(a)中的空气阻尼器 4 为固定在轴上的一个翼片。当指针在平衡位置摆动时，翼片便跟随在阻尼箱(如图中的虚线所示)内摆动，箱内的空气将阻止翼片的摆动，摆动便很快停止。

8.5.2 测量交流电压和电流

1. 测量交流电压

同样，将如图 8.5.1(a)所示的测量机构与较大阻值的电阻串联，可以构成电压表。

只要将电压表并联在被测电路两端，就可测出电压。如果电压数值不高，可直接测量；如果电压较高，可扩大量程，使用有限量程的低压电表去测量高压，通常采用电压互感器，如图 8.5.2(a)所示。电压互感器的作用是将被测高电压变换为仪表量程以内的低电压，同时也可以使仪表和工作人员与高压隔离，确保人身和设备的安全。

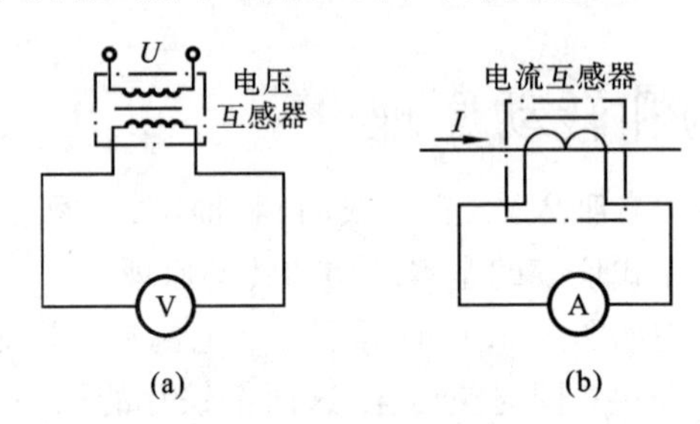

图 8.5.2 经仪用互感器测量电压和电流

2. 测量交流电流

低电压线路中，被测电流一般不大，只要不超过电流表的量程，就可以将电流表直接串联在被测电路中来测量电流。

高电压或大电流的情况下，被测电流通常会超过电流表的量程，这就需要采用电流互感器，将被测大电流转换为仪表量程范围内的小电流，然后由电流表进行测量，见图 8.5.2(b)。

采用互感器测量电压和电流时，不论被测量的大小如何，电压表量程规定为 100 V，电流表量程规定为 5 A，这样便于仪表的规格化生产。

如果电表要和互感器配套使用，在表盘上应该注明互感器的规格。例如，要求电压互感器将 6 000 V 高压变化为 100 V 接到电压表上，应在电压表盘上标出“用电压互感器 6 000/100”字样。在仪表的刻度盘上，是直接按 6 000 V 刻度，而不是按实际量程刻度，这就可以直接读出被测高电压的数值。

为减少接线麻烦，制造了一种钳形电流表，如图 8.5.3 所示，钳形电流表是由一个钳形动铁心制作的电流互感器和一个刻度长为 55 mm的表头组成，将钳形铁心张开，把被测载流导线钳入铁心张口内，导线相当于电流互感器的一次绕组，二次绕组与仪表连接，仪表指针的指示便是被测电流的数值。这种电流表给带电测量提供了方便。

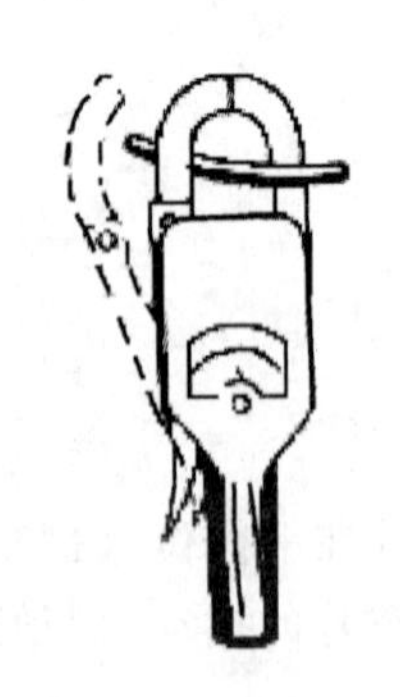

图 8.5.3 钳形电流表

与电流互感器配套使用的电流表以及钳形电流表的表盘都是按被测电流刻度的，都可以直接读出被测电流值。

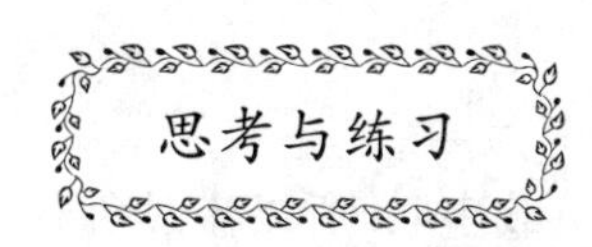

8.5.1 常用的电磁式仪表的测量机构和工作原理是什么?

8.5.2 试简述电磁式仪表测量电压和电流的方法。

8.6 电动式仪表及功率的测量

8.6.1 测量机构和转动原理

测量功率由功率表完成。功率表是电动式仪表,它的测量机构如图 8.6.1 所示,它主要由电流线圈和电压线圈构成。电流线圈 1 是固定的,导线较粗、匝数较少,它与负载串联,流经负载电流。电压线圈是可动的,导线较细、匝数较多,且串有附加电阻,它与负载并联,承受负载端电压。可动线圈 2 带动轴和指针转动。游丝 3 产生反作用力矩。阻尼力矩由空气阻尼器 4 产生。

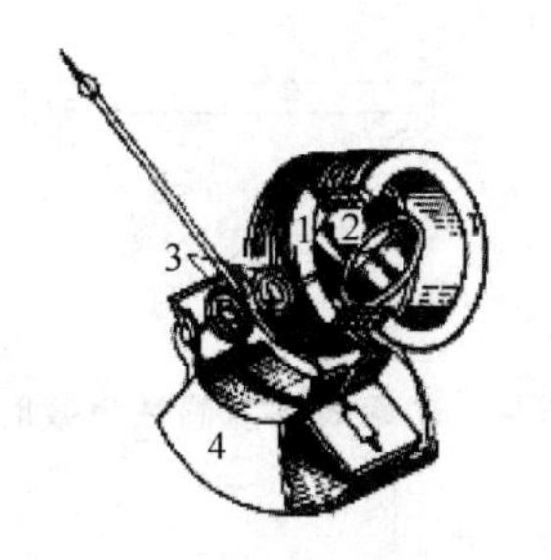

图 8.6.1 电动式仪表的测量结构

1—固定线圈;2—可动线圈;3—游丝;4—空气阻尼器

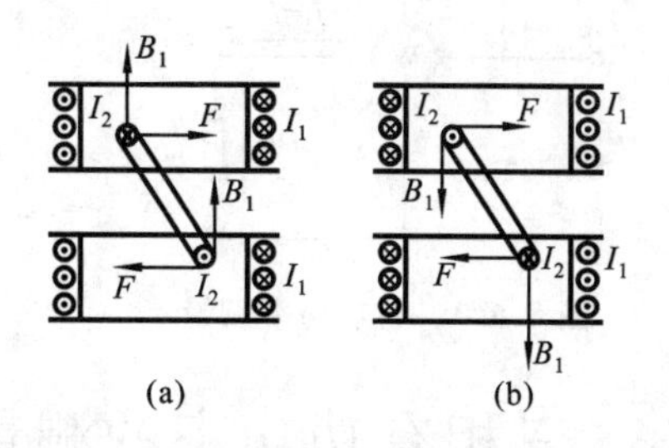

图 8.6.2 电动式测量机构的转动原理

图 8.6.2(a)所示为电动式仪表的转动原理。当固定线圈流入电流时,产生磁场 B_1 。当可动线圈流入电流 I_2 时,B_1 对 I_2 产生一个电磁力 F,并在可动线圈两有效边上形成转动力矩,推动可动线圈转动。当转动力矩与游丝的反作用力矩平衡时,停止偏转。如果 I_1 、I_2 同时改变方向,电磁力 F 的方向不会改变,如图8.6.2(b)所示。若只改变一个电流的方向,F 的方向将改变。电动系测量机构的电压线圈串联附加电阻,便可构成功率表。电动系功率表可以测量直流功率,也可以测量交流功率。

测量直流时,转动力矩 T 正比于 I_1 、I_2 的乘积,即

$$T \propto I_1 I_2$$

测量交流时,转动力矩 T 的平均值正比于有效值 I_1 、I_2 与两个电流之间的相位差角 φ 的余弦的乘积,即

$$T \propto I_1 I_2 \cos\varphi \tag{8.6.1}$$

8.6.2 直流和单相有功功率的测量

测量电路如图 8.6.3 所示。测量直流功率时,因为电流线圈与负载串联,所以流过负载电流 $I_1 = I$;电压线圈支路与负载并联,流过的电流 I_2 正比于电压 U,因此

$$T \propto I_1 I_2 \propto IU = kP$$

式中:k 为比例系数。

测量单相有功功率时,通入电流线圈的电流 I_1 仍等于负载电流 I;通入电压线圈的 I_2 正比于负载电压 U,即 $I_2 = U/|Z|$,$|Z|$ 为电压线圈支路的总阻抗。电压线圈需要串联很大的附加电阻,所以它的电抗可以略去不计,则电压线圈支路的电流 $\dot{I}_2$ 与电压 $\dot{U}$ 可认为是同相关系。以常见感性负载为例,作出电压、电流相量图如图 8.6.4 所示。显然,电压 $\dot{U}$ 超前电流 $\dot{I}_2$ 的角度 φ 也就是 I_1 与 I_2 之间的相位差角。根据式(8.6.1),转动力矩为

$$T \propto I_1 I_2 \cos\varphi = I \frac{U}{|Z|} \cos\varphi = kIU\cos\varphi = kP$$

所以,转动力矩 T 正比于交流有功功率。

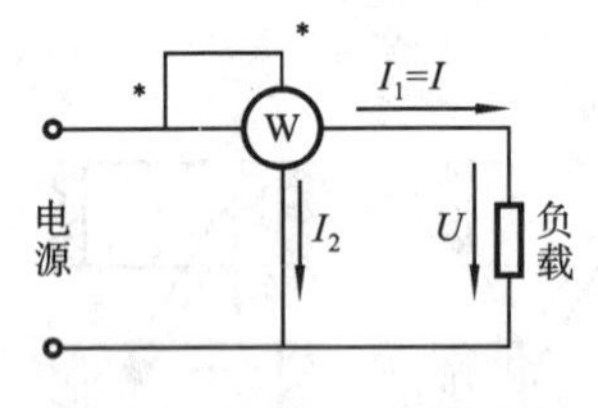

图 8.6.3 有功功率测量

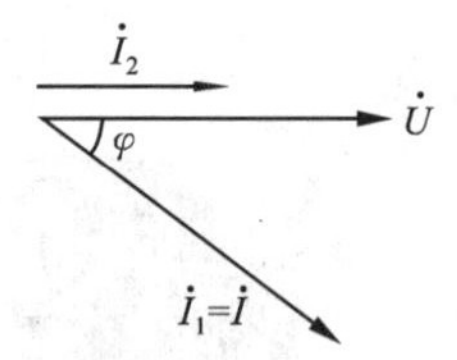

图 8.6.4 功率表测量感性负载时的相量图

8.6.3 三相有功功率的测量

三相四线制电路,如果电路对称,由于各相功率相同,可以只用一只单相功率表测量一相的功率,三相总功率等于一相功率的 3 倍。测量电路如图 8.6.5 所示。如果电路不对称,要用三只单相功率表测量,三表读数之和为三相总功率。测量电路如图 8.6.6 所示。

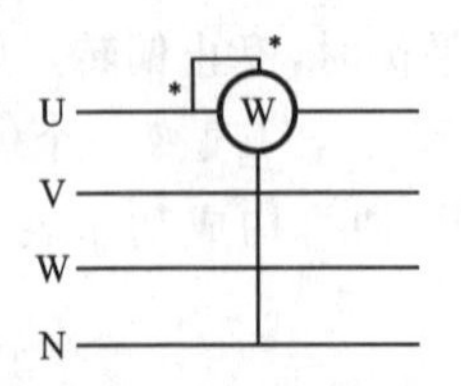

图 8.6.5 用一只功率表测量对称三相四线制电路的功率

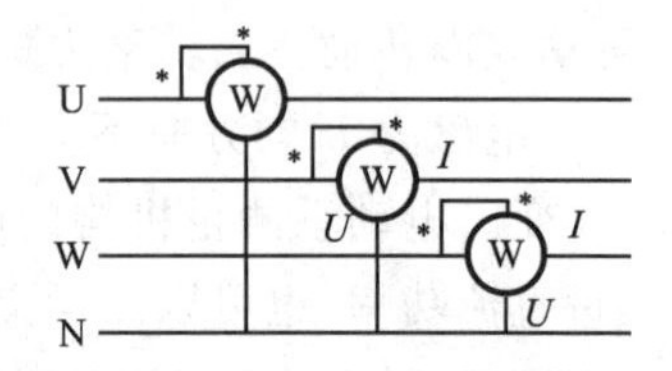

图 8.6.6 三相四线制电路功率的测量

三相三线制电路(包括星形和三角形两种连接),不管负载对称与否,均可用两只单相功率表来测量三相总功率。如图 8.6.7 所示为两只功率表测量三相功率的一种接线方式。下

面讨论其测量原理。

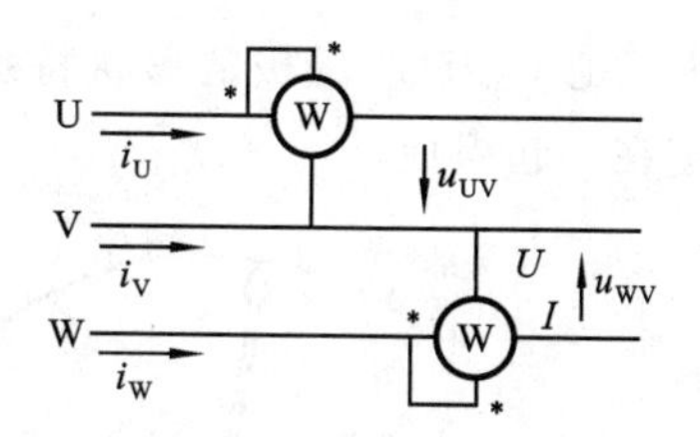

图 8.6.7 用两只功率表测量三相功率

由图 8.6.7 可见，流经每个功率表电流线圈的电流都是线电流(i_U 和 i_W)，而电压线圈上的电压为线电压(u_{UV}和 u_{WV})。由于三线制中没有中线，则

$$i_U + i_V + i_W = 0$$

或写成

$$i_V = -i_U - i_W$$

三相电路瞬时功率为

$$\begin{aligned} p &= p_U + p_V + p_W = u_U i_U + u_V i_V + u_W i_W \\ &= u_U i_U + u_V(-i_U - i_W) + u_W i_W \\ &= (u_U - u_V) i_U + (u_W - u_V) i_W \\ &= u_{UV} i_U + u_{WV} i_W \end{aligned}$$

取上式瞬时功率在一个周期内的平均值

$$\begin{aligned} P &= \frac{1}{T}\int_0^T p\mathrm{d}t = \frac{1}{T}\int (u_{UV} i_U + u_{WV} i_W)\mathrm{d}t \\ &= U_{UV} I_U \cos\varphi_1 + U_{WV} I_W \cos\varphi_2 \end{aligned} \tag{8.6.2}$$

这就是三相电路的总功率，此结果正是图 8.6.7 中两功率表的读数之和。式(8.6.2)中，φ_1 是 $\dot{U}_{UV}$ 与 $\dot{I}_U$ 之间的相位差，φ_2 是 $\dot{U}_{WV}$ 与 $\dot{I}_W$ 之间的相位差。如果 φ_1 或 φ_2 大于 90°时，功率表在规定接法情况下将出现负值，指针反转。这时应改接电流线圈两端钮，才能读得数值，计算时，应取负值。显然，两功率表各自的读数是没有实际意义的，即不代表某一相的功率。

为了使用方便，已生产了二元件三相功率表，就是将两个功率表的测量机构装在一个外壳内。

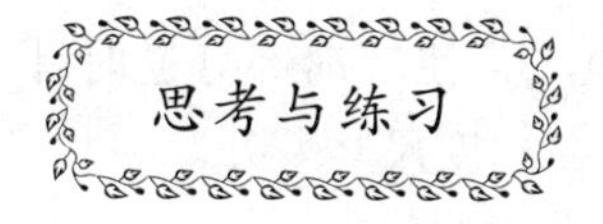

8.6.1 常用的电动式仪表的测量机构和工作原理是什么？

8.6.2 测量三相功率的一表法、两表法和三表法各适用于何种场合？测量不对称的三角形负载总功率，应采用哪种方法？

8.7 兆 欧 表

8.7.1 兆欧表的结构和工作原理

兆欧表是用来测量绝缘电阻的一种仪表，又称摇表。兆欧表主要由磁电式流比计(测量机构)和手摇直流发电机(电源)两部分组成，表盘刻度尺以兆欧为单位，标有符号“MΩ”。

兆欧表中磁电式流比计的结构如图 8.7.1(a)所示。固定部分由永久磁铁、磁极和开口环形铁心 C 组成，磁极的形状特殊，使气隙中磁场分布不均匀。可动部分由线圈 A、B 与轴固定在一起组成。

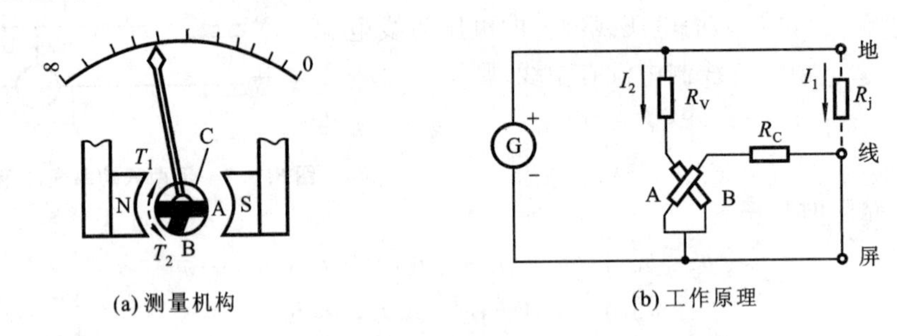

(a) 测量机构
(b) 工作原理

图 8.7.1 兆欧表的测量机构和工作原理示意图

图 8.7.1(b)为兆欧表的工作原理图。被测绝缘电阻 R_j 接于兆欧表的“线”与“地”两个端钮之间，R_j 与可动线圈 A 以及附加电阻 R_C 串联；可动线圈 B 与附加电阻 R_V 串联，两条支路都连接到同一手摇发电机 G 的两端，承受相同的电压。

动圈 A 支路的电流 I_1 与被测电阻 R_j 的大小有关，R_j 越小，I_1 越大，磁场与 I_1 相互作用而产生的力矩 T_1 就越大，使指针刻度尺“0”的方向偏转越大。动圈 B 支路所通过的电流 I_2 与 R_j 无关，只与发电机端电压 U 及兆欧表附加电阻 R_V 有关。I_2 与气隙磁场相互作用，产生转矩 T_2 。选择 I_1 、I_2 的流入方向时，应使转矩 T_1 和 T_2 的方向刚好相反(见图 8.7.1(a))。把 T_1 视为转动力矩，则 T_2 就是反作用力矩。

转矩不仅与动圈中通过的电流大小有关，还与线圈所处位置的磁场强弱有关。当转动部分偏转到两个转矩平衡的位置时，指针停止偏转，刻度尺上指示的就是被测电阻 R_j 的数值。

当 R_j 为无穷大(“线”与“地”端钮开路)时，摇动发电机，$T_1=0$，T_2 使转动部分逆时针偏转。当动圈 B 位于环形铁心的开口位置时停止偏转，此时指针指在刻度尺“∞”处。

8.7.2 兆欧表的使用方法

1. 兆欧表的选择

兆欧表的额定电压应根据被测设备的额定电压来选择。测量额定电压为 500 V 以下设备的绝缘电阻时，选用 500 V 或 1 000 V 的兆欧表；测量额定电压为 500 V 以上设备的绝缘电阻时，选用 1 000 V 或 2 500 V 的兆欧表。

兆欧表的测量范围应选择与被测绝缘电阻的数值相适应，不能超越太多，以免产生较大的读数误差。

2. 兆欧表的使用及注意事项

测试前，首先将被测设备与电源断开，并进行短路故障放电和擦拭干净，放电的目的是保障人身和设备安全，且使测量结果准确。

接线时，将兆欧表的三个端钮："线"、"地"、"屏"正确连接。其中，"线"端钮与被测设备的导体相接；"地"端钮与良好的地线(或设备外壳)相接。测量电缆或绝缘导线对地绝缘电阻时，为了防止被测物表面泄露电流的影响，被测物的中间绝缘层应接于"屏"端钮，一般测量时可空着不用。

测试时，将仪表水平放置，以大约 120 r/min(发电机额定转速)的速度转动发电机的摇把，不要突快突慢，并且不得触及摇表的端钮和连接线带电部分或拆除连线，以防触电。仪表发电机摇把在转动时，其端钮间不允许短路，以免损坏仪表。

测试后，应将被测设备对地放电。

搁置很久未用的兆欧表，使用前还应进行开路试验和短路试验，以检查仪表内部线圈和电路是否完好。

兆欧表常用于测量电机绕组、电线后电缆、电气设备布线、绝缘子等的绝缘电阻以及高阻值电阻等。

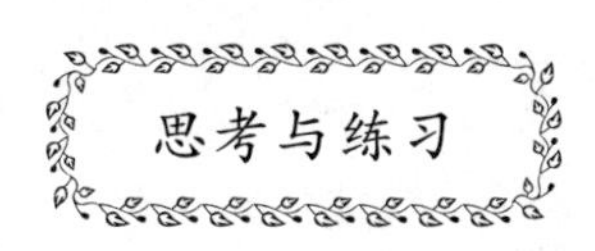

8.7.1　兆欧表的结构和工作原理是什么？

8.7.2　兆欧表的三个接线端钮分别是什么？

8.8　万　用　表

在维修电气设备和各类电器时，常用到万用表。它是把电流表、电压表、欧姆表等线路综合在一块表里，可以测量交、直流电压，直流电流及电阻等多种电量，应用广泛，故称为万用表。

万用表种类繁多，内部线路也有所不同，但它们的基本组成相似，都包括磁电系测量机构(微安表或毫安表头)、测量线路和转换开关等部分。各组成部分的作用是：表头指示被测量的数值；测量线路将被测量转换成适合表头测量的小直流电流；转换开关用来选择不同的测量线路，使其能进行不同电量的测量。就原理而言，万用表可认为是多种测量电路的组合。

图 8.8.1 是 MF9 型万用表的原理电路图。

现以 MF9 型万用表为例，介绍万用表的使用方法。

(1) 使用前，应进行零位调整。

(2) 测量直流电压时，将测试棒插入"＋"、"－"插孔内，根据被测电压的范围将转换开关旋至"$\underset{\sim}{V}$"所需的电压挡。测量时，将测试棒并接在被测元件的两端，同时要注意正、负极性，如果被测电压的范围和正、负极性不能事先估计，则应先把转换开关旋到"$\underset{\sim}{V}$"范围的最高量程位置，然后以一支测试棒接触被测电路一点，再将另一测试棒与被测电路另一点轻轻

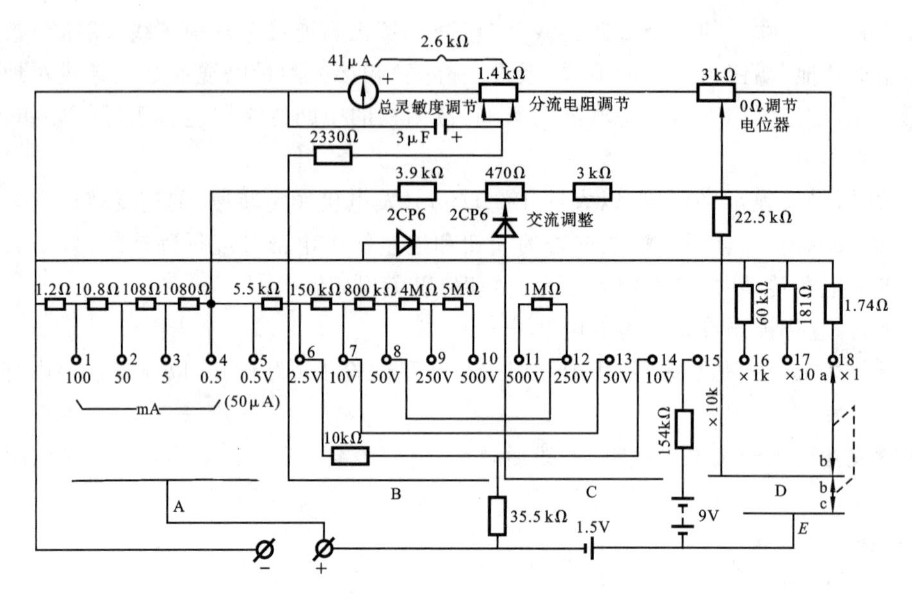

图 8.8.1　MF9 型万用表原理电路图

相碰，由此判断出被测电压的大致范围和极性，从而选择相应量程，使指针停在满刻度值的 2/3 左右进行测量。读数时应按转换开关所放的量程挡位在相应的刻度尺上读。

(3) 测量交流电压时，首先根据被测电压的大致范围，将转换开关旋至“V～”的适当量程位置。测量方法及读数与测量直流电压相同，但测试棒不分正、负极性。表盘上有“10 V～”专用刻度尺，供测量 10 V 以下交流电压时读数用。

(4) 测量直流电流时，万用表必须根据电流的方向正确地串接在被测电路中，以保证电流从表的“+”端流入。根据被测电流的大致范围，将转换开关旋至“mA”范围的适当量程上。测电流时，切不可在电流挡上去测量电压(或跨接在电路中)，以免烧坏表头。

(5) 测量电阻时，将转换开关旋到“Ω”挡的范围，估计被测电阻值，选取转换开关所放挡位。例如，被测电阻约为几百欧姆，转换开关就转到“×100”挡，再把两测试棒短接，同时旋转“Ω”零位调整旋钮，使指针指零。然后把测试棒分别接触被测电阻两端，从“Ω”刻度尺上读取数值，将读数乘以转换开关所指倍率，即为被测电阻的阻值。

测量电阻时应注意：被测电阻不能带电；被测电阻不能有并联支路；双手不能同时触及电阻两端。

(6) 使用万用表的注意事项。

① 万用表使用完毕，一般应将转换开关旋至“V～”500V 位置上。

② 每次测量前，都应事先检查转换开关位置与测试项目是否相同，量程选择是否合适。

③ 测量高电压或大电流时，应在切断电源情况下变换量程。

思考与练习

8.8.1　万用表有什么用途？它通常可分为哪两类？

8.8.2　万用表使用完毕后，转换开关应置于何处？

8.9　电工仪表的主要技术数据和正确使用

1. 电工仪表的主要技术要求

国家标准对仪表质量提出了较全面的要求，以保证测量结果的准确度。一般要求为：有足够的准确度；灵敏度高；仪表本身功耗小；有良好的读数装置；有良好的阻尼；有足够高的绝缘电阻。

此外，还要求使用方便、结构简单、价格便宜、受外界因素（电场、磁场、温度、湿度等）的影响小等。

2. 电工仪表的正确使用

（1）电工仪表应在正常的工作条件下使用。例如，仪表应按规定位置放置，要远离外磁场，使用前指针应指示零位等。

（2）测量时，要注意正确读数。读取仪表指示值时，应该使视线与仪表刻度尺的平面垂直。如果刻度尺表面带有镜子，读数时要使指针与镜子中指针的影子重合。

（3）读数时，如果指针指示的位置在两条分度线之间，可估计一位数字。过多地追求读出更多位数，超出仪表精度的范围，便失去意义。

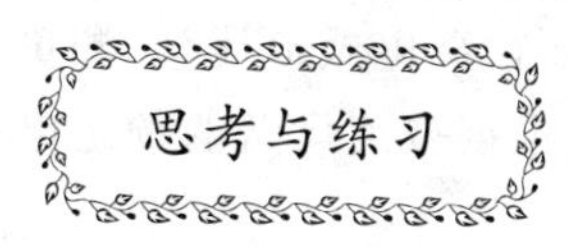

8.9.1　电工仪表的主要技术要求有哪些？

8.9.2　电工仪表在使用时应注意哪些问题？

本章小结

1. 电工仪表的分类、技术要求和正确使用

电工仪表的种类很多，分类方法也很多。按照不同分类方法可以分为不同的类别。本章按工作原理不同，分别介绍了磁电式、电磁式和电动式仪表的工作原理和应用范围。电工仪表还应满足相应的技术要求，并且按照正确方法使用。

2. 误差、准确度及数据的处理

电工测量方法有直接测量和间接测量两种。

根据产生误差的原因，仪表误差可分为基本误差和附加误差。

误差的表示方法有绝对误差和相对误差两种。

我国生产的电工仪表的准确度共分为0.1、0.2、0.5、1.0、1.5、2.5和5.0七级。

按误差出现的规律，误差可分为系统误差 $\varepsilon = x_{av} - x_0$、随机误差 $\delta_i = x_i - x_0$ 和疏失误差。

对于测量数据的处理，主要有两种方式，即可疑数据的剔除、有效数字与数字的舍入规则。对可疑数据的取舍准则是 $\Delta x_m = 3\sigma$。

有效数字的定义是：当用一个数表示一个量时，如果绝对误差不超过末位单位数字的一半，则从第一个非零数字算起，到最末一位数字(包括零)为止，都称为有效数字。

在测量数据较多的情况下，数字的舍入规则为：设有效数字的末位为第 m 位，当第 m 位为奇数时，其后位的"5"入；第 m 位为偶数时，其后位的"5"舍。

3. 磁电式、电磁式和电动式仪表的工作原理和应用范围

磁电式仪表的工作原理：电流流经转动线圈时，线圈的有效边受到电磁力的作用产生转矩，使可动部分转动。磁电式仪表用来测量直流电压和直流电流，测量交流电压和电流时，需配上整流器，如果测量温度、压力、磁量等非电量，则需配上变换器。

电磁式仪表有吸入式和推斥式两种，其中推斥式仪表的工作原理是，利用电流所产生的磁场使固定铁片和可动铁片磁化，同性磁极相斥，带动转轴和指针偏转。电磁式仪表可以测量交流电和直流电。

电动式仪表主要用来测量功率，可以测量直流和单相有功功率，也可以测量三相有功功率，其中三相有功功率的测量方法有一表法、二表法和三表法，分别应用于不同的接线方式。

4. 兆欧表和万用表

兆欧表是用来测量绝缘电阻的一种仪表，又称摇表。兆欧表主要由磁电式流比计(测量机构)和手摇直流发电机(电源)两部分组成。兆欧表的额定电压应根据被测设备的额定电压来选择。接线时，将兆欧表的三个端钮："线"、"地"、"屏"正确连接。

万用表是把电流表、电压表、欧姆表等线路综合在一块表里，可以测量交、直流电压，直流电流以及电阻等多种电量的仪表。在测量不同电量的时候，应按照相应的规定进行。

习　题

8.1　电工测量有哪些方法?

8.2　仪表误差有哪几类? 并简述其产生原因。

8.3　仪表误差有哪几种表示方法? 仪表准确度是用什么表示的?

8.4　有一只电流表，上量限为5 A。用其测量一实际值为4.5 A的电流，仪表的指示值为4.54 A。试求测量结果的绝对误差和更正值。

8.5　用0.5级、上量限为100 A和1.0级、上量限为10 A的电流表测量4 A电流，试

分别计算可能出现的最大相对误差，并说明选择仪表量限时应注意什么？

8.6 现欲测 200 V 电压，且要求测量结果的相对误差为±1.0%，问应选上限为 300 V 的哪一级准确度电压表？

8.7 量程为 10 A、内阻为 0.5 kΩ 的直流电流表，欲测量 120 A 电流时，需并上多大的分流电阻？

8.8 用一量程为 50 V、内阻为 0.2 kΩ 的电压表来测量 200 V 的电压，求所串联的附加电阻值。

8.9 简述电流表应与负载串联、电压表应与负载并联的缘由。如果接错了，将发生什么后果？

8.10 试说明采用电压互感器测量高电压、电流互感器测量大电流的基本原理和优点。

8.11 比较磁电式、电磁式、电动式三种仪表的机构、转动原理及其应用。

8.12 指出图 8.1 中各功率表的接线是否正确？为什么？

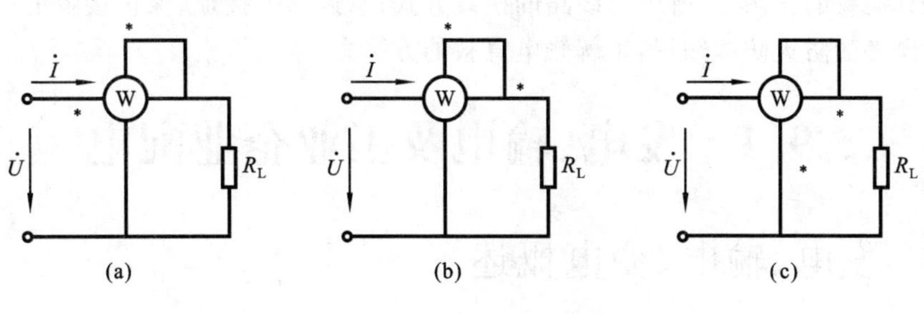

图 8.1 习题 8.12 的图

8.13 功率表在什么情况下会反转？反转时如何处理？

8.14 二表法测量三相功率共有三种接线方式，试分别绘出电路图。

8.15 兆欧表的额定电压应如何选择？用兆欧表测量绝缘电阻时应注意什么问题？

8.16 使用万用表应注意什么问题？

第9章　工厂供电和安全用电

知识要点:电力系统　发电厂　高压电器　工厂供电　安全用电

基本要求:了解电力系统的组成和作用,了解发电厂的类型;了解工厂供电系统的组成、变电所及其设备的作用,理解电力线路的接线方式;掌握保护接地、保护接零的区别和作用;掌握电气设备的防火防爆知识,了解触电急救的方法。

9.1　发电、输电及工业企业配电

9.1.1　发电、输电、变电概述

电能可以从煤、石油、天然气、水能、风能、核能等一次能源转换而来,发电厂按所利用能源种类划分,可分为水力发电厂、火力发电厂、风力发电厂、核能发电厂等。我国的电力事业发展迅速,日臻完善,目前已经进入“大电网”、“大机组”、“超高压”、“调度自动化”阶段。各种发电厂中的发电机几乎都是三相同步发电机。三相同步发电机分为定子和转子两个基本组成部分。定子称为电枢,电枢由机座、铁心和三相绕组等组成。转子是磁极,有显极和隐极两种。

大中型发电厂大多建在资源丰富地区,如水力发电厂一般建在峡口、水流落差大的地方;而火力发电厂建在产煤地区附近。这样,发电厂距离用电地区往往是几十公里、几百公里甚至更远的地方。所以,发电厂生产的电能要用高压输电线输送到用电地区,然后再降压分配给各用户。电能从发电厂通过导线传输到用户的系统,称为电力网。

目前,常常将同一地区的各种发电厂联合起来而组成一个强大的电力系统。这样可以提高各发电厂的设备利用率,合理调配各发电厂的负载,以提高供电的可靠性和经济性。电力系统的界限包括电力网的接线、发电厂和变电所的主接线。电力网的接线通常分为无备用和有备用两类接线。无备用接线方式分为放射式、干线式、树状网络式等接线方式,如图9.1.1所示。有备用接线方式又分为双回线、环网、两端供电等接线方式,如图9.1.2所示。

我国电力网的额定电压指的是额定线电压,电力网的额定电压等于用户设备的额定电压,也等于母线的额定电压。电力网的额定电压为3 kV、6 kV、10 kV、35 kV、110 kV、

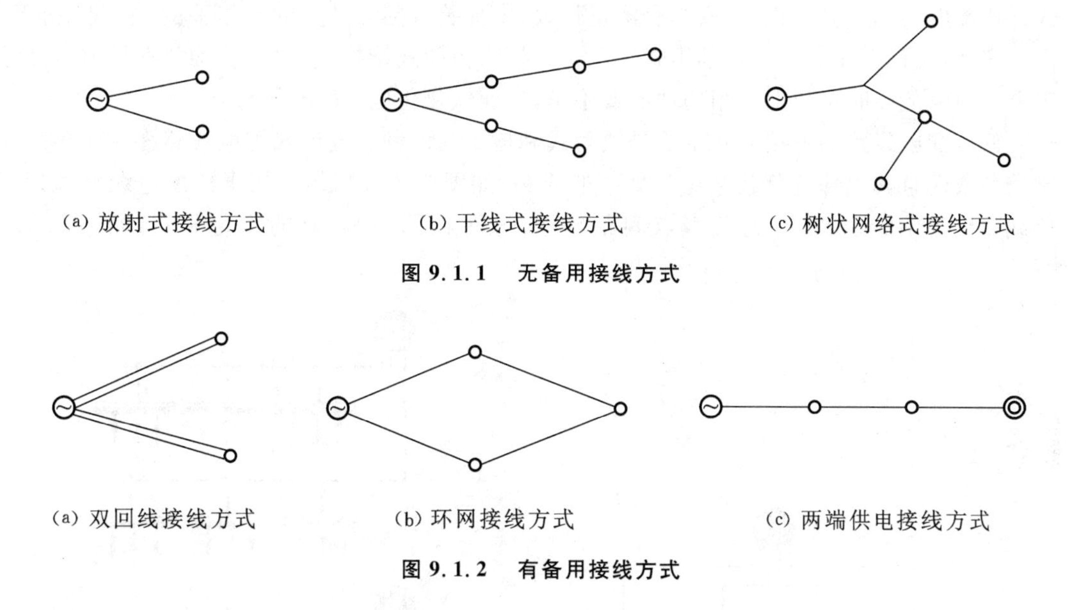

图 9.1.1　无备用接线方式

图 9.1.2　有备用接线方式

220 kV、330 kV、500 kV。

发电机通常运行在比电力网额定电压高 5%的状态下，所以发电机的额定电压为 3.15 kV、6.3 kV、10.5 kV、13.8 kV、15.75 kV、18 kV、20 kV。

变压器一次绕组相当于用电设备，其额定电压等于网络的额定电压，但当直接与发电机连接时，就等于发电机的额定电压。变压器二次绕组相当于供电设备，考虑到变压器内部的电压损耗，故当变压器的短路电压小于 7%时或直接与用户连接时，则二次绕组的额定电压比网络的高 5%；当变压器的短路电压不小于 7%时，则二次绕组的额定电压比网络的高 10%。

9.1.2　工业企业配电的基本知识

配电装置是变电站的重要组成部分，它用来接受和分配电能，从输电线末端的变电所将电能分配给各企业和城市。企业设有变电所，变电所接受送来的电能，然后分配到各车间，再由车间变电所或配电箱将电能分配给各用电设备，当发生故障时能迅速切断故障部分，恢复非故障部分的正常工作。高压配电线的额定电压 3 kV、6 kV 和 10 kV，低压配电线的额定电压是 220 V 和 380 V。

高压配电装置的布置和设备的安装，应满足在正常状态和事故状态（短路和过电压）等工作条件下的要求，并不致危及人身安全和周围设备。配电装置的绝缘等级，应与电力系统的额定电压相配合。电器设备外绝缘体最低部位距地小于 2.3 m 时，应安装固定遮栏。配电装置的布置应考虑便于设备的操作、搬运、检修和试验。配电装置室内的各种通道应畅通无阻，不得设立门槛，不应有与配电装置无关的管道通过。配电装置室可开窗，但应采取防止雨、雪、小动物、风沙和尘埃进入的措施。低压配电装置的形式较多，就结构而言，有固定式低压配电柜，它的屏面上部安装有测量仪表，中部装有闸刀开关的操作手柄，金属门外开，离墙安装，正面操作。另一种抽出式低压开关柜为封闭式结构，主要设备均放在抽屉内或手车上。回路故障时可换上备用的抽屉或手车，迅速恢复供电，便于维修。

低压配电线路的连接方式主要是放射式和树干式两种。放射式配电线路多用于负载点比较分散而且其中部分负载又比较集中的线路，如图 9.1.3 所示。树干式配电线路适用于负载比较集中的线路，有的负载点间距较近，分布在同一侧，有的均匀分布，如图 9.1.4 所示。

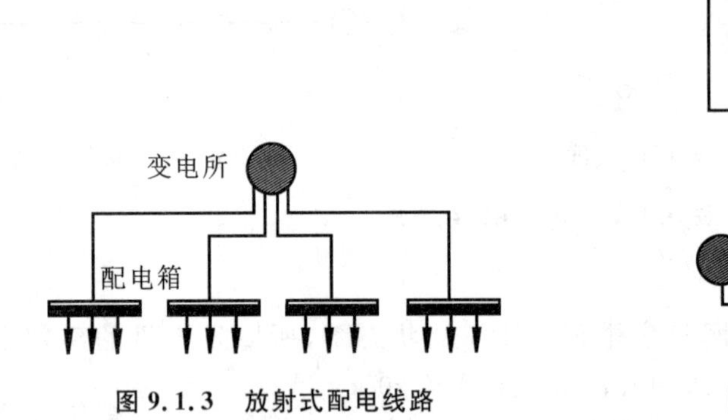

图 9.1.3　放射式配电线路

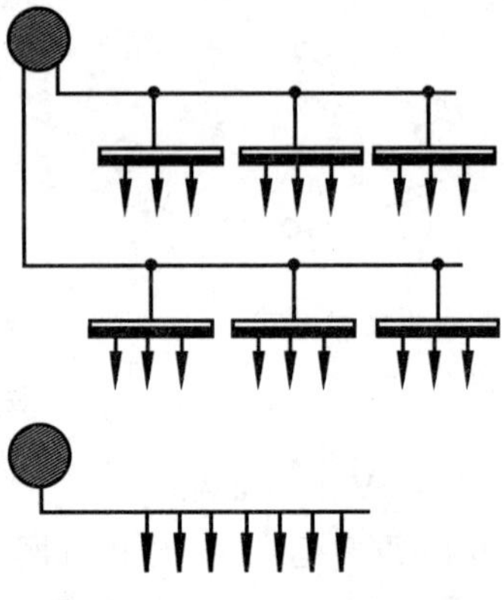

图 9.1.4　树干式配电线路

放射式和树干式这两种配电线路现在都被广泛采用。放射式供电可靠，但敷设投资较高，总线路长，导线细。树干式供电可靠性较低，因为一旦干线损坏或需要修理时，就会影响同一干线上的负载的工作，但是树干式灵活性较大，与放射式比较，树干式总线路短，导线粗。

9.2　安全用电

随着科学技术的发展，电能在工农业生产和人们日常生活中起着越来越重要的作用。人们必须懂得安全用电常识，树立安全用电的观念，来保障人身和设备的安全。如果使用不当，就会造成事故，如触电引发的设备损坏或危及人身安全。所以，要懂得安全用电、引起触电的原因和常用预防措施等一些常识。

9.2.1　人体的触电

1. 电流对人体的作用

电对人的伤害是多方面的，人体是导体，当电流通过人体会使人感觉到疼痛，严重时会停止呼吸，甚至死亡，触电会使人体受到不同程度的伤害。由于触电的种类、方式及条件不同，受伤害的后果也不一样。电流对人体的危害程度取决于通过人体电流的大小、种类、频率、路径，电流在人体中的持续时间，人体的健康状况以及人的精神状态，等等。

1）电流的大小

触电时，流过人体的电流强度越大，对人体的损伤越严重。一般来说，当电流在0.5～5 mA，人就有明显的疼痛感觉；5～50 mA，人体的生理反应是痉挛，呼吸困难，血压升高，甚至昏迷。当电流超过数百毫安时，人就有致命的危险。

2）电压的高低

人体接触的电压越高，流过人体的电流越大，对人体的伤害越严重。但在触电事例的分析统计中，约30%触电死亡事例是在对地250 V以上的高压发生的，这是因为人们接触少，对它警惕性较高。70%的死亡者是在对地电压为250 V的低压下触电的。生产生活用电是220 V，接触多，一旦触电，通过人体的电流约为220 mA，能迅速使人致死。

3）频率的高低

实践证明，40～60 Hz的交流电对人最危险，约一半的死亡事故发生在这个频段。随着频率的增高，触电危险程度将下降。高频电流不仅不会伤害人体，还能用于治疗疾病。

4）时间的长短

触电电流越大，触电时间越长，对人体的伤害越严重。

此外，电击后受伤程度还与电流通过的路径、人体的状况及人体电阻有关，电流通过心脏可造成心跳停止、血液循环中断；通过呼吸系统会造成窒息，电流通过心脏时，最容易导致死亡。人的性别、健康状况、精神状态等与触电伤害程度有着密切关系。人的精神状况，对接触电器有无思想准备，对电流反应的灵敏程度都可能增加触电事故的发生次数并加重受电流伤害的程度。人体电阻越大，受电流伤害越轻。人体电阻主要由皮肤表面的电阻值决定。如果皮肤表面角质层损伤、皮肤潮湿、流汗、带着导电粉尘等，将会大幅度降低人体电阻，增加触电伤害程度。

2. 触电的方式

按照人体触及带电体的方式和电流通过人体的路径，触电可分为单相触电、两相触电和跨步电压触电三种。

1）单相触电

单相触电是指人站在地面上或接触零线，人体某一部位触及一相带电体的触电事故。这样电流从带电体经人体到大地形成回路。单相触电事故约占触电事故的60%～70%，如图9.2.1所示。

图9.2.1 单相触电

2）两相触电

两相触电是指人体两处同时触及两相带电体的触电事故。对于这种情况，不管电力系统中性点接地与否，人体处在线电压之下，比单相触电时的电压高，危险性更大，如图9.2.2所示。

图9.2.2　两相触电

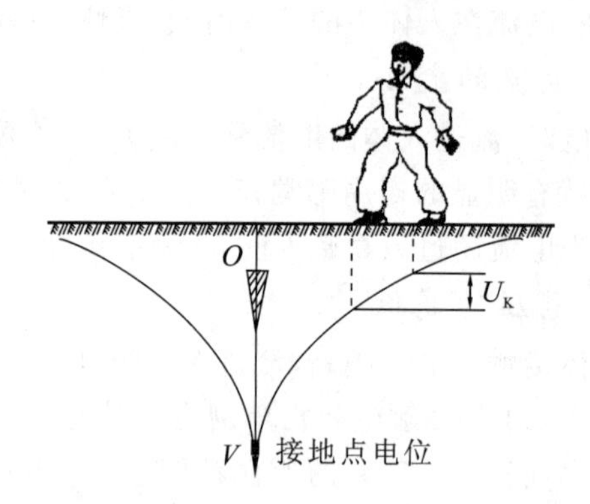

图9.2.3　跨步电压触电

3）跨步电压触电

跨步电压只出现在高压接地点或防雷设备接地点地面，接地点的电位一般很高，会在导线接地点及周围形成强电场，以接地点为圆心向四周扩散且逐渐衰减。当带电体接地时，人站在接地点周围时，两脚之间将存在电压，该电压称为跨步电压。由跨步电压而引起的触电称为跨步电压触电。如图9.2.3所示，人站的位置离接地体越近，两脚之间的距离越大，跨步电压就越大，触电的危害就越大。

9.2.2　保护接地与接零

为了保障人身安全和电力系统工作的需要，要求电气设备采取接地措施。接地是指将电气设备在正常情况下不带电的金属部分通过接地装置与大地相连。按接地目的不同，主要可分为保护接地、保护接零和工作接地三种，如图9.2.4所示。接地装置由接地体和接地线组成，埋入大地的金属导体称为接地体，连接电气设备的接地体的导线称为接地线。

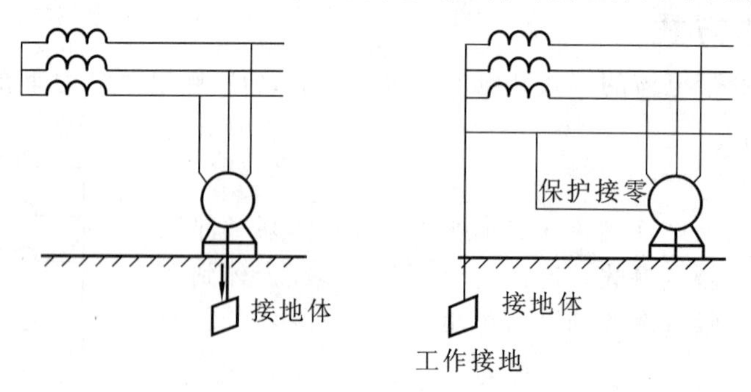

图9.2.4　保护接地、工作接地和保护接零

1. 保护接地

保护接地是为了保证人身安全，将电气设备正常情况下不带电的金属外壳与接地装置连接，常用于中性点不接地的低压系统中。当电气设备绝缘损坏，电气设备就会带电，若金

属外壳没有接地，所带电压等于电源的相电压，人接触后就会触电，危及生命。若金属外壳安装了保护接地，由于人的电阻和接地体电阻并联，人的电阻比接地电阻大的多，所以通过人体的电流比经接地电阻的电流小的多，绝大部分电流通过接地流向大地，对人的危害程度明显减小了。

2. 工作接地

工作接地是为了电力系统运行安全的需要，将中性点接地。在中性点不接地的系统中，当一相接地时，接地电流很小，不足以使保护装置动作而切断电源，接地故障不易被发现，将长时间持续下去，一相接地时将使另外两相的对地电压升高到线电压，人体触及另外两相之一时，触电电压是线电压，比相电压高出$\sqrt{3}$倍。而在中性点接地的系统中，一相接地后的接地电流较大，接近单相短路，保护装置迅速动作，断开故障电路。

3. 保护接零

保护接零是将电气设备的金属外壳用导线直接与系统零线相连，常用于中性点接地的低压系统中。

当电气设备的绝缘损坏，金属外壳就会带电，在采用了保护接零电路中，便形成单相短路。整个短路回路的阻抗很小，短路电流就很大，迅速将这一相中的熔丝熔断，切断电源，金属外壳便不再带电。即使在熔丝熔断前人体触及外壳时，也由于人体电阻远大于线路电阻，不会危及人的安全。

9.2.3 触电与电气火灾的急救

1. 触电急救

当发现有人触电时，应该如何施救才能使触电者获救而且不危及自身安全，本节讲解发现有人触电时使用的救护方法。

1）触电现场的施救措施

发现有人触电，最首要的措施是使触电者尽快脱离电源。立即关掉电源开关，尽快切断流经触电者身体的电流。

由于触电现场的情况不同，使触电者脱离电源的方法也不一样。如果触电现场不具备关断电源的条件，只要触电者穿的是比较宽松的干燥衣服，救护者可站在干燥木板上，用一只手抓住衣服将其拉离电源。如这种条件尚不具备，还可用不传电物体如干燥木棒、竹竿等将电线从触电者身上挑开，使触电者脱离带电体，然后再设法关断电源。救护者手边如有现成的刀、斧、锄等带绝缘柄的工具时，可以从电源的来电方向将电线砍断，使触电者脱离电源。

当高压线断线落在地上，行人走近导线而发生触电事故时，若不能很快断开电源，可以站在安全距离(8～10 m)以外，先用木棒把导线挑开，使高压断线与触电者脱离，再双脚蹦近触电者，避免跨步电压触电，将触电者运到安全距离以外。

2）脱离电源后的救护

如果触电后触电者神智清醒，只是恶心、乏力、头晕，应将触电者抬到空气流通、舒适的地方静卧休息。如果触电后触电者昏迷，但仍有呼吸，应先将触电者抬到空气流通、舒适的地方，并让触电者平卧，解开其衣服，使呼吸畅通，立即去请医生来医治。如发现触电者呼吸困难或逐渐衰弱，应采用人工呼吸。如果呼吸停止，用人工呼吸法，迫使触电者维持体内、外的气体交换。对心脏停止跳动者，可用胸外心脏压挤法，维持人体内的血液循环。如果呼吸、心跳均已停止，人工呼吸和胸外心脏压挤法两种方法应同时使用，并尽快向医院告急。

3）人工呼吸法

如果触电者呼吸渐弱或已经停止，采用人工呼吸法是行之有效的。人工呼吸方法中，效果最好的是口对口人工呼吸法，其操作步骤如下。先将触电者抬到空气流通的地方，解开衣服和裤带，使触电者平直仰卧，清除口腔中的粘液和食物，若有假牙者应将假牙取出。

使用口对口呼吸法的救护者应跪在触电者头部一侧，用手掰开其嘴巴，一只手捏紧触电者的鼻子，另一只手托其颈部，将颈部上抬，救护者自己深呼吸后，紧贴触电者嘴巴吹气，使触电者胸部膨胀，救护人自己换气时，将触电者的鼻子放松，使其自动进行换气，如此循环进行，约 5 s 一次，吹气 2 s，直到触电者完全恢复正常呼吸为止。口对口人工呼吸法如图9.2.5所示。

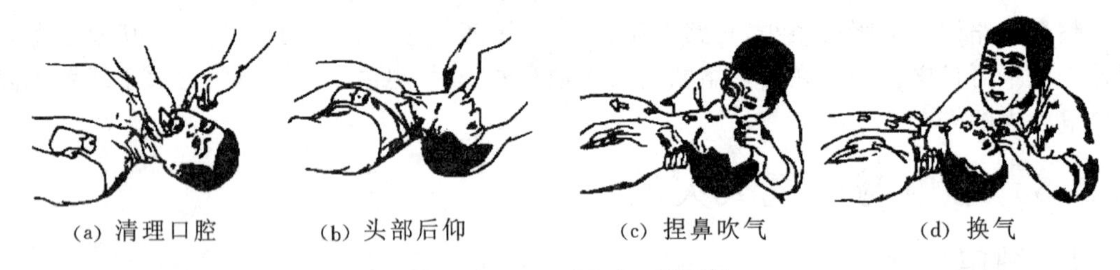

(a) 清理口腔　(b) 头部后仰　(c) 捏鼻吹气　(d) 换气

图 9.2.5　口对口人工呼吸法

4）胸腔挤压法

触电者心脏停止跳动时，应采用胸腔挤压法进行救治。胸腔挤压法是有节奏地在胸廓外加力，对心脏进行挤压。利用人工方法代替心脏的收缩与扩张，以维持血液循环的目的。操作步骤与要领：将触电者仰卧，解松衣裤，救护者跪跨在触电者腰部两侧，两只手相叠，救护者将手的掌根按于触电者胸骨以下横向 1/2 处，中指指尖对准颈根凹膛下边缘，向触电者脊柱方向慢慢挤压，使胸脚下陷 3～4 cm。挤压后，掌根快速全部放松，让触电者胸部自动复原。这样一压一放，血液就从心脏中吸进、压出，达到维持血液循环的目的。成人每分钟 60 次左右反复进行，直到触电者能自动呼吸为止。胸腔挤压法如图 9.2.6 所示。

2. 电气火灾

电气火灾事故主要是指因为电气设备使用不当而引发的火灾，甚至爆炸。如开关、熔丝、插销、电气线路、照明器具等所有家用电器均可能引起火灾。当这些电气设备与可燃物接近或接触时，或者电气线路严重超负荷，散热不良，很容易引发火灾。电力变压器、互感器和电容器等电气设备，除了可能引起火灾以外，还有可能发生爆炸。电气火灾将造成人身伤亡、设备损坏、大面积或长时间停电等重大事故。所以必须防微杜渐，重视电气设备的防火、

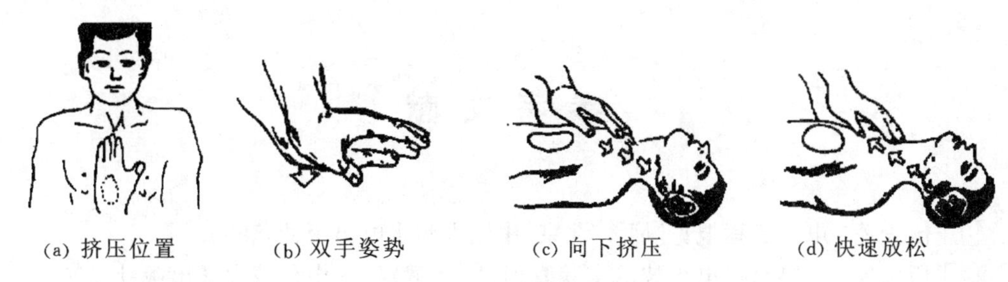

(a) 挤压位置　(b) 双手姿势　(c) 向下挤压　(d) 快速放松

图 9.2.6　胸腔挤压法

防爆工作，确保用电安全。

引起电气设备发生火灾或爆炸的直接原因是导线中电流产生的热量，一些电气设备触点断开瞬间会产生电火花或电弧。电气设备的正常发热是允许的，但散热不良，负荷过重，短路故障造成发热量增加，温升加大，在一定的条件下就会引起火灾。因此，在选用和安装电气设备时，应选用合理的电气设备、保持必要的防火间距，保持电气设备通风良好，采用保护装置等安全技术措施。

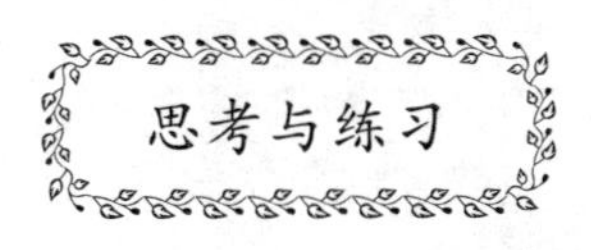

9.2.1　触电有哪些种类？各有何危害？如何预防触电？

9.2.2　什么是保护接地？什么是保护接零？

9.2.3　引起电气设备发生火灾或爆炸的原因有哪些？

9.2.4　当发现有人触电时，应采取什么措施？

本章小结

电力网由变电所和不同电压等级的输电线路组成，它是连接发电厂和用户的中间环节。

为保证用电安全，必须采取一系列安全措施，如保护接地、保护接零、防雷电、防电气爆炸及火灾等。当有人发生触电事故时，必须进行触电急救，即首先使触电者脱离电源，再根据触电者的实际情况进行现场救护。

习　　题

9.1　什么是电力系统、电力网、电力用户？

9.2　安全电压为多少伏？它是如何确定的？各适用什么场合？

9.3　简述保护接地和保护接零的作用。为什么在同一配电系统中，不能同时采用保护接地与保护接零？

参 考 文 献

[1] 伍爱莲. 电力工程概论[M]. 北京:中国水利水电出版社,1996.

[2] 伍爱莲等. 电路与电子技术实验教程[M]. 武汉:华中科技大学出版社,2006.

[3] 蔡文斐. 机电传动控制及实训[M]. 武汉:华中科技大学出版社,2008.

[4] 秦曾煌. 电工学[M]. 6 版. 北京:高等教育出版社,2004.

[5] 王慧玲. 电路基础[M]. 北京:高等教育出版社,2006.